普通高等教育"物联网工程专业"规划教材

移动通信技术及应用

邹铁刚 孟庆斌 丛红侠 赵云红 孔曦 编著

U0341034

清华大学出版社

北京

内 容 提 要

本书详细介绍第二代移动通信系统、第三代移动通信系统以及第四代移动通信系统的网络结构、基本功能、关键技术等,阐述移动通信业务的分类、特点和发展趋势,简要介绍移动互联网的结构、关键技术和业务应用。

本书侧重于工程实践,对移动通信网络规划、优化所需的空中接口技术,如多址技术、切换技术、移动性管理、无线资源管理等知识做了重点介绍,旨在为读者今后从事移动通信网络规划、工程建设、网络优化等工作打下坚实的基础。

本书可作为高等院校的教材以及从事移动通信技术工作人员的参考书。

本书封面贴有清华大学出版社防伪标签,无标签者不得销售。

版权所有,侵权必究。举报:010-62782989,beiqinquan@tup.tsinghua.edu.cn。

图书在版编目(CIP)数据

移动通信技术及应用 / 邹铁刚等编著. —北京:清华大学出版社,2013(2021.1重印)

普通高等教育"物联网工程专业"规划教材

ISBN 978-7-302-32925-1

Ⅰ. ①移⋯　Ⅱ. ①邹⋯　Ⅲ. ①移动通信-通信技术-高等学校-教材　Ⅳ. ①TN929.5

中国版本图书馆 CIP 数据核字(2013)第 136258 号

责任编辑:白立军　徐跃进
封面设计:常雪影
责任校对:李建庄
责任印制:丛怀宇

出版发行:清华大学出版社
　　　　网　　　　址:http://www.tup.com.cn,http://www.wqbook.com
　　　　地　　　　址:北京清华大学学研大厦 A 座　　　　　邮　　编:100084
　　　　社 总 机:010-62770175　　　　　　　　　　　　邮　　购:010-83470235
　　　　投稿与读者服务:010-62776969,c-service@tup.tsinghua.edu.cn
　　　　质 量 反 馈:010-62772015,zhiliang@tup.tsinghua.edu.cn
　　　　课 件 下 载:http://www.tup.com.cn,010-83470236
印 装 者:北京九州迅驰传媒文化有限公司
经　　销:全国新华书店
开　　本:185mm×260mm　　　印　　张:16.25　　　字　　数:409 千字
版　　次:2013 年 8 月第 1 版　　　　　　　　　印　　次:2021 年 1 月第 7 次印刷
定　　价:29.00 元

产品编号:049464-01

前 言

自从 1995 年中国移动和中国联通的 GSM 移动通信网络投入运营之后,由于市场竞争机制的引入,移动通信产业呈现快速发展的趋势。一方面,移动用户数逐年大幅上升,手机成为人们日常生活中不可缺少的通信工具;另一方面,移动通信技术的发展日新月异。

GPRS、EDGE 技术的引入,使得 GSM 从仅能提供单纯的语音业务升级到可以提供丰富多彩的多媒体业务。2001 年,中国联通开通了 IS95 CDMA 网络,为用户提供了电磁辐射小、语音质量更高的一种新的选择。2009 年,中国移动、中国联通和中国电信几乎同时开通 3G 移动通信网,TD-SCDMA、WCDMA 和 CDMA 2000 1X EVDO 3 种制式的 3G 网络为用户提供了种类繁多的高速移动数据业务。

在 3G 网络发展方兴未艾的时候,4G 移动通信技术已经逐渐成熟。中国移动从 2010 年开始建设 TD-LTE 试验网,计划到 2013 年 TD-LTE 试验基站数量将超过 20 万。4G 运营牌照的发放也在酝酿之中。

目前我国 2G、3G、4G 3 代网络并存,GSM、GPRS、EDGE、CDMA 2000 1X、WCDMA、EVDO、TD-SCDMA、TD-LTE 8 种标准制式分足鼎立。对于从事或者有志于从事移动通信的人们来说,移动通信产业的发展为就业和个人发展提供了广阔的空间。但与此同时,移动通信技术的快速发展和更新换代,也要求移动通信的技术人员要不断地学习新的知识,才能跟上技术的发展,不被时代所淘汰。

本书正是基于这样的需求,从实际应用的角度出发,对 2G、3G 和 4G 移动通信网络技术进行了较为详细的阐述,并尽量避免繁杂的理论推导和原理论证,侧重于网络规划、优化和工程建设所需技术知识的讲解,便于广大学生和工程技术人员全面地了解和掌握各类制式的移动通信技术,为从事移动通信技术工作打下坚实的基础。

本书有两大特色:一是内容新。2013 年初,国际电信联盟(ITU)确定了第四代移动通信技术的 3 种标准:TD-LTE-A、FDD-LTE-A 和 802.16m。本书对这三种技术标准进行了较为详细的讲述。在业务应用方面,也对近年来兴起的移动互联网业务进行了较为系统的介绍。二是应用性强。在编写过程中,编者根据自己多年从事网络规划和优化的经验,有意避免一些实际应用中用处不大的理论性较强的内容,而对于网络工程中常用的技术知识如无线信道的结构、小区切换、无线资源管理等进行了较为详细的阐述。

全书共分为 7 章。第 1 章简要介绍移动通信的发展史以及移动通信的各类典型应用系统;第 2～5 章详细阐述第二代移动通信系统(GSM 和 IS95 CDMA)、2.5G 移动通信系统(GPRS 和 CDMA 2000 1X)、第三代移动通信系统(CDMA 2000 1X EVDO、WCDMA 和 TD-SCDMA)以及第四代移动通信系统(LTE 和 WIMAX 系统)的网络结构、信道结构、无线资源管理、移动性能管理等内容;第 6 章介绍移动通信业务,重点讲解目前发展迅猛的 3G 业务以及移动智能网业务;第 7 章简要介绍移动互联网的产生、发展、体系结构、关键技术和比较受用户欢迎的业务应用。

本书由邹铁刚主编,孟庆斌、丛红侠、赵云红、孔曦参与编写,南开大学李维祥教授审稿。

本书在编写过程中得到了天津大学沈宝锁教授的大力支持和悉心指导,在此一并致谢。

由于作者水平有限、时间仓促,书中难免有不当和疏漏之处,请各位读者不吝赐教。

编者

2013 年 7 月

目　录

第 4 章　第三代移动通信系统 ·············· 90

第 5 章　第四代移动通信系统 ·············· 157

第1章 移动通信概述

1.1 移动通信发展简史

在移动通信的早期发展史上,有三位科学家曾经做出了杰出的贡献。他们分别是英国物理学家詹姆斯·克拉克·麦克斯韦、德国物理学家海因里希·鲁道夫·赫兹和意大利物理学家伽利尔摩·马可尼。

麦克斯韦在前人成就的基础上,对电磁现象做了系统、全面的研究,凭借他高深的数学造诣和丰富的想象力接连发表了电磁场理论的三篇论文:《论法拉第的力线》(1855 年 12 月至 1856 年 2 月)、《论物理的力线》(1861—1862 年)、《电磁场的动力学理论》(1864 年 12 月 8 日)。他将电磁场理论用简洁、对称、完美的数学形式表示出来,经后人整理和改写,成为经典电动力学的主要基础——麦克斯韦方程组。1865 年,麦克斯韦预言了电磁波的存在,并且指出电磁波只可能是横波,而且计算出了电磁波的传播速度等于光速。同时得出结论:光是电磁波的一种形式,揭示了光现象和电磁现象之间的联系。

麦克斯韦于 1873 年出版了科学名著《电磁理论》,系统、全面、完美地阐述了电磁场理论,这一理论成为经典物理学的重要支柱之一。然而在当时,麦克斯韦的理论并未得到广泛的认可,甚至遭到嘲讽。

海因里希·鲁道夫·赫兹是一位实验物理学家,他出生在德国汉堡一个改信基督教的犹太家庭。赫兹在柏林大学随赫尔姆霍兹学习物理时,在赫尔姆霍兹的鼓励下,开始研究麦克斯韦电磁理论。当时德国物理界深信韦伯的电力与磁力可瞬时传送的理论,因此赫兹就决定以实验来证实韦伯与麦克斯韦理论谁的正确。赫兹的实验最终证明麦克斯韦的电磁理论是正确的,直到此时,麦克斯韦理论才获得科学界的认可。

1894 年,马可尼了解到赫兹几年前所做的实验,这些实验清楚地表明了不可见的电磁波是存在的,这种电磁波以光速在空中传播。

马可尼很快就想到可以利用这种波向远处发送信号而又不需要线路,这就使很多环境下电报完成不了的通信有了可能。例如,利用这种手段可以把信息传送到海上航行的船只。

马可尼经过一年的努力,于 1895 年成功地发明了第一台无线电设备。1898 年第一次发射了无线电,第二年他发送的无线电信号穿过了英吉利海峡。1901 年,他发射的无线电信号成功地穿越了大西洋,从英格兰传到加拿大的纽芬兰省。

这项发明的重要性在一次事故中戏剧性地显示了出来。1909 年,共和国号轮船由于碰撞遭到毁坏而沉没,这时无线电设备起到了巨大的作用,除六个人外所有的人员全部得救。同年马可尼因其发明而获得诺贝尔奖。第二年他发射的无线电信号成功地穿越六千英里的距离,从爱尔兰传到了阿根廷。

除了这三位科学家之外,当然还有许许多多的科学家、工程师为无线电和移动通信的发展做出了不可磨灭的贡献。随着人们对电磁波的特性和应用研究得越来越深入,无线通信在人们生活中得到了越来越广泛的应用。而现代移动通信的产生则是从 20 世纪早期开始的。

现代移动通信从诞生至今，大致经历了 6 个发展阶段。

第一阶段：从 20 世纪 20 年代至 20 世纪 40 年代，为早期发展阶段。

在此期间，首先在短波的几个频段上开发出专用移动通信系统。其典型系统是美国底特律市警察使用的车载无线电系统。该系统工作频率为 2MHz，到 20 世纪 40 年代提高到 30～40MHz。这个阶段是现代移动通信的起步阶段，其特点是专用系统开发，工作频段较低。

第二阶段：从 20 世纪 40 年代中期至 20 世纪 60 年代初期。

在此期间，公用移动通信业务开始问世。1946 年，根据美国联邦通讯委员会（Federal Communications Commission，FCC）的计划，美国贝尔公司在美国圣路易斯城建立了世界上第一个公用汽车电话网，称为"城市系统"。当时使用 3 个频道，间隔 120kHz，通信方式为单工。随后，前西德（1950 年）、法国（1956 年）、英国（1959 年）等国相继研制了公用移动电话系统。在此期间，美国贝尔实验室解决了人工交换系统的接续问题。这一阶段的特点是从专用移动网向公用移动网过渡，接续方式为人工，网络的容量较小。

第三阶段：从 20 世纪 60 年代中期至 20 世纪 70 年代中期。

在此期间，美国推出了改进型移动电话系统（Improved Mobile Telephone Service，IMTS）。该系统使用 150MHz 和 450MHz 频段，网络容量较以前的系统有较大提高，并实现了无线频道自动选择以及到公用电话网的自动接续。前西德也推出了具有相同技术水平的 B 网。可以说，这一阶段是移动通信系统的改进和完善阶段，其特点是采用大区制，中小容量，使用 450MHz 频段，实现了自动选频与自动接续。

第四阶段：从 20 世纪 70 年代中期至 20 世纪 80 年代中期。

这段时间是移动通信蓬勃发展的时期。1978 年底，美国贝尔实验室研制成功高级移动电话系统（Advanced Mobile Phone System，AMPS），并建成了蜂窝移动通信网，系统容量得到极大的提升。1983 年，该系统首次在美国芝加哥市投入商用并于同年 12 月，在华盛顿市也开始启用。之后，服务区域在美国逐渐扩大。到 1985 年 3 月已扩展到全美的 47 个地区，约 10 万移动用户。其他工业化国家也相继建成蜂窝式公用移动通信网。日本于 1979 年开通 800MHz 汽车电话系统（HAMTS），在东京、大阪、神户等地投入商用。前西德于 1984 年建成 C 网，频段为 450MHz。英国在 1985 年建成 TACS（Total Access Communications System，全地址通信系统），首先在伦敦投入使用，之后覆盖了英国全国，频段为 900MHz。加拿大建成 450MHz 移动电话系统（MTS）。瑞典等北欧四国于 1980 年建成 NMT—450 移动通信网，并投入使用，频段为 450MHz。

紧跟美国、日本和欧洲各国之后，其他国家的移动通信也很快发展起来，从而使移动通信业务在全球范围内迅速拓展开来。

第一代移动通信系统取得了很大的成功，但也暴露出一些普遍存在的问题：

（1）采用模拟制式，系统抗干扰能力较差，语音质量不高；

（2）技术标准不统一，使用的频段也不同，使得用户无法在不同国家之间漫游；

（3）功能简单，带宽较窄，只能传输语音业务；

（4）采用简单的频分多址技术，频谱利用率低；

（5）通信保密性差；

（6）网络容量小，不能满足用户的需求。

第五阶段：从 20 世纪 80 年代中期至 21 世纪初。

这是第二代移动通信系统的发展和成熟时期。

为了克服第一代移动通信系统的局限性以及满足移动通信网对大容量、高质量、智能化和综合化等的要求，北美、欧洲和日本自 20 世纪 80 年代中期起相继为第二代移动通信系统制定了 3 种不同的数字蜂窝移动通信的标准，即北美的 DAMPS、欧洲的 GSM 和美国 Qualcomm（高通）公司推出的 IS—95 CDMA。

这些系统于 20 世纪 90 年代相继在世界各地问世并投入商用，它标志着移动通信跨入了第二代。

1. GSM

欧洲各国在第一代移动通信系统的基础上，联合推动了新一代数字移动通信系统的研发。1982 年，欧洲邮电会议（Conference of European Posts and Telecommunications，CEPT）成立了一个小组，称为 GSM（Group Special Mobile）小组，该小组负责规划新的数字移动通信系统所涉及的各项技术工作。

1989 年，新成立的欧洲电信标准协会（European Telecommunications Standards Institute，ETSI）接替了 GSM 小组的工作。在 ETSI 的管理下，最终确定了一套技术规范，这一套技术规范以最初研究它的小组的名字命名，称之为 GSM。

第一个 GSM 网络建立于 1991 年。随后，1992 年又建立了几个 GSM 网络，并且很快在不同的国家之间实现了国际漫游。GSM 获得了巨大的成功，因而欧洲大部分国家也很快地开通了 GSM 业务。进而 GSM 又开始向欧洲以外的国家扩展，成为一个全球性的新一代数字移动通信系统。因而，GSM 这个词在后来也就具有了新的含义，即全球移动通信系统（Global System for Mobile communication）。

在 GSM 系统提出之初，它的工作频段为 900MHz，绝大多数提供服务的 GSM 系统都工作在这个频段。但是，GSM 技术也使用了其他频段。

1993 年，英国部署了世界上第一个工作于 1800MHz 频段的 GSM 系统，称为 DCS1800，也称为 GSM1800。GSM 被引进到美国后，工作在位于 1900MHz 的 PCS 频段。

目前 GSM 网络是世界上最大的移动通信运营网络体系，拥有全球超过 50％的市场份额，用户人数已经超过十亿。

数字制式的特点是基带信号采用离散数字信号，采用了数字编码器、调制器，尤其采用数字调制器，可以很方便地提高系统容量。同时信号的处理能力和系统的性能都有了很大提高。GSM 系统由于采用了数字处理技术，它的频谱利用率要高于第一代模拟制式移动通信系统。GSM 网络采用了时分多址技术。在一帧中有 8 个时隙，即在一个可独立使用频点上最多可接入 8 个用户。在频率规划中，仍然采用频率复用技术实现资源的重复利用。

2. DAMPS

DAMPS 是在对模拟的 AMPS 系统进行改造的基础上产生的。

AMPS 系统是一个频分复用（FDMA）的模拟系统，属于第一代移动通信系统，该系统的每个信道占用 30kHz 的带宽。在 AMPS 系统的信道中，有些信道专门用于传输控制信令，称为控制信道，还有一些信道则专门用于传输实际的话音，称为话音信道。

采用数字技术改造 AMPS 系统的第一步是引入话音信道数字化。包括对话音信道运用时分复用技术,以便每个话音信道被分为几个时隙,使得同一个射频信道可以同时传输3 路以上的会话。与模拟的 AMPS 系统相比,数字 AMPS 系统的容量有了明显的提高。

对 AMPS 系统的话音信道进行数字化改造之后形成的标准称为 IS—54B,该标准形成于 1990 年;其控制信道数字化的改造工作则完成于 1994 年,相应地称为 IS—136。

DAMPS 系统既可以工作于 800MHz 频段,也可以工作于 1900MHz 频段。在北美,1900MHz 频段被分配给了个人通信业务(Personal Communication Service,PCS)使用,PCS系统可以被看成是一组第二代移动通信业务。

3. IS—95A CDMA

GSM 和 DAMPS 虽然有一定的区别,但是它们都使用了 FDMA/TDMA 技术。采用了TDMA 技术之后可以扩大系统的容量。但 TDMA 技术并不是实现多个用户共享单独一个无线电信道的唯一的技术。

采用码分多址的 CDMA(Code Division Multiple Access)系统具有更大的容量。采用CDMA 技术的通信系统所有的用户都在相同的时间使用相同的频率。很显然,既然所有的用户都同时使用相同的频率,他们之间就不可避免地会互相干扰。所以,问题的关键就在于从相同频率的许多信号中检测出某个用户发出的信号。如果来自不同用户的信号都被不同的码序列调制,就可以从相同频率的许多信号中检测出各个用户发出的信号。

1989 年,美国高通(Qualcomm)公司将 CDMA 技术引入到蜂窝移动通信系统中。1993 年7 月,美国公布了由高通公司提出并获得 TIA/EIA 通过的 IS—95 标准,该标准定义的CDMA 系统是具有双模(CDMA 和 DAMPS)运行能力的窄带码分多址数字蜂窝移动通信系统。

IS—95 CDMA 系统较之 DAMPS 系统取得了更大的成功,该系统在美国、韩国、中国以及东南亚等国家和地区得到了迅速的部署和发展。

4. 增强的数字移动通信系统

在向第三代移动通信演进的过程中,存在一些增强的数字移动通信系统,这些移动通信系统也被称为 2.5G 移动通信系统。开发 2.5G 移动通信系统的目的是提高数字移动通信系统的数据传输能力。

在 2G 移动通信系统的设计中,传输语音是其首要目标。但随着整个产业的发展,尤其是以短信为代表的数据业务的成功,人们逐渐意识到数据业务以及互联网对于移动通信系统的价值。但是,2G 移动通信系统的数据传输能力实在有限。例如 GSM 只能传输不超过9.6kb/s 的业务,这个速度甚至比使用电话拨号上网(64kb/s)还要慢许多,无法满足用户的需求。因此,各个 2G 移动通信系统开始着手推出自己的基于分组传输的解决方案。GPRS是为了提高 GSM 系统的数据传输能力而出现的。

1) 通用分组无线业务(General Packet Radio Services,GPRS)

GPRS 是 GSM 的数据传输解决方案,它采用分组交换技术,可以让多个用户共享某些固定的信道资源。在引入 GPRS 之后,GSM 空中接口的信道资源既可以被话音占用,也可以被 GPRS 数据业务占用。当然在信道充足的条件下,可以把一些信道定义为 GPRS 专用信道。

理论上,如果把空中接口上的 TDMA 帧中的 8 个时隙都用来传送数据,那么数据速率最高可达 171kb/s。在实际网络中,由于 GSM 的网络资源比较紧张,语音用户的信道必须优先得到保障,因而 GPRS 的速率往往远远低于理论值。尽管如此,GPRS 的速率还是比 GSM 要快得多,能够满足人们最低的上网需求,如浏览页面、下载铃声等低速数据业务。

要实现 GPRS 网络,需要在传统的 GSM 网络中引入新的网络接口、通信协议以及分组交换设备。

2) 增强型数据速率 GSM 演进技术(Enhanced Data rate for GSM Evolution,EDGE)

EDGE 技术在 GSM 系统中采用了一种新的调制方法,即 8PSK 调制技术,从而使每个符号所携带的信息达到了原来的 3 倍,从而大大提高了现有 GSM 网络的数据服务速率。EDGE 同时支持分组交换和电路交换两种数据传输方式。它支持的分组数据服务可以实现每时隙高达 11.2～69.2kb/s 的速率,单用户最高速率可以达到 384kb/s。EDGE 可以 28.8kb/s 的速率支持电路交换服务。

EDGE 不改变 GSM 或 GPRS 网的结构,也不引入新的网络单元,但是需要 BTS 对进行软硬件升级。EDGE 的空中信道分配方式、TDMA 的帧结构等空中接口特性与 GSM 相同。

3) IS—95B 与 CDMA 2000 1X

IS—95 的第一个版本称为 IS—95A。IS—95B 是 IS—95A 的进一步发展,由美国 TIA 于 1998 年发布。IS—95B 的主要目的是能满足中等速率业务的需求,可以提供最大 64kb/s 的速率。

CDMA 2000 1X 将数据传输速率提高到 153.6kb/s,由国际电信联盟(International Telecommunications Union,ITU)于 2001 年发布。虽然 CDMA 2000 系列是 3G 技术的标准,但由于 CDMA 2000 1X 的速率并未达到 3G 的要求,因此有些国家将 CDMA 2000 1X 视为 2.5G 的产品。

第六阶段:从本世纪初至今。

这一阶段的特点是移动通信系统从以提供语音业务为主,向提供中高速数据业务发展,移动通信网与互联网业务逐步融合,业务发展呈现多元化趋势,第三代移动通信系统在全球得到迅速发展。

第三代移动通信系统(3G)最早由 ITU 于 1985 年提出,当时称为未来公共陆地移动通信系统(Future Public Land Mobile Telecommunication System,FPLMTS)。后来由于 ITU 预计该系统在 2002 年左右投入商用,而且该系统的一期主频段位于 2GHz 频段附近,所以将其正式命名为 IMT—2000。IMT—2000 系统包括地面系统和卫星系统。

3G 标准分为核心网和无线接口两部分。ITU 最初的愿望是制定一个统一的无线接口标准和一个公共的网络标准,但因种种原因无法实现。所以 ITU 提出了一个家族概念。核心网分别基于现有的第二代两大网络,即 GSM MAP 和 IS—41 核心网来实现,而无线接口部分最终确定了 3 个无线技术标准,即 WCDMA、CDMA 2000 和 TD-SCDMA。

WCDMA 是英文 Wideband Code Division Multiple Access(宽带码分多址)的英文简称。W-CDMA 由 3GPP 具体制定,基于 GSM MAP 核心网,无线接入网标准为陆地无线接入网(UMTS Terrestrial Radio Access Network,UTRAN)。目前 WCDMA 有 Release 99、Release 4、Release 5、Release 6、Release 7 等版本。

CDMA 2000 由窄带 CDMA(IS—95 CDMA)技术发展而来,以美国高通公司为主提出,摩托罗拉、朗讯和韩国三星都有参与。

TD-SCDMA 全称为 Time Division Synchronous CDMA(时分同步 CDMA),由大唐电信(原邮电部电信科学技术研究院)向 ITU 提出。TD-SCDMA 标准将智能无线、同步 CDMA 和软件无线电等当今国际领先技术融于其中,在频谱利用率、对业务支持的灵活性、频率使用灵活性等方面具有独特优势。另外,由于中国内地庞大的市场,该标准受到各大主要电信设备厂商的重视,全球一半以上的设备厂商都宣布可以支持 TD-SCDMA 标准。

1.2 中国移动通信发展现状

1987 年,我国引进了第一代模拟蜂窝移动通信系统,采用 TACS 制式。在第一代移动通信系统发展期间,手机终端的费用和通信费比较高,手机一直是少数富裕阶层才能拥有的高端通信产品。

1994 年,我国进行了电信体制改革,成立了中国联通公司,打破了邮电系统的独家垄断局面。1995 年,原邮电部和中国联通公司先后建成了第二代移动通信网,采用 GSM 制式。由于竞争机制的引入,电信资费大幅下降,手机才逐渐走进普通老百姓的日常生活,成为大众化的通信手段。

2000 年,中国联通公司与美国高通公司签署了 CDMA 知识产权框架协议。2001 年,中国联通建成 IS—95 CDMA 网络并开通运营。

在第三代移动通信标准研究的过程中,我国的大唐电信公司提出了拥有自主知识产权的 TD-SCDMA 标准,并为 ITU 所接受,成为第三代移动通信的三种标准之一。2009 年 1 月,我国正式向刚刚完成重组的中国电信、中国移动和中国联通颁发了 3G 运营牌照,其中中国电信获得 CDMA 2000 网络的营运牌照,中国移动获得 TD-SCDMA 网络的营运牌照,中国联通获得 WCDMA 网络的营运牌照。由于早已经做好充分准备,三家运营商都于同年开通了 3G 移动通信网。

近年来,移动通信产业在我国发展迅速。2011 年,我国移动电话用户净增 12 725 万户,总数达到 98 625 万户。其中,3G 用户净增 8137 万户,达到 12 842 万户。移动电话普及率达到 73.6 部/百人。

2011 年,全国电信业务收入累计完成 9880 亿元,同比增长 10.0%(全国 GDP 增长率 9.2%)。其中,移动通信业务收入 7162 亿元,增长 13.8%,占电信业务收入的比重上升到 72.5%;固定通信业务收入 2718 亿元,增长 1.0%。

电信业务收入中,非话音业务收入 4598 亿元,增长 17.9%,占电信业务收入的比重上升到 46.5%;话音业务收入 5282 亿元,增长 3.9%。话音业务收入中,移动话音业务收入 4591 亿元,增长 8.4%;固定话音业务收入 691 亿元,下降 18.3%。

在通信运营方面,历经多次改革,形成了中国移动、中国电信、中国联通三家大型国有通信运营公司。其中中国移动公司 2011 年列《财富》杂志世界 500 强 87 位,品牌价值位列全球电信品牌前列,成为全球最具创新力企业 50 强。

在通信设备制造业方面,已经形成了以华为、中兴、上海贝尔、大唐电信等大型企业为龙头,众多中小型企业紧随其后的繁荣局面。其中华为技术有限公司是一家总部位于中国广东省深圳市的生产销售电信设备的民营科技公司,于 1987 年成立,主要营业范围是交换、传输、无线和数据通信类电信产品,是全球最大的电信网络解决方案提供商,全球第二大移动通信设备供应商,全球第六大手机生产厂商。在 2011 年 11 月 8 日公布的 2011 年中国民营 500 强企业榜单中,华为技术有限公司名列第一。根据美国《财富》杂志公布的数据,华为 2010 年的销售额达 218.21 亿美元(1491 亿元人民币),净利润达 26.72 亿美元(183 亿元人民币),成为继联想集团之后,成功闯入世界 500 强的第二家中国民营科技企业,排名第 397 位。

1.3　各类移动通信系统概述

除了前面提到的蜂窝移动通信系统外,人们还开发出了多种移动通信系统。迄今为止主要的移动通信系统有:

(1) 无绳电话系统;

(2) 无线寻呼系统;

(3) 集群移动通信系统;

(4) 无线局域网;

(5) 卫星移动通信系统;

(6) 蜂窝移动通信系统。

下面分别予以简要介绍。

1.3.1　无绳电话系统

无绳电话系统是指以无线传输代替传统的电话线,在一定的范围内为用户提供移动或者固定电话服务的通信网络。

早期的无绳电话非常简单,只是把电话机分为座机与无线手持机两部分,手持机可在 50～200m 的范围内,通过无线传输手段与座机相连,从而方便用户在一个小范围内接听和拨打电话。目前这种无绳电话仍然在家庭和办公环境中普遍应用。

以后,无绳电话逐步向网络化和数字化方向发展,并从室内应用扩展到室外应用,从专用系统扩展到公用系统,形成了以 PSTN 网为依托的多种网络结构。迄今为止,无绳电话可以分为三个发展阶段:分别是第一代无绳电话系统、第二代无绳电话系统和第三代无绳电话系统。

第一代无绳电话系统采用模拟通信技术,使用 FM 调制方式。当手机放在基站的机座上时,收发信机均不工作,基站对手机电池进行充电,相当于一台普通的电话机。手机从机座上取下时,基站与手机的收发信机就进入工作状态。

用户主叫:可用手机或基站拨发,拨出号码由基站接收并送入市话网。

用户被叫:基站向手机发出呼入信号,使手机和基站一起振铃,用户可任选一个进行通话。

第二代无绳电话系统在 1987 年由英国最先推出,采用数字通信技术,工作于 864～868MHz,通话质量较高,保密性强,抗干扰好,价格便宜。但在室外只能提供单向业务(即只能去话,不能来话),也不能越区切换。

第二代无绳电话系统可用于公用通信系统。比如,在车站、机场、码头、商场、闹市区等人们活动频繁的地方,采用和市话网设立电话亭相似的方式,分散设置若干个公用基站(Telepoint),这些公用基站均与市话网相连。携带手机的用户只要处于公用基站的周围,即可向任一有线用户拨电话。如果这种公用基站在街道旁边每隔 400～500m 就设置一个,则携带手机的用户在沿街行走时,能随时随地与有线用户通话。

第二代无绳电话系统用于公用通信系统时,除设置基站之外,还需要设置网络管理中心、计费中心及其他设施。

20 世纪 90 年代,一些国家推出了第三代无绳电话系统。主要的制式有 1989 年欧洲邮电委员会(CEPT)推出的泛欧标准 DECT(Digital European Cordless Telephone)、1993 年日本推出的 PHS(Personal Handyphone System)数字无绳电话系统以及 1992 年美国推出的 PACS(Personal Communication System)。

这些系统的主要特点是:

(1) 采用 32kb/s ADPCM 语音编解码器;

(2) 采用 TDMA/FDMA 多址方式;

(3) 每载频传输 1～12 路话音;

(4) 采用 TDD 双工模式;

(5) 采用 GFSK 或 π/4-QPSK 调制;

(6) 手机发射功率为 5～25mw;

(7) 工作频率为 900MHz 或 1800MHz。

前些年在我国发展得非常迅速的"小灵通",即是由日本的 PHS 无绳电话系统改造而来。

1.3.2 无线寻呼系统

无线寻呼系统是一种单向的移动通信系统,它以程控电话网为依托,采用单向的无线呼叫方式将主叫用户的信息传送给持机用户。

寻呼的发展开始于 1948 年,后来逐步有小规模、小范围的应用,发展缓慢的主要原因是寻呼机体积大,当时用的是话音呼叫。一直到 20 世纪 70 年代,出现了大规模集成电路才解决了体积的问题,逐步形成了中、大规模的寻呼系统。20 世纪 80 年代,电子技术日趋成熟,寻呼机功能增加,加上市内电话的日益普及,寻呼通信才以异军突起的面目出现在公众面前。

无线寻呼是通过公用电话网和无线电寻呼系统来实现的。无线寻呼系统通常由一个控制中心、一个或数个无线发射基站以及无线电寻呼接收机组成。

其中控制中心由计算机系统、电话接续设备和话务人员构成。控制中心的任务是从电话网接入寻呼人送来的信息,并进行核对、编码处理和存储。

无线发射基站的任务是将寻呼控制部分处理变换的信号转变为无线电信号向空中发送,传送给寻呼接收机。

寻呼接收机负责接收空中的无线电信号,将它转变成人们可以读懂的信息。

从寻呼系统服务对象的角度来看,无线寻呼系统可分为公用寻呼网和专用寻呼网。公用寻呼网通常是由电信部门经营的,为整个社会提供无线寻呼服务;而专用寻呼网则是指由非电信部门经营的寻呼系统。

从控制中心方面来看,无线寻呼系统可分为单机系统、多用户系统和网络系统,这主要是根据所用计算机系统的类型来进行划分的。不论控制中心属于哪种类型,都必须依赖于寻呼软件的支持。寻呼软件是整个寻呼系统的控制核心,其功能强弱直接影响寻呼台为用户提供服务的能力和质量。

随着第二代蜂窝移动通信系统的迅速普及,仅能提供单向通信功能的寻呼系统在 20 世纪 90 年代中期已经逐渐退出了移动通信市场。

1.3.3　集群移动通信系统

1．集群系统概述

集群移动通信是 20 世纪 70 年代发展起来的一种较经济、较灵活的移动通信系统,是传统的专用无线电调度网的高级发展阶段。传统的专用无线电调度系统,整体规划性差,型号、制式混杂,网小台多,覆盖面窄,而且噪音干扰严重,频率资源浪费。因此,一种新的无线电调度技术——集群移动通信便应运而生。

所谓集群(Trunking),是指集中使用多个无线信道为众多的用户服务,就是将有线电话中继线的工作方式运用到无线电通信系统中,把有限的信道动态地、自动地分配给整个系统的所有用户,以便在最大程度上利用整个系统的信道的频率资源。

集群移动通信很适合于各类专业部门,如部队、公安、消防、交通、防汛、电力、铁道、金融等作为指挥调度使用。

2．集群系统的组成

集群移动通信系统主要由系统控制中心、调度台、基站、移动台以及与市话网相连接的若干条中继线所组成,如图 1-1 所示。

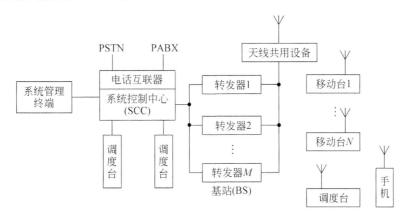

图 1-1　集群移动通信系统的组成

系统控制中心是系统的核心,主要作用是鉴权、控制和交换。无论是移动台呼叫调度台,还是调度台呼叫移动台,或移动台呼叫市话用户,都要在系统控制中心内进行交换,并根

9

据业务需要分配信道。

无线用户调度台主要由收发信机、控制单元和天线等组成。

基站主要提供若干条共用无线信道,每个信道主要由一部收发信机和一个微处理器构成的控制单元组成。

3. 集群系统的特点

集群系统在技术上与蜂窝系统有许多相似之处,但在主要用途、网络组成和工作方式上有很多差异。总体来说,集群系统具有应急性、群体性、可控性等特点。具体地说,集群移动通信系统的特点如下:

(1) 集群系统属于专用移动通信网,主要用于调度和指挥,所以对于网中的不同用户常常赋予不同的优先级。

(2) 集群通信系统根据调度业务的特征,通常具有一定的限时功能,一次通话的限定时间大约为 15～60s(可根据业务情况调整)。

(3) 与早期的调度系统不同,集群系统采用了改进的信道共用技术来提高系统的频率利用率。移动用户在通信过程中,不是固定地占用某一个信道,而是在需要通信时,才能申请占用一个信道。一旦通信结束,信道就被释放,并变为空闲信道,其他用户就能使用它。

(4) 通常采用半双工(现在也有全双工产品)通信方式,一对移动用户之间通信时只需占用一对信道,此时,基站以双工方式工作,移动台以异频单工方式工作。

(5) 可以实现"组群呼叫"和"分级别呼叫"。一个集群系统可以将几个调度网集中管理,完成分级调度功能。

(6) 接续速率快。数字集群系统的接通时间要求在 0.3s 之内。

(7) 数字集群系统采用双向鉴权,系统安全性较高。

1.3.4 无线局域网

无线局域网(Wireless Local Area Network,WLAN)是利用无线通信技术在一定的局部范围内建立的网络,是计算机网络与无线通信技术相结合的产物,它以无线多址信道作为传输媒介,提供传统有线局域网(Local Area Network,LAN)的功能,能够使用户通过无线手段实现宽带网络接入。

WLAN 开始是作为有线局域网络的延伸而存在的,各团体、企事业单位广泛地采用了WLAN 技术来构建其办公网络。但随着应用的进一步发展,WLAN 正逐渐从传统意义上的局域网技术发展成为"公共无线局域网",成为国际互联网宽带接入手段。WLAN 具有易安装、易扩展、易管理、易维护、高移动性、保密性强、抗干扰等特点。

一般地,WLAN 有两种网络类型:对等网络和基础结构网络。

对等网络:由一组有无线接口卡的计算机组成。这些计算机以相同的工作组名、ESSID和密码等对等的方式相互直接连接,在 WLAN 的覆盖范围之内,进行点对点与点对多点之间的通信。

基础结构网络:在基础结构网络中,具有无线接口卡的无线终端以无线接入点 AP 为中心,通过无线网桥 AB、无线接入网关 AG、无线接入控制器 AC 和无线接入服务器 AS 等将无线局域网与有线网网络连接起来,可以组建多种复杂的无线局域网接入网络,实现无线移动办公的接入。

作为有线网络的无线延伸,WLAN 可以广泛应用在生活社区、游乐园、旅馆、机场车站等游玩区域实现旅游休闲上网;可以应用在政府办公大楼、校园、企事业等单位实现移动办公,方便开会及上课等;可以应用在医疗、金融证券等方面,实现医生在路途中对病人在网上诊断,实现金融证券室外网上交易。

对于难于布线的环境,如老式建筑、沙漠区域等,对于频繁变化的环境,如各种展览大楼,对于临时需要的宽带接入,如流动工作站等,建立 WLAN 是理想的选择。

由于 WLAN 是基于计算机网络与无线通信技术,在计算机网络结构中,逻辑链路控制(LLC)层及其之上的应用层对不同的物理层的要求可以是相同的,也可以是不同的,因此,WLAN 标准主要是针对物理层和媒体访问控制层(MAC),涉及所使用的无线频率范围、空中接口通信协议等技术规范与技术标准。

WLAN 的主要技术标准有以下几种。

1. IEEE 802.11 系列标准

1990 年,IEEE 802 标准化委员会成立 IEEE 802.11 WLAN 标准工作组。IEEE 802.11 是在 1997 年 6 月审定通过的标准,该标准定义物理层和媒体访问控制(MAC)规范。物理层定义了数据传输的信号特征和调制,定义了两个 RF 传输方法和一个红外线传输方法,RF 传输标准是跳频扩频和直接序列扩频,工作在 2.4000～2.4835GHz 频段。

IEEE 802.11 是 IEEE 最初制定的一个无线局域网标准,主要用于解决办公室局域网和校园网中用户与用户终端的无线接入,业务主要限于数据访问,速率最高只能达到 2Mb/s。由于它在速率和传输距离上都不能满足人们的需要,所以 IEEE 802.11 标准被 IEEE 802.11b 所取代了。

1999 年 9 月 IEEE 802.11b 被正式批准,该标准规定 WLAN 工作频段在 2.4000～2.4835GHz,数据传输速率达到 11Mb/s,传输距离控制在 50～150 英尺。该标准是对 IEEE 802.11 的一个补充,采用补偿编码键控调制方式,采用点对点模式和基本模式两种运作模式,在数据传输速率方面可以根据实际情况在 11 Mb/s、5.5 Mb/s、2 Mb/s、1 Mb/s 的不同速率间自动切换,它改变了 WLAN 设计状况,扩大了 WLAN 的应用领域。

1999 年,IEEE 802.11a 标准制定完成,该标准规定 WLAN 工作频段在 5.15～8.825GHz,数据传输速率达到 54～72Mb/s,传输距离控制在 10～100m。该标准也是 IEEE 802.11 的一个补充,扩充了标准的物理层,采用正交频分复用(OFDM)的独特扩频技术,采用 QFSK 调制方式,可提供 25Mb/s 的无线 ATM 接口和 10Mb/s 的以太网无线帧结构接口,支持多种业务如话音、数据和图像等,一个扇区可以接入多个用户,每个用户可带多个用户终端。

IEEE 802.11a 标准是 IEEE 802.11b 的后续标准,其设计初衷是取代 802.11b 标准,然而,工作于 2.4GHz 频带是不需要执照的,该频段属于工业、教育、医疗等专用频段,是公开的,而工作于 5.15～8.825GHz 频带是需要执照的。一些公司仍没有表示对 802.11a 标准的支持,一些公司更加看好最新混合标准——802.11g。

IEEE 802.11g 标准工作在 2.4GHz 频段,具有与 IEEE 802.11a 相同的传输速率,安全性较 IEEE 802.11b 好,采用两种调制方式,含 802.11a 中采用的 OFDM 与 802.11b 中采用的 CCK,做到与 802.11a 和 802.11b 兼容。

2. HiperLAN

HiperLAN(High Performance Radio LAN)标准由欧洲电信标准化协会(ETSI)的宽带无线电接入网络(BRAN)小组制定,包括 HiperLAN1 和 HiperLAN2。HiperLAN1 推出时,数据速率较低,没有被人们重视,在 2000 年,HiperLAN2 标准制定完成,HiperLAN2 标准的最高数据速率能达到 54Mb/s,HiperLAN2 标准详细定义了 WLAN 的检测功能和转换信令,用以支持许多无线网络,支持动态频率选择、无线信元转换、链路自适应、多束天线和功率控制等。该标准在 WLAN 性能、安全性、服务质量 QoS 等方面也给出了一些定义。

HiperLAN1 对应 IEEE 802.11b,HiperLAN2 与 IEEE 802.11a 具有相同的物理层,它们可以采用相同的部件,并且,HiperLAN2 强调与 3G 整合。HiperLAN2 标准也是目前较完善的 WLAN 协议。

3. HomeRF

HomeRF 工作组是由美国家用射频委员会领导于 1997 年成立的,其主要工作任务是为家庭用户建立具有互操作性的话音和数据通信网,2001 年 8 月推出 HomeRF 2.0 版,集成了语音和数据传送技术,工作频段在 10GHz,数据传输速率达到 10Mb/s,在 WLAN 的安全性方面主要考虑访问控制和加密技术。

HomeRF 是针对现有无线通信标准的综合和改进:当进行数据通信时,采用 IEEE 802.11 规范中的 TCP/IP 传输协议;进行语音通信时,则采用数字增强型无绳通信标准。

1.3.5　卫星移动通信系统

利用地球卫星作为中继站,实现区域乃至全球范围的移动通信称为卫星移动通信。

卫星移动通信系统尽管多种多样,但若从卫星轨道来看,一般可分为静止轨道、中轨道以及低轨道等三类卫星移动通信系统。下面对这三类卫星移动通信系统做一简要介绍。

1. 静止轨道卫星移动通信系统

利用静止轨道卫星建立的卫星移动通信系统是卫星移动通信系统中最早出现并投入使用的系统,Inmarsat(国际航海卫星)系统就是一个典型的代表。此后,又相继出现了多个系统,如澳大利亚的 MSAT 移动卫星(Mobilesat)系统以及北美的 MSS 移动卫星业务系统。下面主要介绍 Inmarsat 系统。

最早的静止轨道卫星移动通信系统由美国通信卫星公司(COMSAT)利用 Marisat 航海卫星系统进行卫星通信,这是一个军用卫星通信系统。而后 Inmarsat 系统不断地发展,1991 年和 1993 年启用移动性更强的 Inmarsat-C 及 M 终端。Inmarsat-C 终端采用信息存储转发方式进行通信,可使 Inmarsat 卫星的工作容量得到最大限度的利用;还可以使用户利用陆地通信网中各种通信方式发送数据。1993 年又推出了 Inmarsat-B 数字全业务终端。1994 年 Inmarsat 全球呼叫系统正式用于业务使用。1995 年用于导航业务的 Inmarsat 各种专用业务终端投入使用。

2. 中轨道（MEO）卫星移动通信系统

代表性的中轨道卫星移动通信系统主要有 Odyssey、MAGSS-14 等。

Odyssey（奥德赛）系统由 TRW 空间技术集团公司推出。它由 12 颗高度为 10 000km 的卫星分布在倾角 55°的 3 个轨道平面上构成，使用 L/S/Ka 频段，每颗卫星具有 19 个波束，总容量为 2800 个话路，系统可为 100 个用户提供服务，12 颗卫星可在全球范围内为 280 万用户提供服务。系统建设费用约为 27 亿美元，卫星的设计寿命为 12～15 年。

3. 低轨道（LEO）卫星移动通信系统

低轨道卫星移动通信系统于 20 世纪 90 年代初期初具规模，也是目前卫星移动通信发展的一大热点，竞争十分激烈。由于低轨道系统的轨道很低，一般为 500～2000km，因而信号的路径衰耗极小，信号时延极短，卫星研制周期短，费用低，能一箭多星发射，可做到真正的全球覆盖。因此，低轨道系统一经提出，就得到了巨大的响应，并陆续提出了铱星、全球星（Globalstar）、卫星通信网络（Teledesic）系统、白羊（Aries）系统等。下面简述其中较为典型的铱星系统和 Teledesic 系统。

铱星系统是第一个全球覆盖的 LEO 卫星蜂窝系统，支持话音、数据和定位业务。由于采用了星际链路，铱系统可以在不依赖于地面通信网的情况下支持地球上任何位置用户之间的通信。铱系统于 20 世纪 80 年代末由 Motorola 公司推出，20 世纪 90 年代初开始开发，耗资 37 亿美元，于 1998 年 11 月开始商业运行。但是由于建设成本过高，市场经营不利等因素，铱公司于 2000 年 3 月宣告破产。

铱系统最初的设计由 77 颗 LEO 卫星组成，它与铱元素的 77 个电子围绕原子核运行类似，系统因此得名。实际包括 66 颗卫星，它们分布在 6 个圆形的、倾角 86.4°的近极轨道平面上，面间间隔 27°，轨道高度 780km。每个轨道平面上均匀分布 11 颗卫星，每颗卫星的重量为 689kg。

铱系统中的每颗卫星提供 48 个点波束，在地面形成 48 个蜂窝小区，在最小仰角 8.2°的情况下，每个小区直径为 600km，每颗卫星的覆盖区直径约 4700km，对全球地面形成无缝蜂窝覆盖，如图 1-2 所示。每颗卫星的一个点波束支持 80 个信道，单颗卫星可提供 3840 个信道。

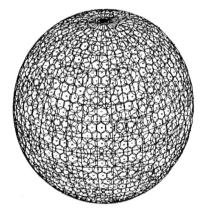

图 1-2　铱系统对全球的蜂窝覆盖

Teledesic 主要由美国微软公司、麦考通信公司研制，是一个着眼于宽带业务发展的低轨道卫星通信系统。原计划该系统由 840 颗卫星组成。目前 Teledesic 系统经设计简化，已将系统的卫星数降至 288 颗。提供全球覆盖。用户终端类型包括手持机、车载式和固定式。

Teledesic 系统的每颗卫星可提供 100 000 个 16kb/s 的话音信道，整个系统峰值负荷时，可提供超出 100 万个同步全双工 E1 速率的连接。因此，该系统不仅可以提供高质量的话音通信，同时还能支持电视会议、交互式多媒体通信以及实时双向高速数据通信等宽带通信业务。

1.3.6 蜂窝移动通信系统

1. 蜂窝小区结构

在 20 世纪 60 年代,美国的贝尔实验室提出了蜂窝移动通信系统的概念,其主要思想包括三个方面的内容:

(1) 由众多的小功率发射机替代大功率发射机,每一个发射机只提供较小范围的无线覆盖;

(2) 每个基站分配可用频率资源的一部分,相邻和相近基站分配的频点各不相同;

(3) 距离较远的基站可以重复使用相同的频点,并保证同频干扰处于系统可容忍的水平。

通过这样的组网方式,可以实现频率在网络中的重复使用,从而在有限的频谱资源上提供较大的网络容量。

为了更好地研究蜂窝组网理论,需要为蜂窝系统的覆盖方式建立一个几何模型。

在实际的网络中,由于无线电波受到地形地物的影响,其覆盖区域的形状是比较复杂的。为了研究方便,假设网络覆盖区域各个方向的地形地物完全相同,基站采用全向天线,那么它的覆盖区大体是一个圆形。但是,在移动通信系统中,要求多个小区彼此相接构成整个服务区,显然圆形不符合这个要求。符合这个要求的只有三角形、四边形和六边形。在这三种图形中,六边形最接近于圆形,因而,一般用六边形来代表一个基站的覆盖区。这与蜂巢的结构很相似,因而称为蜂窝移动通信系统。

通常将使用了系统全部可用频率的一组小区,称为一个区群,区群的大小定义为区群内全部小区的个数。N 取值越小,同频复用的效率越高,系统的容量越大,同时系统内的同频干扰水平也越高;区群 N 取值越大,同频复用的效率越低,系统的容量越大,同时系统内的同频干扰水平也越低。区群 N 取值的大小决定于移动通信系统承受同频干扰的能力。

根据数学推导(本书略),区群 N 的取值还必须满足:$N = a^2 + ab + b^2$,a、b 为相邻同频道小区间的间隔小区数,取零或正整数,且 a、b 不能同时为零。当 a、b 取不同的值时,区群大小如图 1-3 所示。

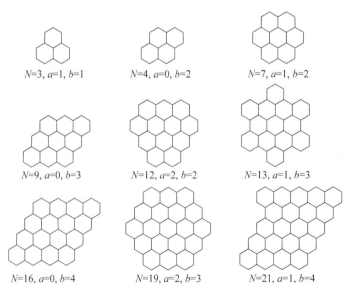

$N=3, a=1, b=1$ $N=4, a=0, b=2$ $N=7, a=1, b=2$

$N=9, a=0, b=3$ $N=12, a=2, b=2$ $N=13, a=1, b=3$

$N=16, a=0, b=4$ $N=19, a=2, b=3$ $N=21, a=1, b=4$

图 1-3 蜂窝移动通信系统的几何模型

由此可以看出, N 的可能取值为 3、4、7、9、12、13、16 等。根据不同系统承受同频干扰的能力, 模拟系统的典型值为 7、12; 数字系统的典型值为 3、4。

2. 蜂窝移动通信系统的组成

移动通信系统最基本的网元包括移动终端(MS)、基站(BTS)、基站控制器(BSC)及移动交换中心(MSC), 如图 1-4 所示。

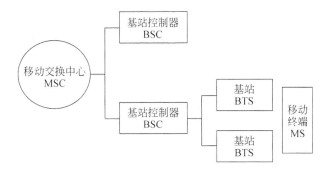

图 1-4 移动通信系统的组成

移动终端(Mobile Station)是用户侧设备, 包括手机、车载台和数据终端等。用户通过移动终端获取网络所提供的通信服务。移动终端属于无线设备, 可与基站进行双向无线通信。

基站(Base Transceiver Station)由信道单元、无线收发信机和天馈线等设备组成。每个基站都有一个可靠通信的服务范围, 称为基站的服务区。服务区的大小主要由基站发射功率和基站天线的高度决定, 按照覆盖面积的大小可将服务区分为大区制、中区制和小区制三种制式。大区制是指一个城市由一个无线区覆盖。大区制的基站发射功率很大, 单个基站的覆盖半径在 30~50km 左右。小区制单基站的覆盖半径一般为 1~20km, 且由多个基站服务区无线区结合而成一个整体的服务区的制式。小区制的基站发射功率很小, 一般在 20W 左右。中区制则是介于大区制和小区制之间的一种过渡制式。

基站控制器(Base Station Controller, BSC)控制一组基站, 其任务是管理无线网络, 包括管理无线小区及无线信道, 无线设备的操作和维护, 移动台的业务过程管理, 并提供基站至 MSC 之间的接口。BSC 一般包括如下功能: 无线基站的监视与管理; 无线资源的管理; 处理与移动台的连接; 定位和切换; 寻呼管理; 传输网络的管理; 码型变换功能; 话音编解码。

移动交换中心即 MSC(Mobile Switching Center), 是移动通信系统的核心网元, 是对位于它所覆盖区域中的移动台进行控制和完成话路交换的功能实体。

MSC 提供交换功能, 完成移动用户寻呼接入、信道分配、呼叫接续、话务量控制、计费、基站管理等功能, 还可完成 BSC、MSC 之间的切换和辅助性的无线资源管理、移动性管理等功能。

作为网络的核心, MSC 与网络其他部件协同工作, 完成移动用户位置登记、越区切换和自动漫游、合法性检查等功能。

1.4 移动通信系统的工作频段

发展无线系统离不开频率资源。为使有限的资源得到充分而有效的利用,国际上以及各个国家都设有专门的机构来加强对无线电频谱资源的管理。为进行无线电频谱资源的规划和有条有序地管理好无线电设备的研制、生产及操作使用,通常对无线电频谱按无线电业务进行频率的划分和指配。

无线电频谱可分为表 1-1 中的 14 个频带。

表 1-1　无线电频谱划分表

带　号	频带名称	频率范围	波段名称	波长范围
−1	至低频(TLF)	0.03～0.3Hz	至长波或吉米波	10 000～1 000 兆米
0	至低频(TLF)	0.3～3Hz	至长波或百兆米波	1 000～100 兆米
1	极低频(ELF)	3～30Hz	极长波	100～10 兆米
2	超低频(SLF)	30～300Hz	超长波	10～1 兆米
3	特低频(ULF)	300～3 000Hz	特长波	1 000～100 千米
4	甚低频(VLF)	3～30kHz	甚长波	100～10 千米
5	低频(LF)	30～300kHz	长波	10～1 千米
6	中频(MF)	300～3000kHz	中波	1 000～100 米
7	高频(HF)	3～30MHz	短波	100～10 米
8	甚高频(VHF)	30～300MHz	米波	10～1 米
9	特高频(UHF)	300～3 000MHz	分米波	10～1 分米
10	超高频(SHF)	3～30GHz	厘米波	10～1 厘米
11	极高频(EHF)	30～300GHz	毫米波	10～1 毫米
12	至高频(THF)	300～3 000GHz	亚毫米波	1～0.1 毫米

把某一频段供某一种或多种地面或空间业务在规定的条件下使用的规定,称为"频率划分"。国际电信联盟(International Telecommunications Union,ITU)专门制定了国际无线电规则,这是一个各个国家都要遵守的国际上通用的无线电法规,各个国家也都依此制定了自己国家的无线电法规或相关的详细管理规定。

ITU 还专门建立了国际频率划分表,把全世界划分为三个区域:第一区包括欧洲、非洲和部分亚洲国家;第二区包括南、北美洲;第三区包括大部分亚洲国家和大洋洲。我国处于第三区。

使用无线电频率的无线电业务基本上分为两大类,即无线电通信业务和射电天文业务。无线电通信业务又可分为地面业务及空间业务,包括移动业务、固定业务、广播业务、业余业务、航空和水上安全业务等共 40 余种业务。

我国的频率分配是由国家无线电管理委员会统一进行的。国家或地方无线电管理委员会根据设台审批权限,批准单位或个人的某一电台在规定的条件下操作使用某一无线电频率。

分配移动通信工作频段可从以下几方面来考虑：

(1) 电波传播特性。

(2) 环境噪声及干扰的影响。

(3) 服务区范围、地形和障碍物影响以及电波对建筑物的渗透性能。

(4) 设备小型化。

(5) 与已经使用的频段的干扰协调和兼容性。

(6) 用户应用的特点。

我国移动通信使用频段的规定与国际上的规定基本上一致,如我国正在大量使用的 150MHz、350MHz、450MHz、800MHz、900MHz 以及 1.8GHz 等频段。具体划分如下：

150MHz 频段：138～149.9MHz；150.05～167MHz （无线寻呼业务）

450MHz 频段：403～420MHz；450～470MHz （移动业务）

800MHz 频段：806～821MHz；851～866MHz （集群移动通信）

　　　　　　　821～825MHz；866～870MHz （移动数据业务）

900MHz 频段：890～915MHz；935～960MHz （蜂窝移动业务）

　　　　　　　915～917MHz（无中心移动系统）

在民用移动通信中,第二代蜂窝移动通信使用的频段具体安排如下：

GSM 网络：

中国移动：890～909MHz 移动台发

　　　　　935～954MHz 基站发

中国联通：909～915MHz 移动台发

　　　　　954～960MHz 基站发

DCS1800 网络：

中国移动：1710～1725MHz 移动台发

　　　　　1805～1820MHz 基站发

中国联通：1745～1755MHz 移动台发

　　　　　1840～1850MHz 基站发

CDMA 2000 1X 网络：

中国电信：825～835MHz 移动台发

　　　　　870～880MHz 基站发

第三代蜂窝移动通信使用的核心频段为 1885～2025MHz/2110～2200MHz（其中 1980～2010MHz/2170～2200MHz 为 IMT—2000 的卫星移动业务频段）。

中国于 2002 年对 3G 系统使用的频谱作出了如下规划。

(1) 第三代公众蜂窝移动通信系统的主要工作频段。

　　频分双工（FDD）方式：1920～1980MHz/2110～2170MHz。

　　时分双工（TDD）方式：1880～1920MHz/2010～2025MHz。

(2) 第三代公众蜂窝移动通信系统的补充工作频段。

　　频分双工（FDD）方式：1755～1785MHz/1850～1880MHz。

　　时分双工（TDD）方式：2300～2400MHz。

(3) IMT—2000 的卫星移动通信系统工作频段：1980～2010MHz/2170～2200MHz。

(4) 目前已规划给公众蜂窝移动通信系统的 825～835MHz/870～880MHz、

885～915MHz/930～960MHz 和 1710～1755MHz/1805～1850MHz 频段,同时规划作为第三代公众移动通信系统 FDD 方式的扩展频段。

习题

1. 现代移动通信从诞生至今,经历了哪些发展阶段? 各阶段的典型代表系统分别有哪些?

2. 移动通信技术的主要应用系统有哪些?

3. 无绳电话在我国最成功的网络是什么?

4. 集群移动通信系统的特点有哪些?

5. 卫星移动通信系统有哪几类?

6. WLAN 主要的技术标准有哪些?

7. 蜂窝移动通信系统一般由哪些网元组成? 这些网元各自的作用是什么?

第2章 第二代移动通信系统

2.1 GSM 移动通信系统

GSM 是 Global System For Mobile Communications 的缩写,是由欧洲电信标准协会(ETSI)制定的数字移动通信标准,它的空中接口采用时分多址技术。GSM 自 20 世纪 90 年代中期投入商用以来,被全球超过 200 个国家和地区采用,是当前应用最为广泛的移动通信网络标准。

2.1.1 GSM 系统的网络结构

GSM 的典型系统组成如图 2-1 所示。

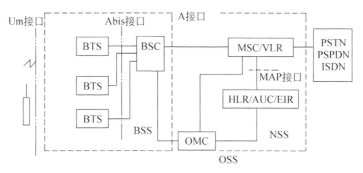

图 2-1 GSM 系统构成

GSM 系统由三个子系统组成,即操作支持子系统(OSS)、基站子系统(BSS)和网络子系统(NSS)三部分组成。其中,基站子系统 BSS 是 GSM 系统中形成无线蜂窝覆盖的基本网元,它通过无线接口与移动台相连,负责无线信号的发送接收和无线资源的管理。

网络子系统是整个系统的核心,它对 GSM 移动用户之间及移动用户与其他通信网用户之间的通信起着交换、连接与管理的功能,主要负责完成呼叫处理、通信管理、移动管理、部分无线资源管理、安全性管理、用户数据和设备管理、计费记录处理、信令处理和本地运行维护等功能。

操作支持子系统是操作人员与系统设备之间的中介,它实现系统的集中操作与维护,完成包括移动用户管理,移动设备管理及网络操作维护等功能。

GSM 网络具体的组成如图 2-2 所示。

1. 移动台(MS)

移动台是整个系统中直接由用户使用的设备,可分为车载型、便携型和手持型三种。用

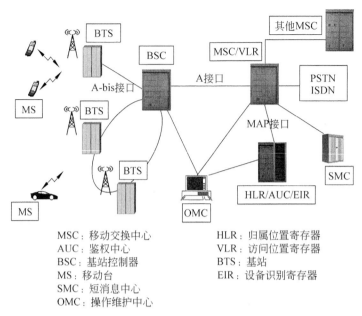

MSC：移动交换中心　　　　HLR：归属位置寄存器
AUC：鉴权中心　　　　　　VLR：访问位置寄存器
BSC：基站控制器　　　　　BTS：基站
MS：移动台　　　　　　　　EIR：设备识别寄存器
SMC：短消息中心
OMC：操作维护中心

图 2-2　GSM 系统详细结构

户的所有信息都存储在 SIM 卡上，系统中的任何一个移动台都可以利用 SIM 卡来识别移动用户。由网络来进行相关的认证，保证使用移动网的是合法用户。移动台有自己的识别码 IMEI，称为国际移动台设备识别号。每个移动台的 IMEI 都是唯一的，网络对 IMEI 进行检查，可以保证移动台的合法性。SIM 卡中存储着用户的所有信息，包括国际移动用户识别码 IMSI 等。

2. 基站子系统（BSS）

基站子系统包括基站（BTS）和基站控制器（BSC），基站通过无线接口直接与移动台实现通信连接，BSC 连到网络端的交换机，为移动台和交换子系统提供传输通路。从功能上看，BTS 主要负责无线传输，BSC 主要负责控制和管理。

移动用户通过空中接口与 BTS 相连。BTS 包括收发信机和天线，以及与无线接口有关的信号处理电路等。BSC 通过 BTS 和移动台的远端命令管理所有的无线接口，主要是进行无线信道的分配、释放以及越区信道切换的管理等。BSC 由 BTS 控制部分、交换部分和公共处理器部分组成。根据 BTS 的业务能力，一台 BSC 可以管理多达几十个 BTS。此外，BSS 还包括码型变换器 TC。码型变换器一般是置于 BSC 和 MSC 之间，完成 16kb/s RPE-LTP 编码和 64kb/s A 律 PCM 之间的码型转换。

3. 网络子系统（NSS）

网络子系统包括实现 GSM 交换功能的交换中心以及管理用户数据和移动性所需的数据库，有时也称为交换子系统。它由一系列功能实体构成，各功能实体间以及 NSS 与 BSS 之间通过符合 CCITT 信令系统 No.7 协议规范的 7 号信令网络互相通信。NSS 可分为如下几个功能单元。

移动业务交换中心（MSC）：MSC 是网络核心，它完成最基本的交换功能，即实现移动用户与其他网络用户之间的通信连接。为此,它提供面向系统其他功能实体的接口、到其他网络的接口以及与其他 MSC 互连的接口。MSC 从 HLR、VLR、AUC 这三个数据库中取得处理用户呼叫请求所需的全部数据,同时这三个数据库也会根据 MSC 最新信息进行自我更新。MSC 为用户提供承载业务、基本业务和补充业务等一系列服务。作为网络的核心,MSC 还支持位置登记、越区切换和自动漫游等移动性能及其他网络功能。

对于容量较大的通信网,一个 NSS 可以包括若干个 MSC、HLR 和 VLR。在建立固定网用户与 GSM 移动用户之间的呼叫时,呼叫往往首先被接到关口 MSC(GMSC),再由关口 MSC 负责获取位置信息然后进行接续。GMSC 具有与固定网和其他 NSS 实体互通的接口,也就是我们通常所说的关口局。

访问位置寄存器(VLR): VLR 存储进入其覆盖区的所有用户的全部有关信息,为已经登记的移动用户提供建立呼叫接续的必要条件。VLR 是一个动态数据库,需要随时与有关的 HLR 进行数据交换以保证数据的有效性。当用户离开其覆盖区时,用户的有关信息被删除。

VLR 在物理实体上总是与 MSC 一体,这样可以尽量避免由于 MSC 与 VLR 之间频繁联系所带来的接续时延。

归属位置寄存器(HLR): HLR 是系统的中央数据库,存放与用户有关的所有信息,包括用户的漫游权限、基本业务、补充业务及当前位置信息等,从而为 MSC 提供建立呼叫所需的路由信息等相关数据。一个 HLR 可以覆盖几个移动交换区域甚至整个移动网络。

鉴权中心(AUC): AUC 存储用户的鉴权参数,用以保护用户在系统中的合法地位不受侵犯。由于空中接口的开放性,经由空中接口传送的信息极易受到截获,因此 GSM 采用了严格的安全措施如用户鉴权、信息的加密等。这些鉴权信息和加密密钥均存放在 AUC 中。因此,AUC 是一个受到严格保护的数据库。在物理实体上,AUC 和 HLR 共存。

设备识别寄存器(EIR): EIR 存储与移动台 IMEI 有关的信息。它可以对移动台的 IMEI 进行核查,以确定移动台的合法性,防止未经许可的移动台设备使用移动网。

4. 操作支持子系统(OSS)

OSS 的一侧与设备相连,另一侧是作为人-机接口的计算机工作站。这些专门用于操作维护的设备称为操作维护中心(OMC)。GSM 系统的每个组成部分都可以通过网络连接至 OMC,从而实现集中维护。OMC 由两个功能单元构成。OMC-S(操作维护中心-系统部分)用于 MSC,HLR,VLR 等交换子系统各功能单元的维护和操作。OMC-R(操作维护中心-无线部分)用于实现整个 BSS 系统的操作与维护,它一般是通过 SUN 工作站在 BSS 上的应用来实现的。

2.1.2　GSM 服务区域的划分

GSM 系统采用蜂窝小区结构,基站设置很多,移动台又没有固定的位置,移动用户只要在其覆盖区域内,无论移动到何处,GSM 网络都必须能对其进行监视、管理和控制,以实现位置更新、越区切换和自动漫游等性能。因而 GSM 网络中划分了多种服务区域,以便进行网络的管理和控制。GSM 的区域可以划分为以下几类。

1. 小区

当基站采用全向天线时,小区即为基站区;当基站采用定向天线时,每个扇区为一个小区。小区采用全球小区识别码进行标识。GSM 小区的覆盖范围大小差距较大,理论上 GSM 小区的最大覆盖半径可达 35km,适用于农村地区;最小的小区半径仅为几百米,适用于城市高话务密度业务区。

2. 基站区

一个基站覆盖的区域称为基站区。

3. 位置区

位置区是指移动台可以任意移动而不需要进行位置更新的区域,由一个或若干个小区(或基站区)组成。为了呼叫移动台,一般在一个位置区内的所有基站同时发送寻呼消息。

4. MSC 区

MSC 区是指由一个 MSC 所控制的所有小区共同覆盖的区域的总和,由一个或若干个位置区组成。

5. 服务区

服务区是指移动网内所有 MSC 区的总和。服务区可能完全覆盖一个国家或是一个国家的一部分,也可能覆盖若干个国家。

2.1.3 GSM 的编号计划

为顺利地进行呼叫接续,GSM 制订了一套完整的编号计划,本节就 GSM 移动通信网中各种号码的编号计划进行介绍。

1. 移动台 ISDN 号码(MSISDN)

MSISDN 号码是指主叫用户为呼叫数字公用陆地蜂窝移动通信网中客户所需拨的号码。号码的结构为:

```
CC                NDC              SN
|---------- 国际移动用户 ISDN 号码-------------------|
          |-------国内移动用户 ISDN 号码-------|
```

CC 为国家码,我国为 86。

NDC 为国内目的地码,即网络接入号。中国移动的 GSM 网为 139、138、137……中国联通公司的 GSM 网为 130、131……中国电信的 CDMA 网为 133、153……

SN 为客户号码,号码结构是 H1H2H3H4ABCD,其中 H1H2H3H4 为每个移动业务本地网的 HLR 号码,ABCD 为移动用户码。

MSISDN 存储在 HLR 和 VLR 中,而不是存储在手机中。

移动 GSM、联通 GSM、电信 CDMA 三个网络的编号方案一致。

2. 国际移动用户识别码（IMSI）

为了在无线路径和整个 GSM 移动通信网上正确地识别某个移动用户,就必须给移动用户分配一个特定的识别码。这个识别码称为国际移动用户识别码（IMSI）,用于 GSM 移动通信网所有信令中。

IMSI 号码结构为：

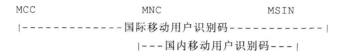

```
MCC                 MNC             MSIN
|-------------国际移动用户识别码------------|
              |---国内移动用户识别码---|
```

MCC 为移动国家号码,由 3 位数字组成,唯一地识别移动用户所属的国家。我国为 460。

MNC 为移动网号,由 2 位数字组成,用于识别移动用户所归属的移动网。中国移动 GSM 系统使用 00、02,中国联通 GSM 系统使用 01,中国电信 CDMA 系统使用 03,中国移动 TD-SCDMA 系统使用 07。

MSIN：移动用户识别代码,网络运营商规定的唯一的移动用户代码。

IMSI 存储在 SIM 卡、HLR 和 VLR 中,当我们购买了一 SIM 卡,选择了一个电话号码 MSISDN,就建立了 IMSI 和 MSISDN 的对应关系,这个对应关系存储在 HLR 中。

3. 移动用户漫游号码（MSRN）

被叫用户所归属的 HLR 知道该用户目前处于哪一个 MSC/VLR 业务区。为了提供给关口 MSC/VLR（GMSC）一个用于选路由的临时号码,HLR 请求被叫所在业务区的 MSC/VLR 给该被叫用户分配一个移动用户漫游号码（MSRN）,并将此号码送至 HLR,HLR 收到后再发送给 GMSC,GMSC 根据此号码选路由,将呼叫接至被叫客户目前正在访问的 MSC/VLR 交换局。路由一旦建立,此号码就可立即释放。

4. 临时移动用户识别码（TMSI）

当呼叫一个移动用户时,为保证 IMSI 的安全,VLR 临时分配给移动用户的一个号码。在某一 VLR 区域内与 IMSI 唯一对应,它仅在本地使用。

TMSI 由运营商自行决定,包含四个字节,可以由八个十六进制数组成。

5. 位置区识别码（LAI）

位置区识别码用于移动用户的位置更新,其号码结构是：

```
MCC           MNC         LAC
|------------LAI-------------|
```

MCC 为移动用户国家码,同 IMSI 中的前三位数字。

MNC 为移动网号,同 IMSI 中的 MNC。

LAC 为位置区号码,为一个 2 字节 BCD 编码,表示为 X1X2X3X4。在一个 GSM PLMN 网中可定义 65 536 个不同的位置区。

6. 全球小区识别码(CGI)

CGI 用来识别一个位置区内的小区,它是在位置区识别码（LAI）后加上一个小区识别码(CI),其结构是:

```
MCC                      MNC                  LAC           CI
|---------------------LAI-------------------|
|-------------------------CGI--------------------------- |
```

CI 是一个 2 字节 BCD 编码,由各 MSC 自定。

7. 基站识别码(BSIC)

BSIC 用于移动台识别相同载频的不同基站,特别用于区别在不同国家（地区）的边界地区采用相同载频且相邻的基站。

BSIC 为一个八进制 6bit 编码:BSIC＝NCC(3bit)＋BCC(3bit)

NCC:PLMN 色码,用来识别 PLMN 网。

BCC:BTS 色码,用来识别不同的基站。

8. 国际移动台设备识别码(IMEI)

IMEI 是唯一地识别一个移动台设备的编码,为一个 15 位的十进制数字,其结构是:

```
TAC   FAC   SNR   SP
```

TAC 为型号批准码,由欧洲型号认证中心分配。

FAC 为工厂装配码,由厂家编码,表示生产厂家及其装配地。

SNR 为序号码,由厂家分配,用来识别 TAC 和 FAC 中的某个设备。

SP 为备用,供将来使用。

2.1.4 GSM 系统的接口

1. 主要接口

GSM 系统定义了 10 种接口,其中最重要的接口为 A 接口、Abis 接口和 Um 接口,如图 2-3 所示。这三种主要接口的定义和标准化能保证不同供应商生产的移动台、基站子系统和网络子系统设备可纳入同一个 GSM 移动网内运行和使用。

1) A 接口

A 接口定义为网络子系统(NSS)与基站子系统(BSS)之间的通信接口。从系统的功能实体来说,就是移动交换中心(MSC)与基站控制器(BSC)之间的互连接口,其物理连接通过采用标准的 2.048Mb/s PCM 数字传输链路来实现。此接口传输的信息包括移动台管理、基站管理、移动性管理和接续管理等。

2) Abis 接口

Abis 接口定义为 BSS 内部的两个功能实体即基站控制器(BSC)和基站收发信台(BTS)之间的接口,用于实现 BTS(不与 BSC 并置)与 BSC 之间的远端互连。其物理连接通过采用

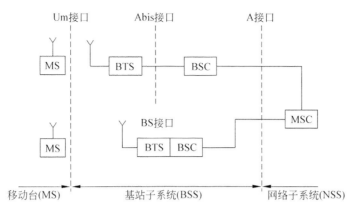

图 2-3　GSM 系统的主要接口

标准的 2.048Mb/s 或 64kb/s PCM 数字传输链路来实现。此接口支持所有向用户提供的业务,并支持对 BTS 无线设备的控制以及无线频率的分配和管理。

3) Um 接口(空中接口)

Um 接口定义为移动台与 BTS 之间的无线接口,用于移动台与 GSM 系统的固定部分之间的互通。其物理连接通过无线链路来实现。此接口传递的信息包括无线资源管理、移动性管理、接续管理以及用户的话音和数据信息等。

2. NSS 内部接口

除上述三个主要接口之外,在 NSS 内部也定义了一些接口。NSS 由移动交换中心(MSC)、访问位置寄存器(VLR)、归属位置寄存器(HLR)等功能实体组成。GSM 技术规范定义了不同的接口以保证各功能实体之间的接口标准化,如图 2-4 所示。

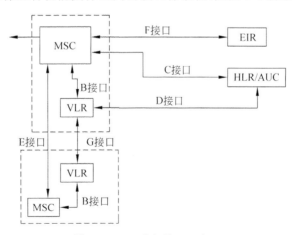

图 2-4　NSS 内部接口示意图

1) B 接口

MSC 与 VLR 之间的接口,用于 MSC 向 VLR 询问有关移动台当前位置信息,或通知 VLR 有关移动台的位置更新。

2) C 接口

MSC 与 HLR 之间的接口,用于查询用户信息。

3）D 接口

HLR 与 VLR 之间的接口，主要用于交换位置信息和客户信息。

4）E 接口：MSC 与 MSC 之间的接口，用于移动台在呼叫期间从一个 MSC 区移动到另一个 MSC 区，为保持通话连续而进行局间切换，以及两个 MSC 间建立客户呼叫接续时传递有关消息。

5）F 接口

MSC 与 EIR 之间的接口，用于 MSC 检验移动台 IMEI 时使用。

6）G 接口

VLR 和 VLR 之间的接口，当移动台以 TMSI 启动位置更新时，VLR 使用 G 接口向前一个 VLR 获取 MS 的 IMSI。

根据我国目前固定网的现状和发展前景，GSM 系统和固定网的互连采用 No.7 信令系统接口，其物理连接通过 MSC 与固定网交换机之间的标准 2.048Mb/s PCM 数字传输链路实现。

2.1.5　GSM 的语音编码

由于 GSM 系统是一种数字通信系统，话音或其他信号都要进行数字化处理，因而第一步要把话音模拟信号转换为数字信号。

如我国固定电话系统采用的 PCM-A 律编码，它是采用 A 律波形编码，分为 3 步。

第一步：采样。在某个短时间间隔内测量模拟信号的值，采样速率为 8kHz/s。

第二步：量化。对每个样值用 8 个比特的量化值来表示对应的模拟信号瞬间值，即为样值指配 256 个不同电平值的一个。

第三步：编码。每个量化值用 8 个比特的二进制代码表示，组成一串具有离散特性的数字信号流。

使用这种编码方式，数字链路上的数字信号比特速率为 64kb/s。在移动通信系统中，由于网络的频率带宽是有限的，需要采用更低的编码速率，使系统在有限的频率资源内容纳更多的用户。

GSM 采用三种话音编码技术，分别为：速率为 13kb/s 的全速率（FR）编码技术，即规划脉冲激励线性预测编码技术（RPE-LTP）；速率为 12.2kb/s 的增强型全速率（EFR）编码技术，即代数码激励线性预测编码技术（ACELPT）；速率为 5.6kb/s 的半速率（HR）编码技术，即矢量和激励线性预测编码技术（VSELP）。

下面以最常用的规划脉冲激励线性预测编码技术（RPE-LTP）为例来介绍 GSM 的语音编码技术。

规划脉冲激励线性预测技术是一种混合编码技术，它集成了波形编码与声源编码两项技术之长。

波形编码器可精确地再现原来的话音波形，话音质量较高，但要求的比特速率相应的较高，在 12～16kb/s 的范围内会造成话音质量恶化。波形编码器硬件上更容易实现，不受时延影响。

声源编码是将话音信息用特定的声源模型表示。声源编码可以实现很低的速率（可以低于 5kb/s），但话音质量听起来不自然，很难分辨是谁在讲话。

因此 GSM 系统的话音编码器是采用声源编码器和波形编码器的混合-混合编码器,全称为线性预测编码-长期预测编码-规划脉冲激励编码器(LPC-LTP-RPE 编码器)。LPC+LTP 为声源编码器,RPE 为波形编码器,再通过复合器混合完成模拟话音信号的数字编码,每话音信道的编码速率为 13kb/s。

声源编码器的原理是模仿人类发声器官喉、嘴、舌的组合,将该组合看作一个滤波器,人发出的声音使声带振动就变成为激励脉冲。当然滤波器脉冲频率是在不断变换的,但在很短的时间(10~30ms)内观察它,则发音器官是没有变换的,因此声源编码器要做的事是将话音信号分成 20ms 的声码块,然后分析这一段时间内所相应的滤波器的参数,并提取此时的脉冲串频率,输出其激励脉冲序列。相关的话音段是十分相似的,LPC 将当前段与前一段进行比较,相应的差值被低通滤波后进行波形编码。

LPC+LTP 速率为 3.6kb/s,RPE 速率为 9.4kb/s。因此,话音编码器的输出比特率是 13kb/s(声源编码器编码速率+波形编码器编码速率)。

2.1.6　GSM 系统的业务

GSM 系统提供的业务种类主要有话音业务、承载业务、补充业务和短消息业务。

1. 话音业务

1) 电话业务

电话业务是 GSM 系统提供的最重要的业务,经过 GSM 网络和固定网,为移动用户之间或移动用户与固定网用户之间提供实时的双向话音通信。

2) 紧急呼叫

紧急呼叫是由电话业务演变来的一项独立业务,它允许移动用户在紧急情况下通过一种简单的拨号方式将紧急呼叫接入紧急服务中心。这种简单拨号方式可以拨叫紧急服务中心的号码(如 119、110、120 等)。有些 GSM 移动台具备 SOS 键,一按此键就可接入紧急服务中心。此业务优先于其他业务,在移动台没有插入 SIM 卡或移动台处于锁定状态时,也可按此键接入紧急服务中心。

2. 承载业务

GSM 系统从一开始就考虑兼容多种在 ISDN 中定义的承载业务,满足 GSM 移动用户对数据通信服务的要求。GSM 系统设计的承载业务不仅使移动用户之间的数据通信成为可能,更为重要的是能为移动用户与 PSTN 和 ISDN 用户之间提供数据通信服务,还能够实现 GSM 网络和公用数据网(PDN)的互通。在无线传输许可的条件下,GSM 规范定义了 10 大类 30 多种数据业务,为用户提供多种速率的透明或不透明数据通信服务。

3. 补充业务

补充业务可丰富 GSM 的基本业务,主要是允许用户选择怎样由网络处理呼入和呼出,或者给用户提供一些信息以使其能充分利用基本业务。

补充业务并不是 GSM 系统所特有的,也不是其他移动通信系统所特有的,其绝大部分直接由固定网络继承而来,少部分在需要适应移动性时作了修改。常用的补充业务有呼入/

呼出限制、主叫号码显示、恶意呼叫识别、呼叫转移、呼叫等待、呼叫保持、三方通话、会议电视、闭合用户群和计费通知等,GSM 规范定义了 8 大类近 30 种不同的补充业务。

4. 短消息业务

GSM 包括两种短消息业务,一种是点对点的送到移动台的短消息和由移动台发起的短消息。另一种短消息业务是"小区广播短消息服务",即每隔一定时间间隔对所在地理区域内的所有用户广播的短消息。

1)点对点短消息

GSM 系统提供的这一业务与寻呼业务相似,但有许多改进。它利用了 GSM 的其他性能,特别是移动台和网络之间的双向通信能力(而寻呼业务是一种单向业务)。这样,系统可以确认移动台是否已收到此信息和收到的信息是否正确,若未收到或收到的信息有误,系统可以重新传送。当移动台处于关机状态时,系统暂不传送对它的短消息,一旦移动台开机,系统马上传送对它的短消息。

点对点短消息业务是由短消息业务中心完成存储并进行前转的,短消息业务中心是与 GSM 系统相分离的一个独立实体,它不仅可服务于 GSM 用户,也可服务于具备接收短消息业务功能的固定网用户。尤其是其把短消息业务与语言信箱业务相结合更能发挥这两种业务的优势。点对点短消息的传送应该在系统和移动台处于空闲或呼叫状态时进行,由控制信道传送短消息业务的信息,其信息量限制为 160 个 ASCII 字符。

2)小区广播短消息业务

小区广播短消息业务是在 GSM 网络某一特定区域内以一定的时间间隔向移动台重复广播一些具有通用意义的短消息,如道路交通信息和气象信息等。移动台连续不断地监视广播信息,并在移动台上向用户显示广播信息。小区广播短消息也在控制信道上传送,其信息量限制为 93 个 ASCII 字符。

2.1.7 GSM 的无线接口

1. 工作频段的分配

1)GSM 网络的工作频段

GSM 移动通信系统可以工作在三个频段,分别为 900MHz、1800MHz 和 1900MHz 频段,如表 2-1 所示。

表 2-1 GSM 频段

GSM 系统	上行频段/MHz	下行频段/MHz	带宽/MHz	双工间隔/MHz	双工信道数
GSM900	890~915	935~960	2×25	45	124
GSM900E	880~915	925~960	2×35	45	174
GSM1800	1710~1785	1805~1880	2×75	95	374
GSM1900	1850~1910	1930~1990	2×60	80	299

2）频道配置

绝对频点号和频道标称中心频率的关系如下所示。

（1）GSM900。

上行频点：$f(n) = 890.2\text{MHz} + (n-1) \times 0.2\text{MHz}(n = 1 \sim 124)$

下行频点：$f(n) = 935.2\text{MHz} + (n-1) \times 0.2\text{MHz}(n = 1 \sim 124)$

（2）GSM1800。

上行频点：$f(n) = 1710.2\text{MHz} + (n-512) \times 0.2\text{MHz}(n = 512 \sim 885)$

下行频点：$f(n) = 1805.2\text{MHz} + (n-512) \times 0.2\text{MHz}(n = 512 \sim 885)$

其中，n 为绝对频点号（ARFCN）。

在我国，GSM900 使用的频段为 $905 \sim 915\text{MHz}$（上行）和 $950 \sim 960\text{MHz}$（下行）。频道号为 $76 \sim 124$，共 10M 带宽。

其中，中国移动公司分配的频段为：$905 \sim 909\text{MHz}$（上行），$950 \sim 954\text{MHz}$（下行），共 4MHz 带宽，20 个频道，频道号为 $76 \sim 95$。TACS 撤网后，中国移动将其频率用于 GSM 网络，因而其 GSM 实际可用频段要远大于该范围。

中国联通公司分配的频段为：$909 \sim 915\text{MHz}$（上行），$954 \sim 960\text{MHz}$（下行），共 6MHz 带宽，29 个频道，频道号为 $96 \sim 124$。

2. 时分多址技术（TDMA）

多址技术就是要使多个用户共用公共信道所采用的技术。实现多址的方法基本有三种：频分多址（FDMA）、时分多址（TDMA）和码分多址（CDMA）。我国模拟移动通信网 TACS 就是采用的 FDMA 技术。CDMA 是以不同的代码序列实现通信的，它可重复使用所有小区的频谱。GSM 的多址方式为时分多址 TDMA 和频分多址 FDMA 相结合的方式，其载波间隔为 200kHz，每个载波在时域上划分为 8 个物理信道。一个物理信道可以由 TDMA 的帧号、时隙号来定义。它的一个时隙的长度为 0.577ms，每个时隙的间隔包含 156.25 比特。GSM 的调制方式为 GMSK，调制速率为 270.833kb/s。

3. GSM 的逻辑信道

在 GSM 中的信道可分为物理信道和逻辑信道。一个物理信道就是一个时隙，通常被定义为给定 TDMA 帧上的固定位置上的时隙（TS）。而逻辑信道是根据 BTS 与 MS 之间传递的消息种类不同而定义的。

逻辑信道又可分为业务信道和控制信道。

1）业务信道

业务信道用于携带语音或用户数据，可分为话音业务信道和数据业务信道。

（1）话音业务信道包括以下两个信道。

① TCH/FS：13kb/s 全速率语音信道。

② TCH/HSI：5.6kb/s 半速率语音信道。

（2）数据业务信道包括以下五个信道。

① TCH/F9.6：9.6kb/s 全速率数据信道。

② TCH/F4.8：4.8kb/s 全速率数据信道。

③ TCH/H4.8：4.8kb/s 半速率数据信道。

④ TCH/H2.4：<=2.4kb/s 半速率数据信道。

⑤ TCH/F2.4：<=2.4kb/s 全速率数据信道。

2）控制信道

控制信道用于携载信令或同步数据，可分为广播信道、公共控制信道和专用控制信道。

广播信道（BCH）包括 BCCH、FCCH 和 SCH 信道，它们携带的信息目标是小区内所有的手机，它们是单向的下行信道。

公共控制信道（CCCH）包括 RACH、PCH、AGCH 和 CBCH，RACH 是单向上行信道，其余为单向下行信道。

专用控制信道（DCCH）包括 SDCCH、SACCH、FACCH。

（1）广播信道。

广播信道仅用在下行链路上，由 BTS 发送给 MS，包括 BCCH、FCCH 和 SCH。为了通信，MS 需要与 BTS 保持同步，而同步的完成就要依赖 FCCH 和 SCH 逻辑信道，它们全部为下行信道，为点对多点的传播方式。

频率校正信道（FCCH）：FCCH 信道携带用于校正 MS 频率的消息，它的作用是使 MS 可以定位并解调出同一小区的其他信息。

同步信道（SCH）：在 FCCH 解码后，MS 接着要解出 SCH 信道消息，它给出了 MS 需要同步的所有消息及该小区的标示信息如 TDMA 帧号（需 22 比特）和基站识别码 BSIC（需 6 比特）。

广播控制信道（BCCH）：MS 在空闲模式下为了有效地工作需要大量的网络信息。而这些信息都将在 BCCH 信道上来广播。其信息包括小区的所有频点、邻小区的 BCCH 频点、LAI（LAC＋MNC＋MCC）、CCCH 和 CBCH 信道的管理、控制和选择参数及小区的一些选项。所有这些消息被称为系统消息（SI），在 BCCH 信道上广播。

（2）公共控制信道。

公共控制信道包括 AGCH、PCH、CBCH 和 RACH，这些信道不是供一个 MS 专用的，而是面向这个小区内所有的移动台的。在下行方向上，由 PCH、AGCH 和 CBCH 来广播寻呼请求、专用信道的指派和短消息。在上行方向上由 RACH 信道来传送专用信道的请求消息。

寻呼信道（PCH）：当网络想与某一 MS 建立通信时，它就会在 PCH 信道上根据 MS 所登记的 LAC 号向所有具有该 LAC 号的小区进行寻呼，属下行信道。

接入许可信道（AGCH）：当网络收到处于空闲模式下 MS 的信道请求后，就将给之分配一专用信道。AGCH 通过根据该指派的描述（所分信道的描述和接入的参数），向所有的移动台进行广播，属于下行信道。

小区广播控制信道（CBCH）：它用于广播短消息和该小区一些公共的消息（如天气和交通情况），它通常占用 SDCCH/8 的第二个子信道，下行信道，点对多点传播。

随机接入信道（RACH）：当 MS 想与网络建立连接时，它会通过 RACH 信道来向网络申请它所需的服务信道，属上行信道，点对点传播方式。

(3) 专用控制信道。

专用控制信道包括 SDCCH、SACCH、FACCH,这些信道被用于某一个具体的 MS 上。

独立专用控制信道(SDCCH):SDCCH 是一种双向的专用信道,它主要用于传送建立连接的信令消息、位置更新消息、短消息、用户鉴权消息、加密命令及应答及各种附加业务。

慢速随路控制信道(SACCH):SACCH 是一种伴随着 TCH 和 SDCCH 的专用信令信道。在上行链路上它主要传递无线测量报告和第一层报头消息(包括 TA 值和功率控制级别);在下行链路上它主要传递系统消息 type5、5bis、5ter、6 及第一层报头消息。这些消息主要包括通信质量、LAI 号、CELL ID、邻小区的标频信号强度、NCC 的限制、小区选项、TA 值、功率控制级别等信息。

快速随路控制信道(FACCH):FACCH 信道与一个业务信道 TCH 相关。FACCH 在话音传输过程中如果突然需要以比慢速随路控制信道(SACCH)所能处理的高得多的速度传送信令消息,则需借用 20ms 的话音突发脉冲序列来传送信令,这种情况被称为偷帧,如在系统执行越局切换时。由于话音译码器会重复最后 20ms 的话音,所以这种中断不会被用户察觉。

4. GSM 的物理信道

1) GSM 的帧结构

在 GSM 系统中,每个载频由连续的 TDMA 帧构成。每帧包括 8 个时隙(TS0～TS7)。

每 2 715 648 个 TDMA 帧为一个超高帧,持续时间为 3 小时 28 分钟 53 秒 760 毫秒,帧的编号以超高帧为周期。每一个超高帧又由 2048 个超帧构成,一个超帧的持续时间为 6.12s;而每个超帧又由 51 个 26 复帧或 26 个 51 复帧组成。这两种复帧是为满足不同速率的信息传输而设定的。

26 帧的复帧:包含 26 个 TDMA 帧,持续时间为 120ms,主要用于 TCH(SACCH/T)和 FACCH。

51 帧的复帧:包含 51 个 TDMA 帧,持续时间为 235ms,主要用于 BCCH、CCCH、SDCCH 等控制信道。

2) 突发脉冲序列(Burst)

TDMA 信道上的一个时隙中的消息格式被称为突发脉冲序列,也就是说每个突发脉冲被发送在 TDMA 帧的其中一个时隙上。因为在特定突发脉冲上发送的消息内容不同,也就决定了它们格式的不同,突发脉冲序列可以分为五种。

(1) 普通突发脉冲序列(normal burst):用于携带 TCH、FACCH、SACCH、SDCCH、BCCH、PCH 和 AGCH 信道的消息。

(2) 接入突发脉冲序列(access burst):用于携带 RACH 信道的消息。

(3) 频率校正突发脉冲序列(frequency correction burst):用于携带 FCCH 信道的消息。

(4) 同步突发脉冲序列(synchronization burst):用携带 SCH 信道的消息。

(5) 空闲突发脉冲序列(dummy burst):当系统没有任何具体的消息要发送时就传送这种突发脉冲序列(因为在小区中标频需连续不断的发送消息)。

在每种突发脉冲的格式中,都包括以下内容。

尾比特(tail bits):它总是 0,以帮助均衡器来判断起始位和终止位以避免失步。

消息比特(information bits):用于描述业务消息和信令消息,空闲突发脉冲序列和频率校正突发脉冲序列除外。

训练序列(training sequence):它是一串已知序列,用于供均衡器产生信道模型(一种消除色散的方法)。训练序列是发送端和接收端所共知的序列,它可以用来确认同一突发脉冲其他比特的确定位置,它对于当接收端收到该序列时来近似地估算发送信道的干扰情况能起到很重要的作用。

保护间隔(guard period):它是一个空白空间,由于每个载频的最多同时承载 8 个用户,因此必须保证各自的时隙发射时不相互重叠,尽管使用了定时提前技术,但来自不同移动台的突发脉冲序列仍会有小的滑动,采用保护间隔可以允许时隙间有一定程度的重叠。

下面详细介绍每个突发脉冲序列的内容。

普通突发脉冲序列:它有两个的 58 个比特的分组用于消息字段,具体地说有两个的 57 比特用于消息字段来发送用户数据或话音再加上 2 个偷帧标志位,它用于表述所传的是业务消息还是信令消息,如用来区分 TCH 和 FACCH(当 TCH 信道需用做 FACCH 信道来传送信令时,它所使用的 8 个半突发脉冲相应的偷帧标志须置 1)。它还包括两个 3 比特的尾位及 8.25 比特的保护间隔。它的训练序列放在了两个消息字段的中间,共有 26 个比特,这种训练序列共有八种(该八种序列的相关联性最小),它们分别和不同的基站色码相对应,参见图 2-5。

普通突发脉冲

TB 3	加密信息 57	偷帧标志 1	训练序列	偷帧标志 1	加密信息	TB 3	GP 8.25

图 2-5　普通突发脉冲的结构

接入突发脉冲序列:用于随机接入(是指用于移动台向网络发起初始的信道请求)。它是基站在上行方向上解调所需的第一个突发脉冲。它包括 41 比特的训练序列,36 比特的信息位。它的保护间隔是 68.25 比特。对于接入突发脉冲只规定了一种固定的训练序列。它的训练序列和保护间隔都要比普通脉冲要长,这是为了适应移动台首次接入(或切换到另一个 BTS)后不知道时间提前量的缺陷而设定的,参见图 2-6。

接入突发脉冲

TB 8	固定信息 41	加密信息 36	TB 3	GP 68.25

图 2-6　接入突发脉冲的结构

频率校正突发脉冲序列:用于移动台的频率同步,相当于一个未调载波,该序列有 142 个固定比特,用于频率同步。它的结构十分简单,固定比特全部为 0。当 MS 通过该突发脉冲序列知道该小区的频率后,才能在此标频上读出在同一物理信道上的随后的突发脉冲序列的信息(如 SCH 及 BCCH)。保护间隔和尾比特同普通突发脉冲序列,参见图 2-7。

频率校正突发脉冲

TB 3	固定信息 142	TB 3	GP 8.25

图 2-7 频率校正突发脉冲的结构

同步突发脉冲序列：用于移动台的时间同步，它的训练序列为 64 比特，2 个 39 比特的信息字段。因为它是第一个需被移动台解调的突发脉冲，因而它的训练序列较长而容易被检测到。而且它的突发脉冲只有一种，而且只能有一种，因为如果定义了几种序列，移动台无法知道基站选择的序列。该突发脉冲的信息位中包括 TDMA 的帧号（用于 MS 与网络的同步和加密过程）和基站识别码 BSIC。保护间隔和尾比特同普通突发脉冲序列，参见图 2-8。

同步突发脉冲

TB 3	加密信息 39	同步信息 64	加密信息 39	TB 3	GP 8.25

图 2-8 同步突发脉冲的结构

空闲突发脉冲序列：此突发脉冲序列在某些情况下由 BTS 发出，不携带任何信息，它的格式与普通突发脉冲序列相同。

5. 逻辑信道与物理信道之间的对应关系

每个小区都有若干个载频，每个载频都有 8 个时隙，可以定义载频数为 F0,F1,…,Fn−1，时隙数为 TS0,TS1,…,TS7。

1）控制信道的映射

在某个小区超过一个载频时，则该小区 F0 上的 TS0 就映射广播和公共控制信道（FCCH、SCH、BCCH、CCCH），该时隙不间断的向该小区的所有用户发送同步信息、系统消息及寻呼消息和指派消息。即使没有寻呼和接入进行，BTS 也总在 F0 上发射空闲突发脉冲。

从帧的分级结构可知，51 帧的复帧是用于携带 SCH 和 CCCH，因此 51 帧的复帧共有 51 个 TS0，也就是说将 51 个连续 TDMA 帧的 8 个时隙中的 TS0 都取出来以组成一个 51 帧的复帧。该序列在映射完一个 51 复帧后开始重复下一个 51 帧的复帧。

对于上行链路 F0 的 TS0 只含有随机接入信道（RACH），用于移动台的接入。

下行链路 F0 上的 TS1 用于映射专用控制信道，它可使用 SDCCH 的信道组合形式。它是 102 个 TDMA 帧重复一次。由于是专用信道，所以上行链路 F0 上的 TS1 也具有同样的结构，这就意味着对一个移动台同时可双向连接。

当某个小区的容量很小，仅使用一个载频时，则该载频的 TS0 既做公共控制信道又用做专用控制信道。该信道组合每 102 帧重复一次。

2）业务信道的映射

在每个小区携带有 BCCH 信道的载频的 TS0 和 TS1 上按上述映射安排控制逻辑信道，TS2 至 TS7 以及其他载频的 TS0 至 TS7 均可安排业务信道。

业务信道 TCH 采用 26 帧复帧结构。

TCH 信道用于传送话音和数据。SACCH 信道用于传送随路控制信息,可插入 TCH 信道中传输。

2.1.8　GSM 系统的移动性管理

移动通信系统与固定通信网络相比,其主要优点是可移动性。"移动服务"与其他几大功能结合在一起,使得移动用户可以在很大的地域范围内在移动过程中可以方便地进行通信,并在移动过程中保持通信的连续性。

移动性管理包括两个方面:越区切换和位置管理。其中,越区切换反映移动台在小区之间甚至不同地区之间切换的无线链路接续的过程;而位置管理则确保了移动台在移动过程中能被移动通信网络有效地寻呼到。

1. 位置管理

GSM 网络跟踪记录 MS 的位置信息,这样就能把来话发送给用户。为了实现位置跟踪,一个移动服务区划分成几个位置区(LA)。每一个位置区包括若干 BTS。

位置管理的主要任务就是当 MS 从一个 LA 移动到另一个 LA 时更新 MS 的位置信息。位置更新的过程又称作"注册",该过程由 MS 发起。

位置更新的过程如下:BTS 周期性的向 MS 广播相应的 LA 地址。当 MS 收到的 LA 位置信息与所存储的位置信息不同时,MS 就向网络发送一个注册消息。该位置信息被存储在移动数据库中,即归属位置寄存器(HLR)和访问位置寄存器(VLR)。每个 VLR 维护一组 LA 信息。当 MS 访问一个 LA 时,就在 VLR 中创建一个 MS 的临时记录,用来表示 MS 的位置,即 LA 地址。

对于每一个 MS 来说,HLR 中保存的是 MS 的永久记录,该记录存储了 MS 最后访问的 VLR 的地址。GSM 定位区分级结构中,一个 MSC 可以覆盖几个 LA。而一个或多个 MSC 又与一个 VLR 相连接,MSC 可以通过 7 号信令(SS7)网与 VLR 交换位置信息。同样,VLR 与 HLR 之间也使用 SS7 信令交换位置信息。

与位置管理相关的数据库有两个,即归属位置寄存器(HLR)和访问位置寄存器(VLR)。HLR 是用来管理移动用户信息的数据库,该数据库存有用户的所有永久性数据,但不包括密钥。一个 HLR 记录 3 种信息:

(1) 移动台信息,如移动台用于接入网络的 IMSI 以及 MSISDN。

(2) 位置信息,如 MS 所驻留的 VLR 以及 MS 所驻留的 MSC。

(3) 业务信息,如签约业务、业务权限和附加业务。

VLR 是 MS 所访问的业务区的数据库。该数据库用来存储 MS 进行呼叫业务和其他业务的所有用户数据。与 HLR 类似,VLR 信息分为 3 种:

(1) 移动台信息,如 IMSI、MSISDN 和 TMSI。

(2) 位置信息,如 MSC 的编号和位置区 ID(LAI)。

(3) 业务信息,该信息是存储在 HLR 中业务信息的一部分。

在 GSM 网络中,当 MS 从一 LA 移动到另一个 LA 时需要进行注册或位置更新。下面首先介绍基本位置更新的具体过程。

基本位置更新过程是在网络不考虑容错和 VLR 溢出的情况下,处理用户在 LA 之间、MSC 之间以及 VLR 之间的移动。需要注意的是,MS 并不能区分移动的类型。因此,无论出现什么类型的移动,由 MS 向网络发送的位置更新请求消息都具有同样的格式。

(1) 第一种情况:LA 间的移动。

MS 从 LA1 移动至 LA2,其中,LA1 和 LA2 都连接到同一个 MSC(如图 2-9 所示)。在 GSM 04.08 规范中,MS 和 MSC 之间有 9 条消息需要交换,MSC 和 VLR 之间则有 10 条消息需要交换。为了简化描述,这里只列出其中 4 条主要步骤。

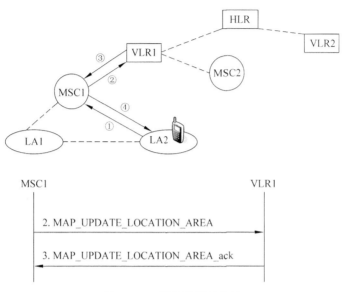

图 2-9 LA 间的注册消息流

第 1 步:由 MS 通过 BTS 向 MSC 发出位置更新请求消息。该消息包括前一个访问的 LA 地址、MSC 地址和 VLR 地址。在这种方式下,前一个 MSC 和 VLR 的地址与新的 MSC 和 VLR 的地址相同。另外,MS 利用临时移动用户识别码(TMSI)来识别本身,TMSI 的作用与国际移动用户识别码(IMSI)的作用相同。如 10.4 节所述,IMSI 是用户的唯一确认识别符,即识别 MS 的 HLR。对于无线传播,为了避免发送 IMSI,使用了 TMSI。该临时识别符是在 VLR 间注册时由 VLR 分配 MS 的,且 VLR 可以改变这个识别符。例如,在每次呼叫建立后改变之。

第 2 步:MSC 利用一条 TCAP 消息 MAP-UPDATE-LOCATION-AREA 向 VLR 发送位置更新请求。该消息包括:

① MSC 的地址;

② MS 的 TMSI;

③ 前一定位区识别码(LAI);

④ 目标定位区识别码。

第 3~4 步:VLR 注意到 LA1 和 LA2 属于同一个 MSC,然后更新 VLR 记录中 LAI 域,并通过 MSC 向 MS 回送一条确认应答。

(2) 第二种情况:MSC 间的移动。

如图 2-10 所示,两个 LA 分别属于同一个 VLR 的两个不同的 MSC,简化过程如下所示。

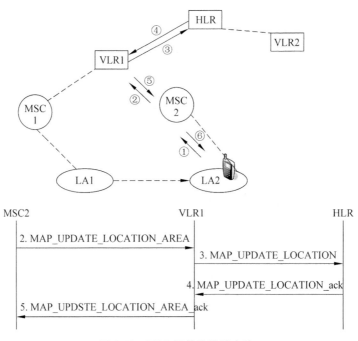

图 2-10 MSC 间的注册消息流

第 1～2 步：由 MS 向 VLR 发送位置更新请求，该步骤与第一种情况的前两步相同。

第 3 步：VLR 首先注意到前一个 LA 和目标 LA 分别属于 MSC1 和 MSC2，并且 MSC1 和 MSC2 与同一个 VLR 相连。然后，VLR 更新 VLR 记录中的 LAI 和 MSC 域，并从 VLR 记录的 MS 的 IMSI 码中得到 HLR 地址。此时，VLR 向 HLR 发送 MAP-UPDATE-LOCATION 消息。该消息包括：

① MS 的 IMSI；

② 目标 MSC 的地址（即 MSC2）；

③ 目标 VLR 的地址（即 VLR1）。

第 4 步：HLR 利用收到的 IMSI 识别 MS 的记录，并更新记录中 MSC 的号码域，向 VLR 发送确认应答。

第 5～6 步：与第一种情况的第 3 步和第 4 步相似，向 MS 转发确认应答。

（3）第三种情况：VLR 间的移动。

如图 2-11 所示，两个 LA 分属于不同 VLR 下的两个 MSC，简化的 VLR 间位置更新过程（省略了鉴权）如下所示。

第 1 步：MS 向 VLR 发送位置更新请求，该步骤同第一种情况的前两步。

第 2～3 步：因为 MS 由 VLR1 移动到 VLR2，且 VLR2 中没有 MS 的记录，所以并不知道 MS 的 IMSI。从 MAP-UPDATE-LOCATION-AREA 消息中，VLR2 可以识别出前一个 VLR（即 VLR1）的地址，并向 VLR1 发送 MAP-SEND-IDENTIFICATION 消息。本质上，该消息提供了 MS 的 TMSI，并且 VLR1 可利用该消息从数据库中提取出相应的 IMSI，然后把 IMSI 回送给 VLR2。

为了提高安全性，在 GSM 位置更新过程中，保密性数据（IMSI）尤其不能通过无线

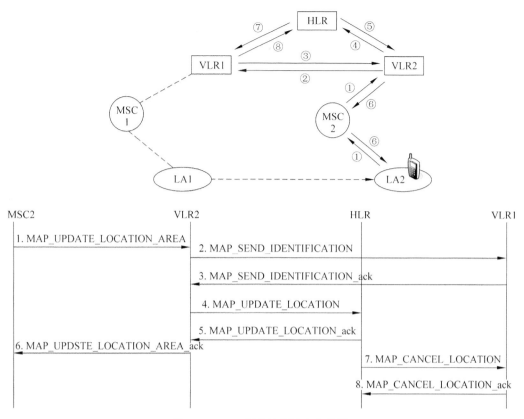

图 2-11　VLR 间的注册消息交换流

传播。另一方面,在 IS-41 中,为了减少信令流量,用户标识符直接由 MS 向新的 VLR 发送。

第 4~5 步:VLR2 为 MS 创建一个记录,并发送注册消息更新 HLR(参见第二种情况中的第 3 步)。HLR 更新 MS 的记录过程与第二种情况中的第 4 步一样,但还需更新记录中的 VLR 地址域。然后向 VLR2 回送确认应答。

第 6 步:VLR2 产生一个新的 TMSI,并发送给 MS。

第 7~8 步:删除 VLR1 中 MS 的过期记录。

2. 越区切换

所谓越区切换是指移动用户在通话期间从一个小区移动到另外一个小区,网络能实时控制将移动台从原来的信道切换到新小区的某个信道,并且保持通话不间断。在 GSM 系统中对切换的控制是由 BS 和 MS 相互检测决定的。引起切换的原因一般有两个,一个原因是当移动台的信号强度或质量下降到系统规定的参数以下,移动台将被切换到信号较强的小区;另一个原因是由于某小区的业务信道被全部占用或几乎全被占用,那么移动台被切换到有空闲业务信道的相邻小区。前者是由移动台发起的,后者是由系统发起的。

整个切换过程将由 MS、BTS、BSC 和 MSC 共同完成。MS 负责测量无线子系统的下行链路性能和从周围小区中接收信号强度。BTS 将负责监视每个被服务的移动台的上行接收电平和质量,此外它还要在其空闲的话务信道上监测干扰电平。BTS 将把它和移动台测量的结果送往 BSC。最初的评价以及切换门限和步骤是由 BSC 完成。对从其他 BSS 和 MSC

发来的信息,测量结果的评价是由 MSC 来完成。

切换主要分为 3 大类。

(1) 同一 BSC 控制区内不同小区之间的切换。

这种切换是最简单的,由 MS 发送信号强度测试报告。BSC 发出切换命令,MS 切换到 TCH 信道后通知 BSC,再由 BSC 通知 MSC,即可完成切换。切换过程如图 2-12 所示。

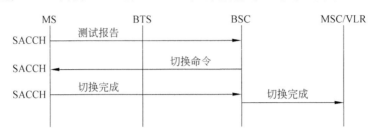

图 2-12 同一 BSC 控制区内不同小区之间的切换过程

(2) 同一 MSC/VLR 内不同 BSC 控制小区间的切换。

要完成此类切换,需有核心网的参与。MS 向原 BSC 发送测试报告,再由 BSC 向 MSC 发送切换请求,待 MSC 与新的 BSC 和 BTS 建立链路,并给 MS 分配新的业务信道后,再通知 MS 切换到新的小区中。切换成功后 MSC 向原 BSC 发出"清除命令",释放原来占用的信道。切换的过程如图 2-13 所示。

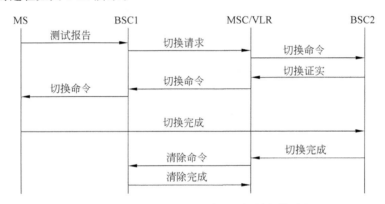

图 2-13 同一 MSC 内不同小区之间的切换过程

(3) 不同 MSC/VLR 小区间的切换。

移动台从一个 MSC 切换到另一个 MSC 中,需要进行比较复杂的信令传输。

当移动台检测到所在小区的信号强度很弱,而邻区的信号较强时,即可通过本区的 BSC1 向 MSC1 发送切换请求。接着由 MSC1 向另一新的 MSC2 转发切换请求。MSC2 收到请求后通知 VLR2 和 BSC2 给 MS 分配"切换号码"和"无线信道",然后向 MSC1 回复"切换号码"。如果无空闲信道,那么 MSC2 通知 MSC1 结束此次切换。

MSC1 收到"切换号码"后,在 MSC1 和 MSC2 之间建立"地面有线链路"。

MSC2 向 BSC2 发出"切换命令",MSC1 向 MS 发送"切换命令",MS 收到命令后就切换到新的业务信道上,而 BSC2 向 MSC2 发送"切换证实"信息,MSC2 收到信息后就通知 MSC1 结束切换,释放 MS 原来占用的信道资源。切换的过程如图 2-14 所示。

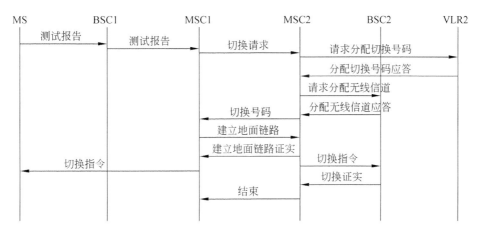

图 2-14　不同 MSC/VLR 小区间的切换过程

2.2　IS—95CDMA 系统

CDMA 是码分多址的英文缩写(Code Division Multiple Access),它是在扩频通信技术上发展起来的一种无线通信技术。扩频技术就是将需传送的具有一定信号带宽信息数据,用一个带宽远大于信号带宽的高速伪随机码进行调制,使原数据信号的带宽被扩展,再经载波调制并发送出去。接收端使用完全相同的伪随机码,对接收的带宽信号进行相关处理,把宽带信号换成原信息数据的窄带信号即解扩,以实现信息通信。

2.2.1　扩频通信技术

扩频通信技术是一种信息传输方式,其信号所占有的频带宽度远大于所传信息必需的最小带宽;频带的扩展是通过一个独立的码序列来完成,与所传信息数据无关;在接收端则用同样的码进行相关同步接收、解扩及恢复所传信息数据。

扩频通信提高了抗干扰性能,但付出了占用频带宽的代价。如果让许多用户共用这一宽频带,则可大大提高频带的利用率。由于在扩频通信中存在扩频码序列的扩频调制,充分利用各种不同码型的扩频码序列之间优良的自相关特性和互相关特性,在接收端利用相关检测技术进行解扩,则在分配给不同用户码型的情况下可以区分不同用户的信号,提取出有用信号。这样一来,在一个宽频带上许多对用户可以同时通话而互不干扰,从而实现码分多址。

1．扩频通信的可行性

扩频通信的可行性是从信息论和抗干扰理论的基本公式中引申而来的。

信息论中关于信息容量的香农(Shannon)公式为

$$C = W\mathrm{Log}_2(1 + S/N)$$

式中:

C:信道容量(用传输速率度量);

W:信号频带宽度;

S：信号功率；

N：噪声功率。

上式说明，在给定的传输速率 C 不变的条件下，频带宽度 W 和信噪比 S/N 是可以互换的。即可通过增加频带宽度的方法，可以在较低的信噪比（S/N）的情况下传输信息。

扩展频谱换取信噪比要求的降低，正是扩频通信技术的理论基础。

扩频通信可行性的另一理论基础，是柯捷尔尼可夫关于信息传输差错概率的公式：

$$Pow_j \approx f(E/N_0)$$

式中：

Pow_j：差错概率；

E：信号能量；

N_0：噪声功率谱密度。

因为，信号功率 $S=E/T$（T 为信息持续时间），噪声功率 $N=W \times N_0$（W 为信号频带宽度），信息带宽 $\Delta F=1/T$，则上式可化为

$$Pow_j \approx f(TWS/N) = f(S/N \times W/\Delta F)$$

上式说明，差错概率是信噪比与信号带宽和信息带宽之比乘积的函数。当信号带宽增加时，信噪比就可以相应地降低。

由此可见，用超过信息带宽的许多倍的宽带信号来传输信息，就可以降低系统对信噪比的要求，从而提高通信系统的抗干扰能力，即在强干扰条件下保证可靠安全地通信。这就是扩频通信的基本思想和理论依据。

2. 扩频码的产生

IS95 CDMA系统是一种扩频通信系统，它采用扩频码进行直接序列扩频。

IS95 CDMA系统给每个用户分配唯一的码序列（扩频码），并用它对承载信息的信号进行编码。由于码序列的带宽远大于所承载信息的信号的带宽，编码过程扩展了信号的频谱。知道该码序列用户的接收机对收到的信号进行解码，并恢复出原始数据。

IS95 CDMA系统所采用的码序列最重要的特性是具有近似于随机信号的性能。因为噪声具有完全的随机性，所以将近似随机噪声的周期性的脉冲信号称为伪随机序列码或PN码。这种码序列具有周期性，又容易产生，而 m 序列为直扩系统中常用的扩频码序列。

m 序列是最长线性移位寄存器序列的简称。m 序列容易产生、规律性强、有许多优良的性能，可由多级移位寄存器或其他延迟元件通过线性反馈产生。在二进制移位寄存器发生器中，若 n 为级数，则所能产生的最大长度的码序列为 2^n-1 位。目前 CDMA 系统就是采用 m 序列作为地址码，利用它的不同相位来区分不同的用户。

在 IS95 CDMA 蜂窝系统中，综合使用了三种扩频码：

1）PN 短码

PN 短码是长度为 2^{15} 的 m 序列。它由 15 位移位寄存器产生，移位寄存器本身产生的序列长度为 $2^{15}-1$ 个，插入一个 0 后，为 2^{15} 即 32 768 个。

PN 序列的 32 768 chips 被划分为 512 种不同的偏移，每个偏移为 64 码片。每个 PN 短码序列的偏移均与同序列其他偏移正交。PN 序列速率 1.2288Mcps，周期为 26.67ms，每2秒重复75次。

在 CDMA 系统的前向信道中,PN 短码用于对前向信道进行调制,用以标识不同的小区。在反向信道中,短码用于对反向业务信道进行正交调制,其相位偏置为 0。

2) PN 长码

PN 长码是长度为 $2^{42}-1$ 的 m 序列。在反向信道中,PN 长码被用作直接进行扩频,并区分不同的终端用户。每个用户被分配一个 m 序列的相位,这个相位是由用户的 ESN(移动台的电子序号)计算出来的,这些 m 序列的相位是随机分布且不会重复的。

在 CDMA 系列的前向信道中,长码用于对业务信道进行扰码;在反向信道中,长码用来直接进行扩频,用于区分不同的手机用户。

3) 沃尔什码(WalshCode)

除了长码、短码,CDMA 系统中还使用 64 位长沃尔什码。

沃尔什码在数学上具有很好的正交性,用沃尔什码可以区分开不同的前向信道。

2.2.2　IS—95CDMA 的关键技术

1. 多址技术

多址技术使众多的用户共用公共的通信线路。实现多址接入的方法基本上有三种,它们分别采用频率、时间或代码分隔的多址连接方式,即人们通常所称的频分多址(FDMA)、时分多址(TDMA)和码分多址(CDMA)三种接入方式,图 2-15 是这三种接入方式的简单示意图。

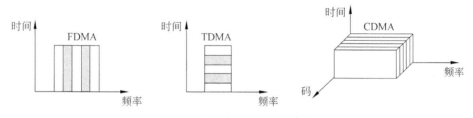

图 2-15　三种多址方式示意图

1) 频分多址

频分,就是把整个可分配的频谱按照频率划分成若干个无线电信道,每个信道可以传输一路话音或控制信息。在系统的控制下,任何一个用户都可以接入这些信道中的任何一个。

模拟蜂窝系统是 FDMA 结构的一个典型例子,数字蜂窝系统中也采用 FDMA,只是在FDMA 的基础上,又进行了时分或码分。

2) 时分多址

时分多址是在一个带宽的无线载波上,按时间(或称为时隙)划分为若干时分信道,每一用户占用一个时隙,只在这一指定的时隙内收(或发)信号,故称为时分多址。此多址方式在数字蜂窝系统中采用,GSM 系统即采用了此种方式。

TDMA 是一种较复杂的结构,最简单的情况是单路载频被划分成许多不同的时隙,每个时隙传输一路突发式信息。TDMA 中的每一个用户分配给一个时隙(在呼叫开始时分配),用户与基站之间进行同步通信,并对时隙进行计数。当自己的时隙到来时,移动台就启动接收和解调电路,对基站发来的突发式信息进行解码。同样,当用户要发送信息时,首先将信息进行缓存,等待自己时隙的到来。在时隙开始后,再将信息以加倍的速率发射出去,然后又开始积累下一次突发式传输。

TDMA 的一个变形是在一个单频信道上进行发射和接收,称之为时分双工(TDD)。其最简单的结构就是利用两个时隙,一个发一个收。当移动台发射时基站接收,基站发射时移动台接收,交替进行。TDD 具有 TDMA 结构的许多优点:突发式传输、不需要天线的收发共用装置等等。它的主要优点是可以在单一载频上实现发射和接收,而不需要上行和下行两个载频,不需要频率切换,因而可以降低成本。TDD 的主要缺点是满足不了大规模系统的容量要求。

3)码分多址

码分多址是一种利用扩频技术所形成的不同的码序列实现的多址方式。它不像 FDMA、TDMA 那样把用户的信息从频率和时间上进行分离,它可在一个信道上同时传输多个用户的信息,也就是说,允许用户之间的相互干扰。其关键是信息在传输以前要进行特殊的编码,编码后的信息混合后不会丢失原来的信息。有多少个互为正交的码序列,就可以有多少个用户同时在一个载波上通信。每个发射机都有自己唯一的代码(伪随机码),同时接收机也知道要接收的代码,用这个代码作为信号的滤波器,接收机就能从所有其他信号的背景中恢复成原来的信息码(这个过程称为解扩)。

CDMA 按照获得带宽信号所采取的调制方式分为直接序列扩频(DS)、跳频(FH)和跳时(TH),如图 2-16 所示。

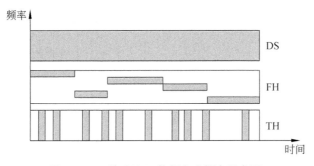

图 2-16 三种 CDMA 扩频方式概念示意图

2. RAKE 接收机

RAKE 接收技术实际上是一种多径分集接收技术,可以在时间上分辨出细微的多径信号,对这些分辨出来的多径信号分别进行加权调整、使之复合成加强的信号。由于该接收机中横向滤波器具有类似于锯齿状的抽头,就像耙子一样,故称该接收机为 RAKE 接收机。图 2-17 为 RAKE 接收机的示意图。

对于一个信道带宽为 1.23MHz 的码分多址系统,当来自两个不同路径的信号的时延差为 1μs,也就是这两条路径相差大约为 0.3km 时,Rake 接收机就可以将它们分别提取出来而不互相混淆。

CDMA 系统对多径的接收能力在基站和移动台是不同的。在基站处,对应于每一个反向信道,都有四个数字解调器,而每个数字解调器又包含两个搜索单元和一个解调单元。搜索单元的作用是在规定的窗口内迅速搜索多径,搜索到之后再交给数字解调单元。这样对于一条反向业务信道,每个基站都同时解调四个多径信号,进行矢量合并,再进行数字判决恢复信号。

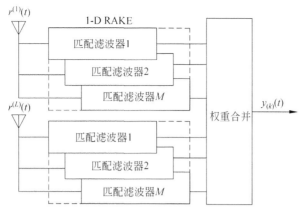

图 2-17　RAKE 接收机

在移动台处，一般只有三个数字解调单元，一个搜索单元。搜索单元的作用也是迅速搜索可用的多径。当只接收到一个基站的信号时，移动台可同时解调三个多径信号进行矢量合并。

如果移动台可以接收到多个基站的信号时，移动台对从不同基站来的信号一起解调，最多可以同时解调三个基站的信号。

3. 功率控制

由于 CDMA 系统不同用户同一时间采用相同的频率，所以 CDMA 系统为自干扰系统，如果系统采用的扩频码不是完全正交的（实际系统中使用的地址码是近似正交的），因而造成相互之间的干扰。在一个 CDMA 系统中，每一码分信道都会受到来自其他码分信道的干扰，这种干扰是一种固有的内在干扰。由于各个用户距离基站距离不同而使得基站接收到各个用户的信号强弱不同，由于信号间存在干扰，尤其是强信号会对弱信号造成很大的干扰，甚至造成系统的崩溃，因此必须采用某种方式来控制各个用户的发射功率，使得各个用户到达基站的信号强度基本一致。

CDMA 系统的容量主要受限于系统内部移动台的相互干扰，所以每个移动台的信号达到基站时都达到最小所需的信噪比，系统容量将会达到最大值。

CDMA 功率控制分为：前向功率控制和反向功率控制，反向功率控制又分为开环和闭环功率控制。

1）反向开环功率控制

反向开环功率控制是移动台根据在小区中所接收功率的变化，迅速调节移动台发射功率。其目的是试图使所有移动台发出的信号在到达基站时都有相同的标称功率。

开环功率控制是为了补偿平均路径衰落的变化和阴影、拐弯等效应，它必须有一个很大的动态范围。IS95 空中接口规定开环功率控制动态范围是 $-32\text{dB} \sim +32\text{dB}$。

刚进入接入信道时（闭环校正尚未激活）：

$$平均输出功率(\text{dBm}) = -平均输入功率(\text{dBm}) - 73 + \text{NOM\_PWR}(\text{dB})$$
$$+ \text{INIT\_PWR}(\text{dB})$$

其中：

平均功率是相对于 1.23MHz 标称 CDMA 信道带宽而言；

INIT_PWR 是对第一个接入信道序列所要做的调整；

NOM_PWR 是为了补偿由于前向 CDMA 信道和反向 CDMA 信道之间不相关造成的路径损耗。

其后的试探序列不断增加发射功率(步长为 PWR_STEP)，直到收到一个应答或序列结束。

试探序列输出的功率电平为

$$平均输出功率(dBm) = - 平均输入功率(dBm) - 73 + NOM\_PWR(dB)$$
$$+ INIT\_PWR(dB) + PWR\_STEP 之和(dB)$$

在反向业务信道开始发送之后一旦收到一个功率控制比特，移动台的平均输出功率变为

$$平均输出功率(dBm) = - 平均输入功率(dBm) - 73 + NOM\_PWR(dB)$$
$$+ INIT\_PWR(dB) + PWR\_STEP 之和(dB)$$
$$+ 所有闭环功率校正之和(dB)$$

其中：

NOM_PWR 的范围为 -8～7dB，标称值为 0dB；

INIT_PWR 的范围为 -16～15dB，标称值为 0dB；

PWR_STEP 的范围为 0～7dB。

2) 反向闭环功率控制

闭环功率控制的目的是使基站对移动台的开环功率估计迅速作出纠正，以使移动台保持最理想的发射功率。

功率控制比特是连续发送的，速率为每比特 1.25ms(即 800b/s)。0 比特指示移动台增加平均输出功率，1 比特指示移动台减少平均输出功率，步长为 1dB/比特。基站发送的功率控制比特比反向业务信道延迟 2×1.25ms。

一个功率控制比特的长度正好等于前向业务信道两个调制符号的长度(即 104.66μs)。每个功率控制比特将替代两个连续的前向业务信道调制符号，这个技术就是通常所说的符号抽取技术。

反向外环与闭环功率控制如图 2-18 所示。

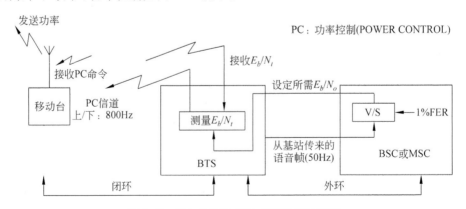

图 2-18 反向外环与闭环功率控制示意图

3) 前向功率控制

基站周期性地降低发射到移动台的发射功率，移动台测量前向信道误帧率，当误帧率超

过预定值时，移动台要求基站对它的发射功率增加 1%，每 15～20ms 进行一次调整。下行链路低速控制调整的动态范围是 ±6dB。移动台的报告分为定期报告和门限报告。

4. 软切换

切换是指将一个正在进行的呼叫从一个小区转移到另一个小区的过程。切换是由于无线传播、业务分配、激活操作维护、设备故障等原因而产生。

CDMA 系统中的切换有两类：硬切换和软切换。

1) 硬切换（Hard Handoff）

硬切换是指在切换的过程中，业务信道有瞬时的中断的切换过程。硬切换包括以下两种情况：

(1) 同一 MSC 中的不同频点之间。

(2) 不同 MSC 之间。

2) 软切换（Soft Handoff）

软切换是指在切换过程中，移动台在中断与旧的小区的联系之前，先用相同频率建立与新的小区的联系。手机在两个或多个基站的覆盖边缘区域进行切换时，手机同时接收多个基站的信号，这些基站也同时接收该手机的信号，直到满足一定的条件后手机才切断同原来基站的联系。如果两个基站之间采用的是不同频率，则这时发生的切换是硬切换。

软切换包括以下三种情况：

(1) 同一基站的两个扇区之间（这种切换称为更软切换（Softer Handoff））。

(2) 不同基站的两个小区之间。

(3) 不同 BSC 之间。

3) 软切换的实现

能够实现软切换的原因在于：

(1) CDMA 系统可以实现相邻小区的同频复用；

(2) 手机和基站对于每个信道都采用多个 RAKE 接收机，可以同时接收多路信号。

在软切换过程中各个基站的信号对于手机来讲相当于是多径信号，手机接收到这些信号相当于是一种空间分集。

IS95 系统中，将所有的导频信号分为四个导频集，所谓导频集是指所有具有相同频率但不同 PN 码相位的导频集合。

激活导频集：与正在联系的基站相对应的导频集合。

候选导频集：当前不在有效导频集里，但是已有足够的强度表明与该导频相对应的基站的前向业务信道可以被成功解调的导频集合。

相邻导频集：与激活导频所在小区相邻的导频集合。

剩余导频集：不被包括在相邻导频集、候选导频集和有效导频集里的所有其他导频的集合。

软切换过程如图 2-19 所示。

a. 当导频强度达到 T_ADD，移动台发送一个导频强度测量消息，并将该导频转到候选导频集；

b. 基站发送一个切换指示消息；

c. 移动台将此导频转到激活导频集并发送一个切换完成消息；

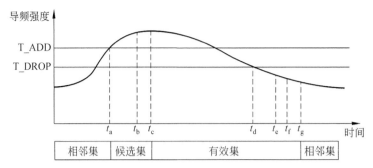

图 2-19　软切换实现过程

  d. 当导频强度掉到 T_DROP 以下时,移动台启动切换去掉定时器(T_TDROP);

  e. 切换去掉定时器到期,移动台发送一个导频强度测量消息;

  f. 基站发送一个切换指示消息;

  g. 移动台把导频从激活导频集中移出并发送切换完成消息。

5. 分集技术

  分集技术是指系统同时接收衰落互不相关的两个或更多个输入信号后,系统分别解调这些信号然后将它们相加,这样系统可以接收到更多有用信号,克服多径衰落。

  移动通信信道是一种多径衰落信道,发射的信号经过直射、反射、散射等多条传播途径才能达到接收端。而且随着移动台的移动,各条传播路径上的信号幅度、时延及相位随时随地发生变化,所以接收到的信号的电平是起伏、不稳定的,这些多径信号相互叠加就会形成衰落,称为多径衰落。由于这种衰落随时间变化较快,又称为"快衰落"。快衰落严重衰落深度达到 20~30dB。

  分集技术是克服多径衰落的一个有效方法。分集技术包括频率分集、时间分集、空间分集等。

  空间分集是采用几个独立天线或在不同位置分别发射和接收信号,以保证各信号之间的衰落独立。

  根据衰落的频率选择性,当两个频率间隔大于信道带宽相关带宽时,接收到的此两种频率的衰落信号不相关,市区的相关带宽一般为 50kHz 左右,郊区的相关带宽一般为 250kHz 左右。而 CDMA 的一个信道带宽为 1.23MHz,无论在市区还是郊区都远远大于相关带宽的要求,所以 CDMA 的宽带传输本身就是频率分集。

  时间分集是利用基站和移动台的 RAKE 接收机来完成的。对于一个信道带宽为 1.23MHz 的 CDMA 系统,当来自两个不同路径信号的时延为 $1\mu s$ 时,也即这两条路径相差大约 300m 时,RAKE 接收机就可以将它们分别提取出来而不混淆。

2.2.3　IS—95 CDMA 系统的无线接口

1. 系统的工作频段

  国际上为 IS95 系统分配了两个频段分别为 800MHz 和 1900MHz。

  下行频段:869~894MHz;1930~1990MHz。

  上行频段:824~849MHz;1850~1910MHz。

CDMA 每一载频占用 1.23MHz 的带宽。CDMA 的频点计算可按如下公式：

上行链路：$f=825.00\text{MHz}+0.03\text{MHz}\times N$

下行链路：$f=870.00\text{MHz}+0.03\text{MHz}\times N$

其中，N 为频点编号。

我国为 IS95 系统分配了 10MHz 的频段。

下行频段：870～880MHz。

上行频段：825～835MHz。

这 10MHz 的频段包括 283、242、201、160、119、78、37 共七个频点，全部分配给中国电信使用。

2. 前向信道

前向 CDMA 信道由下述码分信道组成：1 个导频信道、1 个同步信道、1～7 个寻呼信道和若干个业务信道。

前向信道采用 64 阶 Walsh 码进行扩频。64 阶 Walsh 码分配如下：W0 用于导频信道，W1～W7 用于寻呼信道（当仅配置 1 个寻呼信道时，W2～W7 可用于业务信道），W32 用于同步信道，其余 Walsh 码用于前向业务信道。

从 Walsh 码资源的角度考虑，当配置 1 个寻呼信道时，每载扇最多可支持 61 个前向业务信道；当配置 7 个寻呼信道时，每载扇最多可支持 55 个前向业务信道。需要指出的是，Walsh 码资源并不是 IS—95 系统容量的瓶颈，系统的容量主要取决于系统内部的干扰水平。一般情况下，每载扇可支持的业务信道数量在 20 个左右。

下面对四种前向信道进行说明。

1）导频信道

导频信道在 CDMA 前向信道上是不停发射的。导频信道发送全零的数据，用于移动台初始系统捕获，以及通过测量导频信道的强度判断小区的信号强度。

基站利用导频 PN 序列的时间偏置来标识每个小区。由于 CDMA 系统的频率复用系数为"1"，即相邻小区可以使用相同的频率。所以频率规划变得简单了，在某种程度上相当于导频 PN 序列的时间偏置的规划。在 CDMA 蜂窝系统中，可以重复使用相同的时间偏置。

虽然导频 PN 序列偏置值有 2^{15} 个，但由于是每隔 64 个码片使用一个，所以实际只有 512 个值可用（$2^{15}/64=512$）。一个导频 PN 序列的偏置等于其偏置指数乘以 64。例如：若导频 PN 序列偏置指数为 15，则导频 PN 序列偏置为 $15\times64=960\text{PN}$ 码片。一个小区的所有前向码分信道使用相同的 PN 偏置。

当在一个地区分配给相邻两个基站的导频 PN 序列偏置指数相差仅为 1 时，其导频序列的相位间隔仅为 64 个码片。在这种情况下，由于时延的问题，两个基站的 PN 偏置容易发生混淆，所以相邻基站的导频 PN 序列偏置指数间隔应设置的大一些。

导频信号功率一般设置为小区总功率的 20% 左右。

2）同步信道

同步信道在发射前要经过卷积编码、码符号重复、交织、扩频和调制等步骤。在基站覆盖区中开机状态的移动台利用它来获得初始的时间同步。

同步信道的比特率是 1200b/s，其帧长为 26.666ms。同步信道上使用的导频 PN 序列偏置与同一小区的导频信道上使用的相同。

基站发送的同步信道消息包括以下信息：

- 该同步信道对应的导频信道的 PN 偏置；
- 系统时间；
- 长码状态；
- 系统标识；
- 网络标识；
- 寻呼信道的比特率。

手机在开机、通话结束、掉话后会去解调同步信道，以获得与基站的同步。

3）寻呼信道

基站使用寻呼信道发送系统信息和移动台寻呼消息。

寻呼信道发送 9600b/s 或 4800b/s 固定数据数率的信息，不支持 2400b/s 和 1200b/s 数据速率。在给定系统中所有寻呼信道发送数据数率相同。寻呼信道帧长为 20ms。寻呼信道使用的导频序列偏置与同一小区的导频信道上使用的相同。

寻呼信道分为许多寻呼信道时隙，每个为 80ms 长。

4）前向业务信道

前向业务信道是用于呼叫中，向移动台发送用户信息和信令信息的，一般采用 8KEVRC 可变速率编码方式。用户语速慢时，编码速率低，以降低干扰，提高系统容量。编码速率为 9600、4800、2400、1200b/s。当业务信道无数据时，以 1200b/s 速率发送固定格式的数据（16 个 1 后跟 8 个 0）。

前向业务信道帧长是 20ms，随机速率的选择是按帧进行的。

3. 反向信道

反向 CDMA 信道由接入信道和反向业务信道组成。图 2-20 给出了在反向 CDMA 信道上基站收到的所有信号。在这一反向 CDMA 信道上，基站和用户使用不同的长码掩码区分每个接入信道和反向业务信道。当长码掩码输入长码发生器时，会产生唯一的用户长码序列，其长度为 $2^{42}-1$。对于接入信道，不同基站或同一基站的不同接入信道使用不同的长码掩码，进入业务信道以后，不同的用户使用不同的长码掩码，也就是不同的用户具有不同

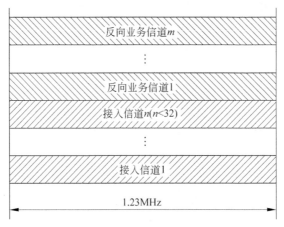

图 2-20　移动台发送的反向 CDMA 信道

的相位偏置。即基站利用用户使用不同长码掩码区分每个接入信道和反向业务信道。

反向 CDMA 信道的调制过程：反向 CDMA 信道的数据传送以 20ms 为一帧。所有数据在发送之前均要经过卷积编码、块交织、64 阶正交调制、直接序列扩频以及基带滤波。

反向 CDMA 信道的调制包括反向业务信道调制和接入信道调制。反向业务信道支持 9600、4800、2400 和 1200b/s 的可变数据速率。

对于 9600b/s 的数据速率其信源编码为 8600b/s，即 172 比特/帧，每帧加上 12 个 CRC 校验比特（即帧质量指示比特），则每帧为 184bit，再增加 8 个编码尾比特后为 192 比特/帧，则码速率为 $192 \times 50 = 9600b/s$。对于 4800b/s 的数据速率其信源编码为 4000b/s，即每帧 80b，再加上 8 个 CRC 校验比特后为每帧 88b，再加 8 个编码尾比特后为每帧 96b，即为 4800b/s。对于 2400b/s 和 1200b/s 只增加 8 个编码尾比特、而没有 CRC 校验比特。这样反向业务信道的数据帧可使用 9600、4800、2400 和 1200b/s 的可变速率发送。反向业务信道帧根据语音激活程度使用不同速率。

1）接入信道

移动台使用接入信道来发起同基站的通信以及响应基站发来的寻呼信道消息。接入信道传输的是一个经过编码、交织以及调制的扩频信号。接入信道由其公用长码掩码唯一识别。

移动台在接入信道上发送信息的速率固定为 4800b/s。接入信道帧长度为 20ms。仅当系统时间为 20ms 的整数倍时，接入信道帧才可能开始。一个寻呼信道可最多对应 32 个反向 CDMA 接入信道，标号从 0～31。对于每个寻呼信道，至少应有一个反向接入信道与之对应。每个接入信道都应与一个寻呼信道相关连。

反向 CDMA 接入信道帧由 88 个信息比特和 8 个编码尾比特构成，没有 CRC 校验比特。为了增加接入信道的可靠性，每个经卷积编码出来的码符号是被重复一次再进行发射的。在移动台刚进入接入信道时，首先发送一个接入信道前缀，它的帧由 96 个全零组成，也是以 4800b/s 的速率发射。发射接入信道前缀是为了帮助基站捕获移动台的接入信道消息。

2）反向业务信道

反向业务信道是用于在呼叫建立期间传输用户信息和信令信息。

移动台在反向业务信道上以可变速率 9600、4800、2400 和 1200b/s 的数据率发送信息。反向业务信道帧长度为 20ms。速率的选择以一帧（即 20ms）为单位，即上一帧是 9600b/s，下一帧就可能是 4800b/s。

移动台业务信道初始帧的时间偏置由寻呼信道的信道指配消息中的帧偏置参数定义。反向业务信道的时间偏置与前向业务信道的时间偏置相同。仅当系统时间是 20ms 的整数倍时，零偏置的反向业务信道帧才开始。

习题

1. 什么是时分多址？
2. 什么是扩频通信？
3. 什么是同频干扰保护比？

4. GSM 系统的逻辑信道有哪些？它们的作用分别是什么？

5. IS95 CDMA 系统的逻辑信道有哪些？它们的作用分别是什么？

6. GSM 系统在通信安全性方面采取了哪些措施？

7. 在 IS95 CDMA 蜂窝系统中，使用了哪些扩频码？其作用分别是什么？

8. 请描述 IS95 CDMA 系统软切换过程。

第 3 章 2.5G 移动通信系统

3.1 GPRS 系统

3.1.1 概述

1. GPRS 概要

通用分组无线业务(General Packet Radio Service,GPRS)是在现有的 GSM 移动通信系统基础上发展起来的一种移动分组数据业务。GPRS 最早在 1993 年提出,1997 年出台了第一阶段的协议。

以 GSM、CDMA 为主的数字蜂窝移动通信和以 Internet 为主的分组数据通信是目前信息领域增长最为迅猛的两大产业,正呈现出相互融合的趋势。GPRS 可以视为移动通信和分组数据通信融合的第一步。

GPRS 系统可以视为在原有的 GSM 电路交换系统的基础上进行的业务扩充,以支持移动用户利用分组数据移动终端接入 Internet 或其他分组数据网络的需求。

GSM-GPRS 通过在原 GSM 网络基础上增加一系列功能实体来实现分组数据功能,新增功能实体组成 GSM-GPRS 网络,作为独立的网络实体对 GSM 数据进行旁路,完成 GPRS 业务,原 GSM 网络则完成话音功能,尽量减少对 GSM 网络的改动。GPRS 网络与 GSM 原网络通过一系列的接口协议共同完成对移动台的移动管理功能。

GPRS 新增了如下功能实体:服务 GPRS 支持节点(SGSN),网关 GPRS 支持节点(GGSN),点对多点数据服务中心以及一系列原有功能实体的软件功能的增强。GPRS 大规模的借鉴及使用了数据通信技术及产品,包括帧中继、TCP/IP、X.25、X.75、路由器、接入网服务器、防火墙等。

GPRS 包含丰富的数据业务,如 PTP 点对点数据业务、PTM-M 点对多点广播数据业务、PTM-G 点对多点群呼数据业务、IP-M 广播业务。这些业务具有一定的调度功能,再加上 GSM-phase 2$^+$ 中定义的话音广播及话音组呼业务,GPRS 可以实现一些调度业务。

GPRS 主要的应用领域包括电子邮件、WWW 浏览、WAP 业务、电子商务、信息查询、远程监控等。

2. GPRS 与 HSCSD 业务的比较

HSCSD(High Speed Circuit Switching Data)业务是将多个全速业务信道复用在一起,以提高无线接口数据传输速率的一种方式。由于目前 MSC 的交换矩阵为 64kb/s,为了避免对 MSC 进行大的改动,限定入交换速率小于 64kb/s。这样,GSM 网络在引入 HSCSD 之后,可支持的用户数据速率将达到 38.4kb/s(4 时隙)、57.6kb/s(4 时隙,14.4kb/s 信道编码)

或 57.6kb/s(6 时隙-透明数据业务)。HSCSD 适合提供实时性强的业务如会议电视,而 GPRS 则适合于突发性的业务,业务应用范围较广。

HSCSD 作为电路型数据业务在无线接口上虽然也有无线资源的协商和调整(非透明业务),但对于一个连接来说,无论是否有实时数据的传送,至少需要保持一个时隙的无线连接。当数据业务量增加时,须增设新的基站或大量的无线信道。而对于 GPRS 业务来说,用户只有需要发送信息时才申请无线资源,其他时间移动站点(MS)随时保持分组数据协议(PDP)激活状态,而不需要任何无线资源。在上行链路上网络需要对 MS 进行争抢判决,多个 MS 可共享一个时隙的无线资源,且随着上行链路状态标志(USF)的变化,上行资源的复用可以改变,在下行信道上采用排队的机制,多个 MS 可共享多时隙的下行资源,以终端适配功能(TAF)进行区分。

虽然在网络建设上 GPRS 相对 HSCSD 对于网络的改动更大,但对于无线资源的利用来说却是占用最小的爱尔兰负荷,在最大限度上减少了 BTS 的投资,即使在不增加频率资源和小区的情况下也可以提供业务。运营者可以根据业务负荷和实际需要在话音和数据业务之间动态分配无线信道。尤其是由于电路型呼叫的建立、结束和阻塞使得空闲信道表现为"空隙"和"突发"时,可被 GPRS 业务所利用,而 HSCSD 业务无法使用。

HSCSD 除了一些数据速率适配所必需的硬件更换之外几乎不需要对硬件设备进行改动,GPRS 则需要增加 SGSN 和 GGSN 两个网络实体,HLR 等网络设备需要软件升级。但从发展的眼光来看,GPRS 的网络结构为第三代移动通信网络的建设打下了良好的基础。第一阶段的第三代核心网络沿袭了 GPRS 核心网络。GPRS 与 HSCSD 的性能对比可参见表 3-1。

表 3-1 HSCSD 与 GPRS 的比较

比较项目	HSCSD	GPRS
提供的业务	适合于实时性强的应用,例如会议电视	应用更加广泛,适用于突发性的数据业务,小数据量的频繁传送,偶然的出现的大数据量业务,如网页浏览等
业务质量和性能	数据业务的建链时间长,大于 20 秒	数据业务的建链时间短,小于 3 秒
数据速率	4×14.4kb/s=57.6kb/s 6×9.6kb/s=57.6kb/s (受限于 64kb/s 的交换矩阵)	CS-2 最大速率为 107.2kb/s (受限于 16kb/s 的 TRAU 子速率) CS-4 最大速率为 171kb/s
无线资源管理	一个用户可分配多个信道,用户接入后即占用了该业务信道,无线资源的利用率较差	可动态分配资源,一个用户可分配多个时隙,一个时隙也可多个 MS 共享,用户可一直与网络连接,但仅当传送数据时才占用无线信道资源
网络设施的改造	初期投资少,对于 TRAU、IWF 等速率适配设备需要硬件升级,不需要增加新的网络单元,其他部分主要是软件升级	初期投资大,需增加 SGSN、GGSN 网络设施,BSC 需增加硬件设备,BTS、HLR、SMC 等需软件升级
计费	连接的时间,占用的信道数等	数据量,连接时间和 QoS 等
网络规划	基于原有电路型业务的模型,无线和网络易于规划设计	在无线方面缺乏经验,数据业务量增加后,网络规划困难

3.1.2 GPRS 基本原理

1. 电路交换与分组交换

首先对 GSM 电路交换型数据业务与 GPRS 分组型数据业务的技术特征做一下对比说明。

1）电路交换的通信方式

在电路交换的通信方式中，在发送数据之前，首先需要通过一系列的信令过程，为特定的信息传输过程（如通话）分配信道，并在信息的发送方、信息所经过的中间节点、信息的接收方之间建立起连接，然后传送数据，数据传输过程结束以后再释放信道资源，断开连接。

电路交换的通信方式一般适用于需要恒定带宽、对时延比较敏感的业务，如话音业务目前一般都采用电路交换的通信方式。

2）分组交换的通信方式

在分组交换的通信方式中，数据被分成一定长度的包（分组），每个包的前面有一个分组头（其中的地址标志指明该分组发往何处）。数据传送之前并不需要预先分配信道，建立连接。而是在每一个数据包到达时，根据数据包头中的信息（如目的地址），临时寻找一个可用的信道资源将该数据报发送出去。在这种传送方式中，数据的发送和接收方同信道之间没有固定的占用关系，信道资源可以视为由所有的用户共享使用。

由于数据业务在绝大多数情况下都表现出一种突发性的业务特点，对信道带宽的需求变化较大，因此采用分组方式进行数据传送将能够更好地利用信道资源。例如一个进行 WWW 浏览的用户，大部分时间处于浏览状态，而真正用于数据传送的时间只占很小比例。这种情况下若采用固定占用信道的方式，将会造成较大的资源浪费。

在 GPRS 系统中采用的就是分组通信技术，用户在数据通信过程并不固定占用无线信道，因此对信道资源能够更合理地应用。

在 GSM 移动通信的发展路标中，GPRS 是移动业务和分组业务相结合的第一步，也是采用 GSM 技术体制的第二代移动通信技术向第三代移动通信技术发展的重要里程碑。

2. GPRS 网络结构

GPRS 网络引入了分组交换和分组传输的概念，这样使得 GSM 网络对数据业务的支持从网络体系上得到了加强。图 3-1 给出了 GPRS 网络的结构和组成示意图。GPRS 其实是叠加在现有的 GSM 网络的另一网络，GPRS 网络在原有的 GSM 网络的基础上增加了 SGSN、GGSN 等功能实体。GPRS 共用现有的 GSM 网络的 BSS 系统，但要对软硬件进行相应的更新；同时 GPRS 和 GSM 网络各实体的接口必须作相应的界定；另外，移动台则要求提供对 GPRS 业务的支持。GPRS 支持通过 GGSN 实现的和 PSPDN 的互联，接口协议可以是 X.75 或者是 X.25，同时 GPRS 还支持和 IP 网络的直接互联。

下面对 GPRS 网络的各网元和接口加以说明。

SGSN：服务 GPRS 支持节点。

SGSN 为 MS 提供服务，和 MSC/VLR/EIR 配合完成移动性管理功能，包括漫游、登记、

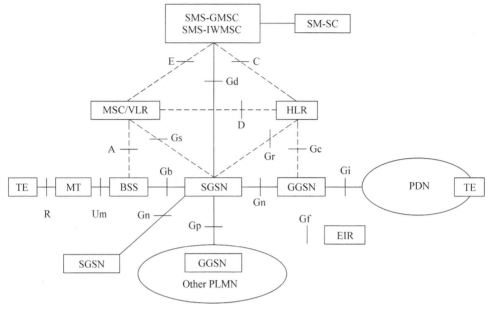

图 3-1　GPRS 网络组成

切换、鉴权等,对逻辑链路进行管理,包括逻辑链路的建立、维护和释放,对无线资源进行管理。

SGSN 为 MS 主叫或被叫提供管理功能,完成分组数据的转发,地址翻译,加密及压缩功能。

SGSN 能完成 Gb 接口 SNDCP、LLC 和 Gn 接口 IP 协议间的转换。

GGSN:网关 GPRS 支持的节点。

网关 GPRS 支持的节点实际上就是网关或路由器,它提供 GPRS 和公共分组数据网以 X.25 或 X.75 协议互联,也支持 GPRS 和其他 GPRS 的互联。

GGSN 和 SGSN 一样都具有 IP 地址,GGSN 和 SGSN 一起完成了 GPRS 的路由功能。网关 GPRS 支持节点支持 X.121 编址方案和 IP 协议,可以通过 IP 协议接入 Internet,也可以接入 ISDN 网。

BSS:基站系统,包括 BSC 和 BTS。

基站系统除具有完成原话音需求所具备的功能外,尚要求具备和 SGSN 间的 Gb 接口,对多时隙捆绑分配的信道管理功能,对分组逻辑信道的管理功能。

Gb 接口:SGSN 和 BSS 间接口。

通过该接口 SGSN 完成移动性管理、无线资源管理、逻辑链路管理及分组数据呼叫转发管理功能。

Gs 接口:MSC/VLR 和 SGSN 间接口。

Gs 接口采用 7 号信令 MAP 方式。SGSN 通过 Gs 接口和 MSC 配合完成对 MS 的移动性管理功能,SGSN 传送位置信息到 MSC,接收从 MSC 来的寻呼信息。

Gr 接口:SGSN 和 HLR 间接口。

Gr 接口采用 7 号信令 MAP 方式。SGSN 通过 Gr 接口从 HLR 取得关于 MS 的数据,HLR 保存 GPRS 用户数据和路由信息,当 HLR 中数据有变动时,也将通过 SGSN,SGSN

会进行相关的处理。

Gd：SMS_GMSC、SMS_INMSC 和 SGSN 间接口。

通过该接口，SGSN 能接收短消息，并将它转发给 MS、SGSN 和短消息业务中心——GMSC，通过 Gd 接口配合完成在 GPRS 上的短消息业务。

Gn：GRPS 支持节点间接口。

即 SGSN 间、GGSN 间、SGSN 和 GGSN 间接口，该接口采用 TCP/IP 协议。

Gp：GPRS 网间接口。

不同 GPRS 网间采用 Gp 接口互连联，由网关和防火墙组成。

Gi：GPRS 和分组网接口。

GPRS 通过 Gi 接口以 X.25、X.75 或 IP 协议和各种公众分组网实现互联。

3. GPRS 数据传输平面

和 GSM 相比，GPRS 体现出了分组交换和分组传输的特点，即数据和信令是基于统一的传输平台，从图 3-2 至图 3-8 中可以看出，在数据传输所经过的几个接口，传输层（LLC）以下的协议结构对于数据和信令是相同的。而在 GSM 中，数据和信令只是在物理层上相同。

数据传输平台如图 3-2 所示。

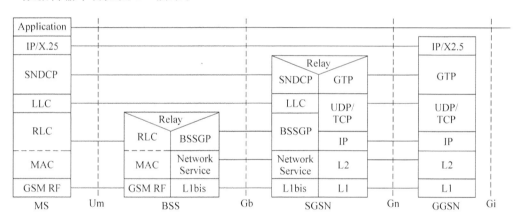

图 3-2 GPRS 数据传输平台

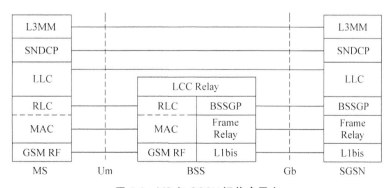

图 3-3 MS 与 SGSN 间信令平台

55

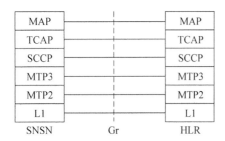

图 3-4　SGSN 与 HLR 间信令平台

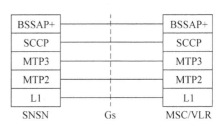

图 3-5　SGSN 与 MSC/VLR 间信令平台

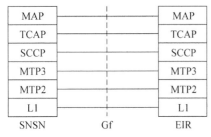

图 3-6　SGSN 与 EIR 间信令平台

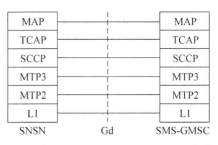

3-7　SGSN 与 SMS_GMSC、SMS_IWMSC 间信令平台

GTP：GPRS 隧道协议。

所有在 GSN 间传送的 PDU 应经 GTP 重新包装，GTP 提供流量控制功能。

UDP/TCP：传输层协议，建立端到端连接的可靠链路，TCP 具有保护和流量控制功能，确保数据传输的准确，TCP 面向连接的协议。UDP 则是面向非连接的协议，UDP 不提供错误恢复能力，也不关心是否已正确接收了报文，只充当数据报的发送者和接收者。

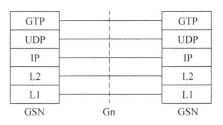

图 3-8　GPRS 支持节点间信令平台

IP：网络层协议。

L2：数据链路层协议，可采用一般以太网协议。

L1：物理层协议。

Network Service：数据链路层协议，采用帧中继方式。

BSSGP：该层包含了网络层和一部分传输层功能，主要解释路由信息和服务质量信息。

LLC：传输层协议，提供端到端的可靠无差错的逻辑数据链路。

SNDCP：执行用户数据的分段、压缩功能等。

MAC：介质控制接入强，属于链路层协议。

RLC：无线链路控制子层，属于链路层和网络层协议。

4. GPRS 信令平台

1）MS 与 SGSN 间信令平台

MS 与 SGSN 间的信令平台如图 3-3 所示。

2）SGSN 与 HLR 间信令平台

SGSN 与 HLR 间的信令平台如图 3-4 所示。

3）SGSN 与 MSC/VLR 间信令平台

SGSN 与 MSC/VLR 间的信令平台如图 3-5 所示。

4）SGSN 与 EIR 间信令平台

SGSN 与 EIR 间的信令平台如图 3-6 所示。

5）SGSN 与 SMS_GMSC、SMS_IWMSC 间信令平台

SGSN 与 SMS_IWMSC 间的信令平台如图 3-7 所示。

6）GPRS 支持节点间信令平台

GPRS 支持节点间信令平台如图 3-8 所示。

5．地址、编号与标识

GPRS 涉及地址、编号以及一些相关的标识如图 3-9 所示。

图 3-9　GPRS 地址/编号示意图

在 GPRS 骨干网中，每个 SGSN 有一个内部 IP 地址，用于骨干网内的通信。另外，它还有一个 SS7 网的 SGSN 编号，用于与 HLR、EIR 等的通信；每个 GGSN 有一个内部 IP 地址用于骨干网内的通信。若 GGSN 选择了通过 Gc 接口与 HLR 相连，则它也应有一个 GGSN SS7 编号。此外，作为与外部数据网互联的网关，GGSN 还应具有一个与外部网络相应的地址。

GPRS 的终端 MS 具有一个唯一的 IMSI，在附着到 GPRS 上时，还将由 SGSN 分配一个临时的 P-TMSI。要接入外部 PDN，MS 还应具有与该 PDN 相应的地址，称为 PDP 地址。如：在接入 X.25/X.75 网时，该 PDP 地址是 X.121 地址；接入 IP 网时，则 PDP 地址是外部 IP 网的 IP 地址，IP 地址可以由 GGSN 静态或者动态分配。MS 在发起分组数据业务时，还应向 SGSN 提供一个接入点名（APN），以使网络知道它要接入哪个外部网络，从而将它寻路到相应的 GGSN 上。

一个用户在一个分组数据业务进程中，在 MS 到 SGSN 段由 TLLI 来唯一地进行标识，在 SGSN 到 GGSN 段由 TID 来唯一地进行标识。

下面对各个标识加以描述。

IMSI：与原 GSM 用户一样，所有 GPRS 用户（匿名接入用户除外）都应有一个 IMSI。匿名接入是指，对于某些特定的主机，移动用户可以不经 IMSI 或 IMEI 鉴权和加密而进行匿名接入，这时，匿名接入所发生的资费应由被叫支付。运营者可根据业务需求来决定是否支持匿名接入，目前我国的 GSM 网中尚未引入被叫付费业务，因此，暂不详细讨论匿名接入相关的业务流程。

P-TMSI：附着在 GPRS 上的用户将由 SGSN 分配一个用于分组呼叫的 P-TMSI。

NSAPI/TLLI：网络层业务接入点标识/临时逻辑链路标识（NSAPI/TLLI）配对用于网络层的寻路。

TLLI 用于标识 MS 和 SGSN 之间的逻辑链路，由 SGSN 根据 P-TMSI 导出。

NSAPI 在 MS 中用于标识用户接入哪种网络业务（如 X.25 或 IP），在 SGSN 和 GGSN

之间作为 TID 的组成部分用于标识相应的 PDP 上下文。

PDP 地址：GPRS 用户的网络层地址，可以有一个或多个，这由该用户所涉及的外部网络来决定，如 IPv4 地址、IPv6 地址和 X.121 地址。

TID：隧道标识，由 IMSI 和 NSAPI 组成，用于在 GSN 之间（SGSN 和 GGSN 之间，或新 SGSN 和原 SGSN 之间）唯一地标识一个 PDP 上下文。

路由区标识(RAI)：MS 在 GSM 电路业务状态下是按位置区(LA)来进行位置管理，而在 GPRS 分组业务状态下则是按路由区(RA)来进行位置管理的。每个路由区有一个路由区标识(RAI)，RAI＝LAI＋RAC，它将作为系统信息进行广播。

小区标识(CI)：与原 GSM 相同。

GSN 的相关标识：

GSN 地址：为与 GPRS 骨干网上的其他 GSN 通信，每个 SGSN、GGSN 都有一个 IP 地址(IPv4/IPv6)，这些 IP 地址是 GPRS 网的内部地址，每个地址可以有一个或几个相应的域名。

GSN 编号：为与 HLR、EIR 等通信，每个 SGSN 还有一个 SGSN SS7 编号。若 GGSN 选择了通过 Gc 接口与 HLR 相连，则它也应有一个 GGSN SS7 编号。

接入点名(APN)：由以下两部分组成：

APN 网络标识：这部分是必有的，它是由网络运营者分配给 ISP 或公司的、相当于其域名的一个标志。

APN 运营者标识：这部分是可选的，其形式为"MNCyyy. MCCzzz. gprs"，用于标志归属网络。

APN 网络标识通常作为用户签约数据存储在 HLR 中，用户在发起分组业务时也可向 SGSN 提供 APN，用于 SGSN 选择应接入的 GGSN 以及用于 GGSN 判断要接入的外部网络。此外，HLR 中也可存储一个"野卡(wild card)"，这样用户或 SGSN 就可以选择接入一个没有在 HLR 中存储的 APN。

3.1.3　GPRS 基本功能和业务

1. GPRS 业务种类

在 PLMN 中，GPRS 使得用户能够在端到端分组传输模式下发送和接收数据。在 GPRS 中定义了两类承载业务：点对点(PTP)和点对多点(PTM)。以 GPRS 承载业务支持的标准网络协议为基础，GPRS 网络营运者可以支持或提供给用户各种电信业务。GPRS 提供应用业务的特点为：

(1) 适用不连续的非周期性(突发)的数据传送，突发出现的时间间隔远大于突发数据的平均传输时延。

(2) 适用小于 500 字节的小数据量事务处理业务，允许每分钟出现几次，可以频繁传送。

(3) 适用几千字节大数据量事务处理业务，允许每小时出现几次，可以频繁传送。

上述 GPRS 应用业务特点表明：GPRS 非常适合突发数据应用业务，能高效利用信道资源，但对大数据量应用业务 GPRS 网络要加以限制。主要原因是：

(1) 数据业务量较小。GPRS 网络时依附于原有的 GSM 网络之上。但在目前，GSM 网络还主要提供电话业务，电话用户密度高业务量大，而 GPRS 数据用户密度低。在一个小区内不可能有更多的信道用于 GPRS 业务。

(2) 无线信道的数据速率较低。采用 GPRS 推荐的 CS-1 和 CS-2 信道编码方案时,数据速率仅为 9.05kb/s 和 13.4kb/s(包括 RLC 块字头)。但能够保证实现小区的 100% 和 90% 覆盖时,能满足同频道干扰 C/I 9dB 要求。原因是 CS-1 和 CS-2 编码方案 RLC(无线链路控制)块中的半速率和 1/3 速率比特用于前向纠错 FEC,因此降低了 C/I 要求。因此目前 GPRS 应主要采用 CS-1 和 CS-2 编码方案。能满足现有电路设计要求。

虽然 CS-3 和 CS-4 编码方案数据速率较高为 15.6kb/s 和 21.4kb/s(包括 RLC 块字头),它是通过减少和取消纠错比特换取数据速率的提高。因此 CS-3 和 CS-4 编码方案要求较高的 C/I 值。仅适合能满足较高的 C/I 值的特殊地区使用。

(3) 当采用静态分配业务信道方式时,初期一个小区一般考虑分配一个频道(载波)即 8 个信道(时隙)用于分组数据业务。

例如某家公司的第一代 GPRS BSS 多时隙工作能力:上下行各 5 个时隙(PDCH)用于全双工 MS。一个小区仅能提供上下行最高数据速率小于 67kb/s(CS-2 编码)。当下行 4 个时隙(PDCH)和上行 2 个时隙(PDCH)用于半双工 MS 工作。一个小区仅提供下行最高数据速率小于 53.6kb/s(CS-2 编码)和上行最高数据速率小于 28.6kb/s(CS-2 编码)。

多时隙信道一般用于 Web 浏览业务(数据库查询)和 FTP 文件传送业务等。由于多时隙信道数量有限,因此 GPRS 网络要对大数据量应用业务加以限制,允许每小时出现几次。

(4) 当 GPRS 业务和 GSM 业务共享信道,采用动态分配信道方式时,电话有较高的优先级。可利用任何一个信道的两次通话间隙传送 GPRS 分组数据业务,如果某个信道用于 GPRS 业务,一个分组数据信道(PDCH)可以实现多个 GPRS MS 用户共享(即多个逻辑信道可以复用到一个物理信道)。因此 GPRS 特别适用突发数据的应用,大大地提高了信道利用率。

2. GPRS 基本功能

GPRS 网络的高层功能包括以下几个方面。

1) 网络接入控制功能

网络接入控制功能控制 MS 对网络的接入,使 MS 能使用网络的相关资源完成数据功能。对于 GPRS 而言,用户可以从移动终端和固定网络侧(包括 Internet 和 X.25)发起。对于特定 PLMN 运营商,可能限制某些特定用户接入网络或者向特定用户提供特定的业务。

GPRS 网络接入功能包含如下几个组成部分。

(1) 位置登记功能:是指将用户的 ID 和用户的分组数据协议,在 PLMN 中的位置联系以及对外部分组数据网络的接入点联系起来。这种联系可以作为静态形式存储在 HLR 中,或者是根据需要动态分配。

(2) 鉴权和授权功能:向用户授予使用某种特定网络服务的权利和对特定用户的申请进行鉴权。鉴权的实现是和移动性管理联系在一起的。

(3) 许可控制功能:许可控制功能根据用户所申请的 QoS 所需要的无线资源,决定是否分配无线资源。许可控制功能的实现是和无线资源管理功能联系在一起的,用于估计小区的无线资源需求。

(4) 消息屏蔽功能:消息屏蔽功能通过包过滤功能将未被授权的和多余的消息滤除。在 GPRS 的第一阶段,支持网络控制的和预约的消息屏蔽功能。在第二阶段,将支持用户控制的消息屏蔽功能。

2）分组路由和转发功能

分组路由和转发功能完成对分组数据的寻址和发送工作,保证分组数据按最优路径送往目的地。分组路由功能和转发功能由以下几个部分组成。

（1）路由功能。

路由功能包括:

① 在同一 PLMN 中的移动终端和外部网络之间,也就是在参考点 R 和参考点 Gi 之间的路由功能;

② 在不同 PLMN(参考点 R 和参考点 Gi 在不同的 PLMN)中的移动终端和外部网络之间,也就是在通过 Gp 接口在参考点 R 和参考点 Gi 之间的路由功能;

③ 在不同终端之间,也就是在不同 MS 的参考点 R 之间的路由功能。

PDP PDU 在 MS 和 GGSN 之间以 N-PDU 的形式传送,包的大小限制在 1500 字节以内。对于大小在 1500 字节以内的 N-PDU,将在 MS 和 GGSN 之间进行分组路由和转发;对于大于 1500 字节的 N-PDU,将根据具体实现被切分、丢弃或拒绝。

在 SGSN 和 MS 之间,PDP PDU 由 SNDCP 传送。在 SGSN 和 GGSN 之间,PDP PDU 通过 TCP/IP 或 UDP/IP 进行路由和传送。GPRS 隧道协议通过由 TID(Tunnel Identifier) 和 GSN 地址所标记的隧道来传送数据。为支持漫游的 GPRS 用户和前向兼容,SGSN 应该转发属于它所在网络不支持的 PDP 的 PDU。

（2）转发(中继)功能。

GPRS 转发功能是指 SGSN 和 GGSN 接收来自输入链路的信息然后向相应的输出链路发送的过程。SGSN 和 GGSN 转发功能首先存储所有有效的 PDP PDU 直到将 PDP PDU 发送出去或超时,超时的 PDP PDU 将被丢弃。最大的保持时间是和具体的实现有关的,同时最大保持时间根据 PDP 类型、PDP PDU 的 QoS、资源的负荷状态以及转发缓冲条件而确定的。为防止无线的资源的不必要的频繁的申请,确定一个比较合适的保持时间是必须的。

SGSN 和 GGSN 的中继功能分别将来自 SNDCP 和 Gi 的 PDP 加上序号,其中 SGSN 中继功能将重组 PDP PDU 并发送给 SNDCP(即 MS 方向),GGSN 转发功能重组 PDP PDU 并发送到 Gi 接口。

（3）封装功能。

GPRS 提供一个 MS 和外部网络之间的透明通道,封装功能存在于 MS、SGSN 和 GGSN 之中。封装功能允许 PDP PDU 发送并且和 MS、SGSN 和 GGSN 中的 PDP Context 联系在一起。在 PTP 情况下,封装功能要求 MS 在 GPRS 处于连接状态以及 PDP Context 处于激活状态。否则,对于上行链路,MS 将丢弃 PDP PDU;对于下行链路,GGSN 将丢弃、拒绝或发起一个 PDP Context 激活申请。

在 SGSN 和 GGSN 之间,GPRS 骨干网通过在 PDP PDU 上封装一个 GTP 协议头组成一个 GTP 帧,然后将 GTP 帧封装成 TCP 或 UDP 帧,再将该帧封装成 IP 帧。GPRS 骨干网通过包含在 IP 和 GTP 协议头中的 GSN 地址和隧道终点标志来唯一定位 GSN PDP Context。

在 MS 和 SGSN 之间,SGSN PDP Context 和 MS PDP Context 通过 TLLI 和 NSAPI 来唯一定位。TLLI 是在 MS 初始化连接功能时分配的,NSAPI 是在 MS 初始化 PDP Context 激活功能时分配的。

3）移动性管理功能

移动性管理功能用于 PLMN 中,保持对移动台 MS 当前位置跟踪功能。GPRS 网的移动性管理处理功能与现有的 GSM 系统类似。一个或多个蜂窝构成一个路由区(是一个位置区的子集)。一个 SGSN 对每个路由区提供服务。对 MS 位置的跟踪取决于 MS 移动性管理状态。当 MS 处于 STANDBY 状态,仅仅知道 MS 位置是在那一个路由区。当 MS 处于 READY 状态,可以知道 MS 的位置是在那一个蜂窝。

移动性管理包括:附着功能和管理功能。

(1) 附着功能。

移动用户开机后,GPRS 手机将监听无线信道,收听系统信息,然后在系统信息给出的控制信道上发送请求。系统接到请求后,将分配无线信道给移动终端。之后,移动台在系统分配的无线信道上向 SGSN 发送一个附着请求启动附着过程。

GPRS 业务的附着有 3 种类型:GPRS 附着、IMSI 已附着时的 GPRS 附着以及联合 GPRS/IMSI 附着。当附着成功后,GMM 上下文建立起来。

(2) 分离功能。

分离功能允许 MS 发送 GPRS 和/或 IMSI 断开操作,允许网络侧 SGSN 侧发起 GPRS 断开操作。

分离功能包括以下几种操作:

① IMSI 分离功能(只支持 MS 发起的操作);

② GPRS 分离功能;

③ 联合 IMSI/GPRS 分离功能(只支持 MS 发起的操作)。

MS 从 GPRS 网络中分离可以采用显式分离和隐式分离两种方式,所谓显式分离方式就是由 MS 或 SGSN 发送一个分离请求;后者是则在一个已经存在的逻辑链路上,由于保持定时器超时或者由于无线链路上发生不可恢复的错误而造成的分离。在 GSM-GPRS 中,MS 实现 IMSI 分离的方式要随着是否存在着 GPRS 附着而不同。

(3) 位置管理功能。

位置管理功能包括以下几个方面:

① 提供小区和 PLMN 选择的机制;

② 为网络提供一种获取处于保持和准备状态下的 MS 的路由区的机制;

③ 为网络提供一种获取处于准备状态下的 MS 的小区标志的机制。

MS 定时地分别比较 MM Context 中的小区标志和来自 BSS 的小区标志以及 MM Context 路由区标志和来自 BSS 的路由区标志,从而产生小区更新和路由区更新请求。

位置管理的操作可以分为以下三种:

① 小区更新;

② 路由区更新;

③ 联合的路由区和位置更新。

当处于准备(READY)状态下的 MS 进入当前路由区的一个新的小区时,将进行小区更新操作。如果路由区改变,将进行路由区更新而不是小区更新。小区更新的流程可描述如下:MS 向 SGSN 发送一个包含 MS 标志的上行 LLC 帧,在 MS 到 SGSN 方向,BSS 在所有的 BSSGP 帧中添加一个小区标志。小区更新的结果是 SGSN 记录 MS 的小区变化,而后的业务将在新的小区处理。

路由区(RA)更新流程:

当处于 GPRS 附着状态下的 MS 检测到它进入一个新的路由区或周期的路由区更新定

时器溢出时,路由区更新流程将被执行。对于处于 SGSN 内部(同一 SGSN 的)路由区,SGSN 将不通知 GGSN 或 HLR。周期路由区更新一般是 SGSN 内部路由区更新。处于准备状态和匿名接入状态的 MS 将不执行路由区更新,在这种情况下,通过一个匿名接入 PDP Context 激活流程创建一个新的 PDP Context,旧的 PDP Context 在 READY 定时超时时删除。

联合路由区/位置区(Combined RA/LA)更新流程:

当处于 IMSI 和 GPRS 连接状态下的 MS 进入一个新的位置区时,将发起一个联合路由区/位置区更新流程,MS 发送一个路由区更新请求(包含位置区更新操作的指示),SGSN 向 VLR 发送位置区更新信息。联合路由区/位置区更新只存在于 A 类或处于空闲状态下的 B 类 MS 的情况下,而 C 类 MS 在处于 GPRS 连接时不执行位置区更新。

周期路由区和位置区更新:

所有处于 GPRS 连接状态下的 MS(除了正在进行 CS 通信的 B 类 MS)都进行周期路由区更新,处于 IMSI 连接而同时不处于 GPRS 连接的 MS 应执行周期位置区更新。周期路由区更新只发生在 MM Context 为保持状态(STANDBY)的情况。当 MM Context 由保持状态转为准备状态时,周期路由区更新定时器将被停止。当由准备状态转为保持状态时,周期路由区更新定时器初始化并且开始启动。

周期路由区更新类似于 SGSN 内部路由区更新。对于同时处于 IMSI 连接和 GPRS 连接状态的 MS,周期更新流程和是否具备 Gs 接口有关:

对于具备 Gs 接口的情况,只执行周期路由区更新而不进行周期位置区更新。在这种情况下,对于处于 GPRS 连接状态下的 MS,MSC/VLR 将禁止隐式去激活操作而是通过 SGSN 接收周期路由区更新消息。如果 SGSN 没有接收到周期路由区更新消息并且 STANDBY 定时器超时,SGSN 将向 MSC/VLR 发送一个 IMSI 去激活指示的消息。

对于不具备 Gs 接口的情况,路由区更新和位置区更新分别进行,其中前者通过 Gb 接口后者通过 A 接口。

(4) 清除功能。

所谓清除功能是指 SGSN 将删除 MM Context 和 PDP Context 的消息传送给 HLR。在 MS 显式或隐式地去激活后,SGSN 有两种选择,一是立即删除 MS 的 MM 和 PDP Context,二是 SGSN 将该 MS 的 MM Context、PDP Context 和鉴权三元组保留一定时间,以减少访问 HLR 的次数。

4) 安全性功能

安全性功能包括以下三个方面:防止非法 GPRS 业务应用(鉴权和服务请求确认)、保持用户身份机密性(临时身份和加密)和保持用户数据的机密性(加密)。下面从这三个方面简要介绍 GPRS 的安全性功能。

(1) 用户鉴权。GPRS 鉴权流程和 GSM 原有的鉴权流程是相似的,不同点在于 GPRS 鉴权流程是由 SGSN 发起的,GPRS 鉴权三元组存储在 SGSN 中,同时在开始加密时,将对所采用的加密算法进行选择。在 MS 进行 IMSI 连接或位置区更新操作时,MSC/VLR 不能够通过 SGSN 对 MS 进行鉴权,但可以在建立 CS 连接是进行鉴权操作。

(2) 用户身份机密性。临时逻辑链路标志(TLLI)用来唯一表示一个用户,在同一路由区,IMSI 和 TLLI 具有一一对应关系,这种对应关系只有 MS 和 SGSN 知道。TLLI 的地址范围可以分为三部分:本地地址、外部地址以及随机地址,其中本地地址是由 SGSN 分配的并且只在地址分配时所在路由区有效;外部地址是由 MS 分配的,源于旧路由区中的本地地址;当 MS 不具备本地地址和外部地址或 MS 发起一个匿名接入时,MS 将随机选择一个 TLLI。当 MS 处于 READY 状态时,SGSN 可随时为 MS 重新分配 TLLI,可以通过一个 TLLI 再分配流程或在连接流程、路由区更新流程时进行。

与 TLLI 相联系的还有 TLLI 标记这个概念,TLLI 标记用来对用户的身份进行验证。在 SGSN 向 MS 发送 Attach Accept 和 Area Update Accept 消息时,可以将 TLLI 标记作为一个可选的参数,如果 MS 接收到 TLLI 标记,将在下一个连接请求或路由区请求中附加 TLLI 标记,供 SGSN 验证。

(3) 用户数据和 GMM/SM 信令机密性。在 GPRS 中,加密的范围在 MS 和 SGSN 之间,而与此对应 GSM 加密的作用范围在 MS 和 BTS 之间。加密操作是由 LLC 层完成的。

GPRS 增加了一个新的加密算法(参见 GSM 01.60),另外由于 SGSN 不知道 TDMA 的帧数,因此在加密算法中,用逻辑链路控制帧数量来代替 TDMA 帧数。

GPRS 的用户身份检验流程基本等同于 GSM,不同点在于检验的执行者是 SGSN。

5) 逻辑链路管理功能

逻辑链路指 MS 到 GPRS 网络间所建立的分组数据传送的逻辑链路,当逻辑链路建立后,MS 与逻辑链路具有一一对应关系。

逻辑链路管理包括逻辑链路建立功能、逻辑链路维护功能和逻辑链路释放功能。

6) 无线资源管理功能

无线资源管理功能处理无线通信通道的分配和管理,GPRS 无线资源管理功能实现 GPRS 和 GSM 共用无线信道。无线资源管理功能包括以下几个方面:

(1) Um 管理功能。Um 管理功能处理每个小区的物理信道的分配,分配的策略可以根据本地用户需求或根据运营者的选择。

(2) 小区重选功能。该功能使得 MS 能够选择一个最佳小区,小区重选功能涉及无线信号的估计以及管理同时要根据各候选小区的拥塞程度决定一个最佳小区。

(3) Um-tranx 功能。该功能包括无线链路上的媒体接入控制、物理无线链路上的包的复用、MS 里的包的识别、检错和纠错以及流量控制等几个方面,提供 MS 和 BSS 之间的数据传输功能。

(4) 通道管理功能。该功能管理 BSS 和 SGSN 之间的分组数据通信通道,这些通道的建立和释放可以动态地基于业务量也可以静态地基于每个小区的最大期望业务负荷。

7) 网络管理功能

网络管理功能提供与 GPRS 相关的操作和维护功能,包括网络运行状态监控、性能信息和告警信息查询和实时呈现、报表生成等。

3. 计费

SGSN 和 GGSN 均可收集计费信息。无线网络使用的相关计费信息由 SGSN 收集,外部网络使用的相关计费信息由 GGSN 收集,GPRS 网络资源使用的相关计费信息由 SGSN 和 GGSN 共同收集。

对于 PTP 业务,SGSN 收集以下计费信息:

(1) 无线接口的使用:传输数据量、QoS、用户协议等;

(2) PDP 地址的使用:MS 使用 PDP 地址的时间;

(3) GPRS 资源的使用:包括对其他 GPRS 相关资源以及移动性管理等的使用;

（4）MS 位置：HPLMN、VPLMN 以及其他可选的精确位置信息。

GGSN 收集以下计费信息：

（1）目的地址和源地址：按运营者要求的精确度来提供目的地址和源地址信息；

（2）外部数据网的使用：来往于外部数据网的数据量；

（3）PDP 地址的使用：MS 使用 PDP 地址的时间；

（4）MS 位置：HPLMN、VPLMN 以及其他可选的精确位置信息。

运营者可利用 SGSN 和 GGSN 所收集的上述计费信息来设计自己的具体计费方案。

3.1.4　GPRS 的基本概念

1. 手机种类

GPRS 终端与上述网络工作模式相配合,实现电路交换业务与分组交换业务的关联,可分成三类。

A 类：GPRS 和 GSM 电路型业务可同时工作。

B 类：可附着在 GPRS 和 GSM 电路型业务上,但二者不能同时工作。

C 类：只能附着在 GPRS 业务上。

2. 移动性管理工作状态和工作状态转换

GPRS 有三种不同的移动性管理（MM）工作状态：IDLE 状态、STANDBY 状态和 READY 状态。

1) 空闲（IDLE）状态

在 GPRS 空闲状态,用户未连到 GPRS 用户移动性管理（MM）,MS 和 SGSN Context 不包含该用户的有效的位置及路由信息,与用户有关的移动性管理程序不能执行。MS 可以接收 PTM-M 业务,PTP 和 PTM-G 业务 MS 也不能执行。在 MS 和 SGSN 之间为了建立移动性管理 MM 对话,MS 应执行 GPRS 附着程序。

PLMN 的选择、GPRS 小区的选择和重选操作是 MS 发起的。

2) 保持（STANDBY）状态

在保持状态,用户被联到移动性管理,仅知道 MS 在那一个路由区域。MS 和 SGSN 为用户 IMSI 建立 MM Context。MS 可以接收 PTM-M 和 PTM-G 业务数据,经 SGSN 的电路交换业务也可以接收。但是 PTP 业务的接收和发送,PTM-G 数据的发送在此状态下不能执行。MS 可执行 GPRS 路由区（RA）功能、GPRS 小区选择和本地小区重选功能。当 MS 进入新的 RA 时,MS 执行移动性管理程序通知 SGSN。当 MS 在同一 RA 的小区间移动时,MS 不通知 SGSN。因此 MS 工作在准备状态时,SGSN MM Context 中的位置信息仅包含 GPRS RA（路由区域）信息。

在保持状态,MS 可以启动激活或去激活 PDP Context（分组数据协议 X. 25；IP）流程。在发送数据之前,PDP 对话将被激活。当 MS 开始发送数据时,MS 从保持状态转变到准备好状态。如果 PDP 对话被激活,在移动性管理准备状态下,MT PTP 或 PTM-G 分组能被 SGSN 接收。SGSN 在 MS 所在路由区内送寻呼请求。在 MS 对寻呼进行响应是,MS 中 MM 状态从保持状态转变为准备好状态；同时,当 SGSN 接收到寻呼响应后,SGSN 中 MM

状态由保持状态转变为准备好状态。与此类似的是，以及当数据和信令信息被 MS 送出后，MS 的 MM 状态改变到准备好状态，当 SGSN 收到 MS 送出的数据和信令信息时，SGSN 的移动性管理 MM 状态也改变到准备好状态。

MS 也可以启动 GPRS 断开程序转到空闲状态。如果准备状态定时器溢出，SGSN 和 MS 中移动性管理 MM 对话将被删除，MM 状态进入空闲状态。

3）准备好（READY）状态

在准备好状态，SGSN MM Context 对应着保持状态下的 MM Context 的扩展，即通过用户的小区位置信息扩展。MS 执行移动性管理程序，提供网络知道所选择的小区。GPRS 小区的选择和重选是由 MS 在本地完成的，也可以由网络来控制。小区识别包括来自 MS 数据分组中的 BSSGP（基站子系统 GPRS 协议）的头。

在这种状态下，MS 可以发送和接收 PTP PDUs，网络侧不发起寻呼，对其他业务的寻呼可以通过 SGSN 实现。无论无线资源是否分配给用户，即使在没有数据发送时，MM Context 仍保持在准备好状态，直到定时器超时，然后转为保持状态。为了从准备好状态进入空闲状态，MS 启动 GPRS 断开程序。

移动性管理三种工作状态转换工作模型见图 3-10。

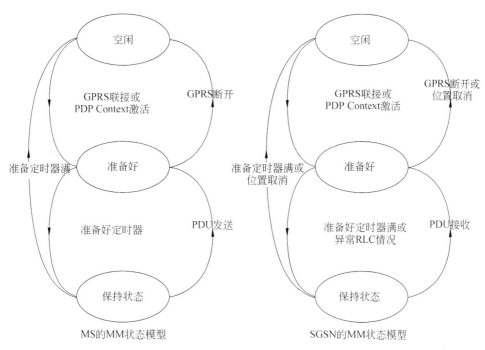

图 3-10　移动性管理状态转换工作模型

3. PDP（Packet Data Protocol）状态和工作状态转换

每个 GPRS PDP 业务的签约包括一个或几个 PDP 地址的签约，每个 PDP 地址是由位于 MS、SGSN 和 GGSN 中的一个特定的 PDP 上下文（PDP Context）组成的，而每个 PDP 上下文处于非激活态（INACTIVE）和激活态（ACTIVE）两个状态中的一个。

1）非激活（INACTIVE）状态

处于非激活态的 PDP 地址的 PDP 上下文不包含路由及映射信息，对于用户的路由区更新信息不做修改,不能进行数据传送。

对于特定的处于非激活状态的 PDP 地址,如果 GGSN 接收到移动被叫的数据包并且对应着该 PDP 地址的 PDP 上下文允许激活,GGSN 将发起一个 PDP 上下文激活消息,否则将发送出错信息。

2）激活（ACTIVE）状态

PDP 激活状态只存在于用户的移动性管理状态处于 STANDBY 和 READY 状态时。

PDP 状态之间的转换如图 3-11 所示。

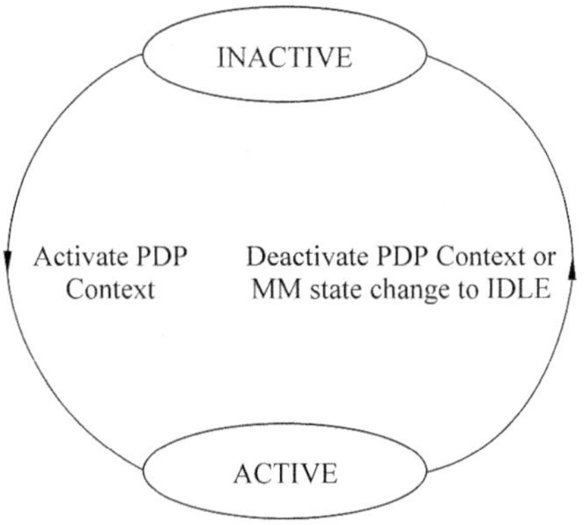

图 3-11 PDP 状态转换

4. 附着

GPRS 附着和分离是由移动性管理功能完成的。GPRS 附着功能：已联到 GPRS MS 经 SGSN 连接 IMSI。未联到 GPRS MS 连接 IMSI,已在 GSM 中定义了。

在连接中,MS 提供它的 IMSI 或原有 TLLI(临时逻辑链路识别)和原有 RA1,及指示执行的连接类型。不同的连接类型包括 IMSI 附着、GPRS 附着和结合的 IMSI/GPRS 附着。IMSI 或原有 TLLI 和原有 RA1 可看作连接程序的识别器,直到分配新的 TLLI。

执行 GPRS 附着之后,MS 进入准备好状态,MM 对话在 MS 和 SGSN 之间建立。MS 可能激活 PDP 对话。已连接到 IMSI 的 C 级 MS 在实现 GPRS 附着之前将跟随正常的 IMSI 中断程序。已连接到 GPRS 的 C 级 MS 在实现 IMSI 附着之前将执行 GPRS 中断。

对于特殊 MS 位置的 SGSN 地址存在 VLR 中,当用户数据变化时能与 SGSN 通信。如果 SGSN 收到新的用户数据,MS 已是 GPRS 附着,SGSN 命令 MS 实现新的 GPRS 附着和新的 PDP 对话激活,新的用户数据能使用。

GPRS 附着完成后,SGSN 跟踪 MS 所在位置,MS 能接收和发送短消息,但不能接收和发送其他数据业务。为了传送其他数据业务,MS 必须首先激活 PDP 对话。

当用户希望断开与 GPRS 网连接,GPRS 执行分离功能。GPRS 分离后,使 MS 进入空闲状态,同时断开移动性管理对话。当备用(准备)定时器满时,MS 也能从 GPRS 断开。GPRS 断开功能一般由 MS 来执行的,网络也能执行 GPRS 断开功能。

5. 会话管理

分组路由和转发功能是和 PDP Context 的状态有着紧密关系的,只有在一个 PDP 地址所对应的位于 SGSN 和 GGSN 中的 PDP Context 都处于激活状态时,才可能对相应的 PDP PDU 进行路由和转发(对于 PTP 情况)。

在 GPRS 系统中,如果要传输数据必须先要建立 PDP Context,这个过程就是会话管理,会话管理包括激活、去激活和更改流程。

6. 路由区识别（RAI）

路由区由运营者定义,包含一个或多个小区,可等同于一个位置区,或是一个位置区的子集。一个路由区由一个 SGSN 控制。路由区信息作为一种系统信息将在公共控制信道广播。

LAI＝MCC＋MNC＋LAC

RAI＝MCC＋MNC＋LAC＋RAC

CGI＝LAI＋{RAC}＋CI(如果该小区支持 GPRS,CGI 中将包含 RAC,否则将不包含)

7. TID

隧道标识,由 IMSI 和 NSAPI 组成,用于在 GSN 之间(SGSN 和 GGSN 之间,或新 SGSN 和原 SGSN 之间)唯一地标识一个 PDP 上下文。

8. 网络层服务接入点标志(NSAPI)

NSAPI 和 TLLI 用于网络层的路由,NSAPI/TLLI 对在一个路由区内是唯一的。

指分组数据协议应用层接入 SNDCP 的地址,对于 X.25 和 IP 各有自己的 NSAPI,如图 3-12 所示。

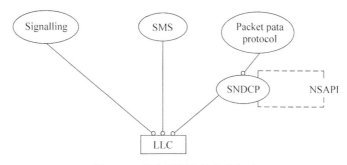

图 3-12　网络层服务接入点标志

9. 临时逻辑链路标志(TLLI)

TLLI 用于一个路由区内唯一地标识 MS 和 SGSN 间的一条逻辑链路。在一个路由区内,TLLI 和 P-TIMSI 一一对应。

在 GPRS 系统中,存在四种不同的 TLLI。

1) Local TLLI

TLLI 从 P-TMSI 演化而来,和本地 RA 有关。

2) Foreign TLLI

TLLI 从 P-TMSI 和另外一个 RA 演化而来,当用户发生路由区更新时就上报。

3) Random TLLI

新上网的 MS,如果初次 ATTACH 需要自己提供一个随机的 TLLI。

4) Auxiliary TLLI

SGSN 选择,给匿名接入的 MS 提供标示。

10. APN

接入点名,实际上就是 IP 地址或一个逻辑名字,在 GGSN 中用于表征外部数据网络。用户可以通过不同的 APN 选择 GGSN,这就是说用户可以多次激活。用户选择不同的 APN 目的就是通过不同的 GGSN 选择外部网络,因为只有通过 GGSN 才能访问外部的 PDN。APN 需要通过 DNS 进行解析才能获取 GGSN 的真实的 IP 地址。

11. PDP 地址和类型

PDP 地址即分组协议的地址。MS 由 IMSI 标识,为完成分组数据功能,还应具有 PDP 地址,PDP 地址可为 IP 地址(IP4 地址或 IP6 地址)或 x.121 地址(对于 X.25 业务)。

上述地址可以固定分配,也可以动态临时分配。固定分配时,MS 必须先签约,由网络分配相应的固定地址,同时写入该用户的 SIM 卡和用户数据中(HDB),PDP 地址类型也必须在签约时说明,否则系统对不签约的 PDP 地址予以拒绝。

12. GSN 地址

每一个 SGSN、GGSN 都对应一个 IP 地址,用于 GPRS 骨干网的通信,同时对应着一个或多个 DNS 名。

为实现 SGSN 和 HLR、EIR 之间的通信,要求 SGSN 具有一个 SGSN 号(类似于 GSM 的信令点)。若要求 GGSN 支持 Gc 接口,同样 GGSN 要具有一个 GGSN 号。

13. MM 上下文和 PDP 上下文

1) MM 上下文

MM Context 也即移动性管理上下文,用户首次附着到 GPRS 网络中,SGSN 就要建立一个 MM Context,如果用户再次附着,SGSN 会搜索 SDB 中的已有的数据重建 MM 上下文。MM Context 包括用户移动性管理的一些内容:IMSI,MM State,P-TMSI,MSISDN,Routing Area,Cell identity,New SGSN Address,VLR Num 等等。

2) PDP 上下文

PDP Contest 也即 PDP 上下文,用户每次激活时 SGSN、GGSN 都要创建 PDP Contest,在 SGSN 中每个 MM Context 可以包含多个 PDP Context。PDP Context 包括会话管理的一些内容:

SGSN:PDP State,PDP Type,PDP Address,APN,NASPI,TI,GGSN Address,Send N-PDU Number,Receive N-PDU Number,Qos Profile Negotiated.

GGSN:IMSI,NSAPI,MSISDN,PDP Type,PDP Address,Dynamic Address,APN,Qos Profile Negotiated.

14. 网络服务质量

上述的 QoS 即指网络服务质量,相对 MS 和网络来说,要根据网络的实际情况进行 QoS 协商。每一个 PDP 上下文都有一个独立的 QoS 脚本,对于 QoS 来说,主要定义了以下几个属性:

(1) 优先等级;

(2) 延时等级;

(3) 可靠性等级;

(4) 峰值吞吐量;

(5) 平均吞吐量。

3.1.5　GPRS 业务流程

1. 移动性管理的流程

1) 接入控制与安全性

GPRS 的移动性管理规程通常与登记、用户鉴权、标识校验、加密等接入控制与安全性管理等一起执行。

(1) 登记。

当 MS 需要接入 GPRS 时,首先需要进行登记,从而将用户的 IMSI 与用户的 PDP 地址、相应的 SGSN IP 地址和 SS7 编号等相互关联起来。GPRS 的登记过程由 MS、SGSN 和 HLR 配合完成,以下是一个登记过程示例。

① MS:向 SGSN 发出附着请求(IMSI 等)。

② SGSN:通知 HLR 进行位置更新(IMSI、SGSN IP 地址和 SS7 编号等)。

③ HLR:如"位置管理"一节所述进行位置更新,并向 SGSN 返回确认。

④ SGSN:向 MS 返回确认,完成登记过程。

(2) 用户鉴权。

GPRS 的鉴权过程与原 GSM 的相似,但该过程是由 MS、SGSN 和 HLR 来执行的:

① SGSN:向 HLR 发出发送鉴权信息(IMSI);

② HLR:返回鉴权信息确认(包含鉴权 Triplets:RAND、SRES 和 Kc);

③ SGSN:向 MS 发出鉴权请求(RAND、CKSN、加密算法);

④ MS:返回鉴权响应(SRES),完成鉴权过程,参见图 3-13。

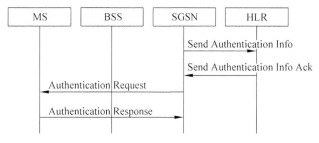

图 3-13　鉴权流程

(3) P-TMSI 的分配。

P-TMSI 由 SGSN 分配。

① SGSN:向 MS 发出 P-TMSI 重新分配命令消息(新 P-TMSI,P-TMSI 签名,RAI);

② MS:向 SGSN 返回 P-TMSI 重新分配完成消息。

注:P-TMSI 签名是一个与 P-TMSI 相关的可选参数,用于附着和位置更新等规程。参见图 3-14。

(4) 标识校验。

IMEI 校验规程与原 GSM 相似,只是由 SGSN 代替 MSC。

① SGSN:向 MS 发出标识请求(标识类型)。

② MS:向 SGSN 返回标识响应(移动标识)。

图 3-14　P-TMSI 重新分配流程

③ SGSN：如果需要校验 IMEI，则向 EIR 发出校验 IMEI(IMEI)消息。

④ EIR：向 SGSN 返回校验 IMEI 确认(IMEI)，参见图 3-15。

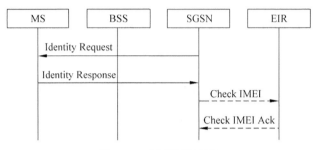

图 3-15　标识校验流程

（5）加密。

GPRS 的加密是在 SGSN 和 MS 之间的 LLC 层实施的，GPRS 将采用新的加密算法。

2）附着

MS 在接入分组数据业务之前，必须先附着到 GPRS 上，当一个移动用户从一个路由区进入另一个新路由区时，其附着规程需要完成移动性管理。

（1）MS：向新 SGSN 发出附着请求(IMSI 或 P-TMSI 与原 RAI、级别标志、CKSN、附着类型、DRX 参数、原 P-TMSI 签名)。

（2）新 SGSN：向原 SGSN 发出标识请求(P-TMSI、原 RAI、原 P-TMSI 签名)。

（3）原 SGSN：如果 MS 在原 SGSN 中已知，则返回标识响应(IMSI、鉴权 Triplets)；如果 MS 在原 SGSN 中未知，则返回错误原因。

（4）新 SGSN：如果未能从原 SGSN 获得 MS 的标识，则向 MS 发送标识请求(标识类型＝IMSI)。

（5）MS：返回标识响应(IMSI)。

（6）执行鉴权。

（7）校验 IMEI。

（8）执行 SGSN 的位置更新，如果采用了 Gs 接口，还应执行 MSC/VLR 的位置更新，如"位置管理"一节所述。

（9）新 SGSN：通知 MS 其附着请求被接受(P-TMSI，P-TMSI 签名，无线优先权 SMS 等)，必要时给 MS 分配新的 P-TMSI。

（10）MS：返回附着完成消息(P-TMSI、VLR TMSI)，完成附着规程。

（11）新 SGSN：向新 MSC/VLR 返回 TMSI 重新分配完成消息(VLR TMSI)，参见图 3-16。

3）分离

当 MS 不使用 GPRS 时，可从 GPRS 分离。分离 GPRS 有两种方式，即明确分离和隐含

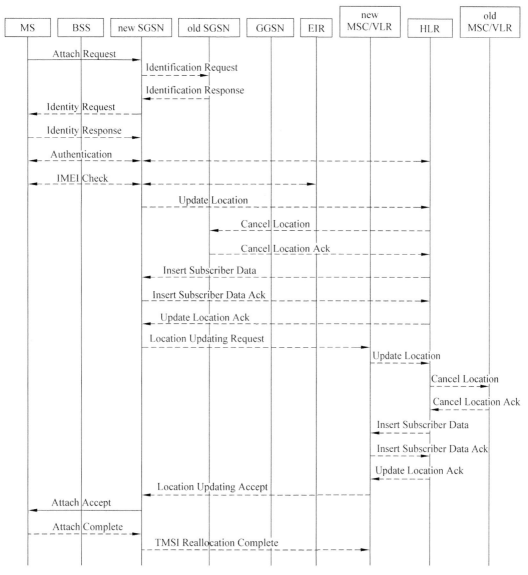

图 3-16　附着流程

分离,明确分离由网络或 MS 明确请求分离。

MS 发起分离:

(1) MS 向 SGSN 发出分离请求(分离类型、切断);

(2) SGSN 收到该请求后向 GGSN 发出删除 PDP 上下文请求(TID);

(3) GGSN 返回删除 PDP 上下文响应(TID);

(4) SGSN 向 MSC/VLR 发出 GPRS 分离指示(IMSI);并向 MS 发回分离接受确认,参见图 3-17。

网络发起分离:可以由 SGSN 或 HLR 发起。

SGSN 发起:

(1) SGSN 向 MS 发出分离请求(分离类型)且向 GGSN 发出删除 PDP 上下文请求(TID);

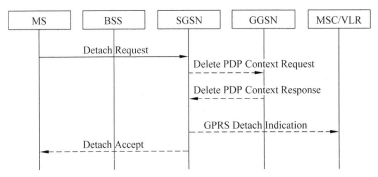

图 3-17　MS 发起的 GPRS 分离流程

（2）GGSN：返回删除 PDP 上下文响应（TID）；

（3）SGSN：向 MSC/VLR 发出 GPRS 分离指示（IMSI）；

（4）MS：返回确认，参见图 3-18。

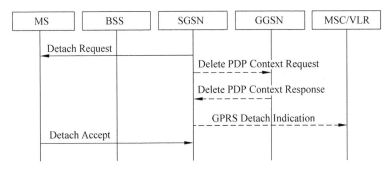

图 3-18　SGSN 发起的 GPRS 分离流程

SGSN 发起的分离请求也可以要求 MS 在分离之后重新发起附着规程并激活 PDP 上下文。

HLR 发起：

（1）如果 HLR 希望从 SGSN 中删除一个用户的 MM 和 PDP 上下文，就可向该 SGSN 发送一个位置取消（IMSI、取消类型）消息。

（2）SGSN 收到该消息之后向 MS 发出分离请求（分离类型）且向 GGSN 发出删除 PDP 上下文请求（TID）；

（3）GGSN 返回删除 PDP 上下文响应（TID）；

（4）SGSN 向 MSC/VLR 发出 GRPS 分离指示（IMSI）；

（5）MS 返回分离确认；

（6）SGSN 向 HLR 返回位置取消确认（IMSI），参见图 3-19。

隐含分离是指网络不通知 MS 就使之从 GPRS 分离，这一般在超出定时或因无线差错导致链路断开的情况下出现。

4）清除

SGSN 将分离的 MS 的 MM 上下文和 PDP 上下文去激活之后，可以通过清除消息（IMSI）通知 HLR；HLR 将该 MS 的 GPRS 标志清除后，向 SGSN 返回确认消息，参见图 3-20。

5）位置管理

MS 可从广播的系统信息中得知当前所处的小区标识和路由区标识，通过将它们与存储在 MS 中的 MM 上下文中的小区标识和路由区标识相比较，MS 可判断是否已进入一个

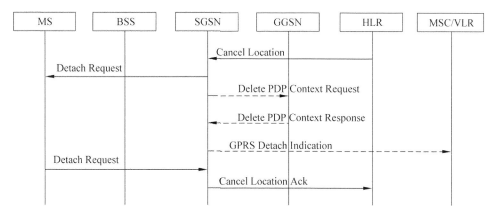

图 3-19　HLR 发起的 GPRS 分离流程

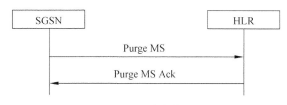

图 3-20　清除流程

新的小区或路由区。若是,则需要进行位置更新。有以下几种情况:

(1) 小区更新:如果 MS 检测到小区标识改变而路由区标识未改变,则进行小区更新。

① MS:向 SGSN 发送任意一个包含其标识的消息,BSS 为上述消息加上包含 RAC 和 LAC 的小区全球标识(CGI);

② SGSN:保存上述小区更新信息,完成小区更新。

(2) 路由区更新:如果 MS 检测到路由区标识改变或已到路由区更新周期,则进行路由区更新。路由区更新分区内和跨区两种情况。

SGSN 内的路由区更新:

① MS 向 SGSN 发出路由区更新请求(包含原 RAI、原 P-TMSI 签名、更新类型等),BSS 在其中加上包含 RAC 和 LAC 的小区全球标识(CGI);

② 在 MS 和 SGSN 之间启动加密;

③ SGSN 更新该 MS 的 MM 上下文,必要时给它分配一个新的 P-TMSI,然后向 MS 返回路由区更新接受消息(P-TMSI、P-TMSI 签名);

④ 如果 MS 分配了新的 P-TMSI,则应返回路由区更新完成消息(P-TMSI),参见图 3-21。

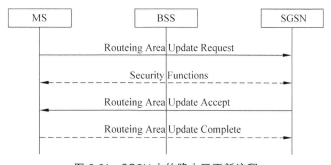

图 3-21　SGSN 内的路由区更新流程

跨 SGSN 的路由区更新：

① MS 向新 SGSN 发送路由区更新请求（包含原 RAI、原 P-TMSI 签名、更新类型等），BSS 在其中加上包含 RAC 和 LAC 的小区全球标识（CGI）；

② 新 SGSN 对 MS 确权后，向原 SGSN 发出 SGSN 上下文请求（原 RAI、TLLI、原 P-TMSI 签名、新 SGSN 地址），以获得该 MS 的 MM 上下文和 PDP 上下文；

③ 原 SGSN 返回 SGSN 上下文响应（MM 上下文、PDP 上下文、LLC 确认），执行加密功能；

④ 新 SGSN 向原 SGSN 返回 SGSN 上下文确认；

⑤ 原 SGSN 在一定时期内将相关的 N-PDU 转发给新 SGSN；

⑥ 新 SGSN 向 GGSN 发出更新 PDP 上下文请求（新 SGSN 地址、TID、商定的 QoS），GGSN 返回更新 PDP 上下文响应（TID）；

⑦ 新 SGSN 向 HLR 发出位置更新消息（SGSN 编号、SGSN 地址、IMSI）；

⑧ HLR 向原 SGSN 发出位置取消消息（IMSI、取消类型），原 SGSN 删除相应的 MM 和 PDP 上下文后返回位置取消确认（IMSI）；通知新 SGSN 插入用户数据（IMSI、GPRS 签约数据），新 SGSN 创建相应的 MM 上下文后返回插入用户数据确认（IMSI）；向新 SGSN 返回位置更新确认（IMSI）；

⑨ 新 SGSN 重建该 MS 的 MM 上下文和 PDP 上下文，为该 MS 分配新的 P-TMSI，向 MS 返回路由区更新接受消息（P-TMSI、LLC 确认、P-TMSI 签字）；

⑩ MS 返回路由区更新完成消息（P-TMSI、LLC 确认），参见图 3-22。

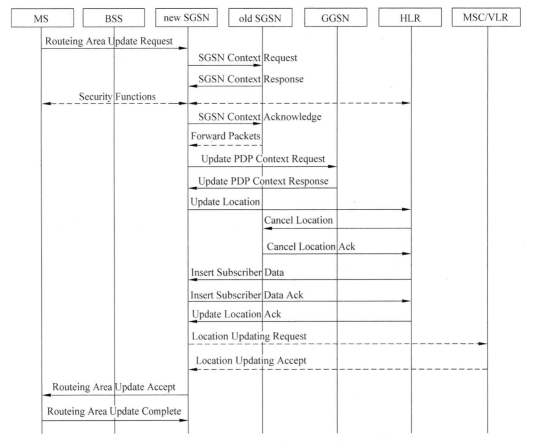

图 3-22　跨 SGSN 的路由区更新流程

除上述情况的位置更新外,MS 还将周期性地进行位置更新。周期性位置更新流程与上述 SGSN 内的路由区更新相似。周期性位置更新有以下几种情形:

如果网络工作模式为Ⅰ,则将执行联合的 RA/LA 更新;

如果网络工作模式为Ⅱ或Ⅲ,则 RA 更新和 LA 更新将分别执行。

6）用户管理

如果 HLR 中的用户签约数据改变(如 QoS 文件、允许的 VPLMN 地址等改变)或删除,则可通过用户管理规程通知相关的 SGSN。

(1) 插入用户数据:

① HLR 向 SGSN 发出插入用户数据(IMSI,GPRS 签约数据)消息;

② 如果相关的 PDP 上下文是新的或未激活,则 SGSN 存储 HLR 发来的数据,并返回插入用户数据确认(IMSI);如果相关的 PDP 上下文激活,则将新的 QoS 与商定的 QoS 进行比较,不符时发起"PDP 上下文修改规程";如果现行的 VPLMN 与新的允许的 VPLMN 地址不符,则发起"PDP 上下文去激活规程"。

(2) 删除用户数据:

① HLR 向 SGSN 发出删除用户数据(IMSI,PDP 上下文标识表);

② 如果相关的 PDP 上下文未激活,则 SGSN 删除该 PDP 上下文,并向 HLR 返回删除用户数据确认(IMSI);如果相关的 PDP 上下文激活,则发起"去激活 PDP 上下文规程"。

7）类别标志处理

GPRS 对 MS 的类别标志的处理与原 GSM 不同,当 MS 附着到 GPRS 上时,其类别标志在 MM 消息中发送给网络并存储在网络中。

MS 的级别标志分两部分:无线接入级别标志和 SGSN 级别标志。无线接入级别标志表示 MS 的无线能力,如多时隙能力、功率级以及 BSS 进行无线资源管理所需的其他信息等,无线接入级别标志在发送给 SGSN 之后,由 SGSN 提供给 BSS。SGSN 级别标志表示与无线无关的其他能力,如加密能力等。

2. 会话管理

GPRS 网络的路由选择功能是围绕 PDP 上下文来实现的。

1）PDP 上下文

如果一个用户所申请的 GPRS 业务涉及一个或多个外部 PDN(如 Internet、X. 25 等),则在其 GPRS 签约数据中就将包括一个或多个与这些 PDN 对应的 PDP 地址。每个 PDP 地址对应有一个 PDP 上下文。每个 PDP 上下文由 PDP 状态及相关信息来描述,存在于 MS、SGSN、GGSN 中。一个用户的所有 PDP 上下文都与该用户唯一的一个 MM 上下文相关联。

PDP 状态有两种,这两种 PDP 状态在相关事件的触发下进行转换。

(1) 未激活:对于该 PDP 地址没有激活的数据业务,相应的 PDP 上下文中没有路由或映射信息。此时,MS 的位置更新不会引起 PDP 上下文的更新。

(2) 激活:对于该 PDP 地址有激活的数据业务,相应的 PDP 上下文中包含了路由或映射信息。用户的 MM 状态为待命或准备就绪时,PDP 状态才可能进入激活状态。

2）PDP 上下文的激活

激活一个 PDP 上下文意味着发起一个分组数据业务呼叫。

（1）MS 请求发起 PDP 上下文激活（MO）。

无论 PDP 地址为静态或动态，都可由 MS 请求发起 PDP 上下文激活规程。MS 从归属网络发起 PDP 上下文激活的流程如图 3-23 所示，从拜访网络发起 PDP 上下文激活的流程如图 3-24 所示。

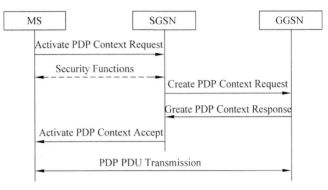

图 3-23　MS 从归属网络发起 PDP 上下文激活的流程

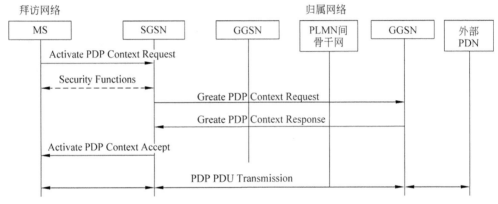

图 3-24　MS 从拜访网络发起 PDP 上下文激活的流程

① MS 向 SGSN 发出激活 PDP 上下文请求（NSAPI，TI，PDP 类型，APN，要求的 QoS，PDP 配置选项）。

② 在 MS 和 SGSN 之间执行加密。

③ SGSN 根据 MS 提供的 APN 来解析 GGSN 地址。如果 SGSN 不能从 APN 解析出 GGSN 地址，或判断出该激活请求无效，则拒绝该请求。如果 SGSN 从 APN 解析出了 GGSN 地址，则为所请求的 PDP 上下文创建一个 TID，并向 GGSN 发出创建 PDP 上下文请求（PDP 类型，PDP 地址，APN，商定的 QoS，TID，选择模式，PDP 配置选项）。

④ GGSN 利用 SGSN 提供的信息确定外部 PDN，分配动态地址，启动计费，限定 QoS 等。如果能满足所商定的 QoS，则向 SGSN 返回创建 PDP 上下文响应（TID，PDP 地址，BB 协议，重新排序请求，PDP 配置选项，商定的 QoS，计费 ID，原因）。如果不能满足所商定的 QoS，则向 SGSN 返回拒绝创建 PDP 上下文请求。QoS 文件由 GGSN 操作者来配置。

⑤ 如果收到 GGSN 的创建 PDP 上下文响应，则 SGSN 在该 PDP 上下文中插入 NSAPI、GGSN 地址、动态 PDP 地址，根据商定的 QoS 选择无线优先权，然后向 MS 返回激活 PDP 上下文接受消息（PDP 类型，PDP 地址，TI，商定的 QoS，无线优先权，PDP 配置选项）。此时就已建立起 MS 与 GGSN 之间的路由，开始计费，可以进行分组数据传送。

（2）网络请求发起 PDP 上下文激活（MT）。

当 PDP 地址为静态时,可由网络请求 PDP 上下文激活规程。归属网络发起 PDP 上下文激活的流程如图 3-25 所示,拜访网络发起 PDP 上下文激活的流程如图 3-26 所示。

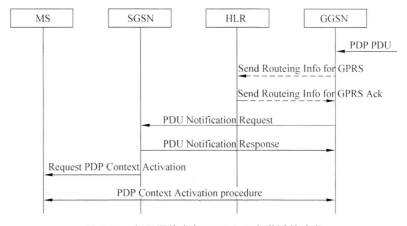

图 3-25　归属网络发起 PDP 上下文激活的流程

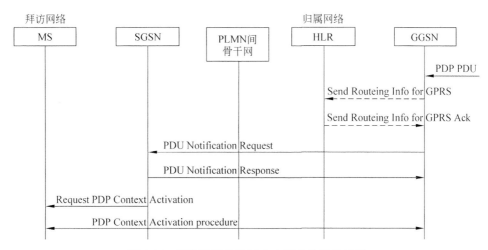

图 3-26　拜访网络发起 PDP 上下文激活的流程

① GGSN 接收到来自外部 PDN 的 PDP PDU,并将这些 PDP PDU 存储起来,且向 HLR 发出发送 GPRS 路由信息（IMSI）消息。

② 如果 HLR 判断可为该请求提供服务,则返回发送 GPRS 路由信息确认（IMSI, SGSN 地址,移动台不可及原因）;如果 HLR 判断不能为该请求提供服务（如 HLR 不知道其 IMSI 时）,则返回有错应答（IMSI,MAP 错误原因）。

③ 如果移动台可及,则 GGSN 向 HLR 所指定的 SGSN 发送 PDU 通知请求（IMSI, PDP 类型,PDP 地址）消息。否则为该 MS 设置 MNRG 标志。

④ SGSN 向 GGSN 返回 PDU 通知响应;向 MS 发出请求 PDP 上下文激活消息（TI, PDP 类型,PDP 地址）。

⑤ 执行如 MO 所述的 PDP 上下文激活规程。

3）PDP 上下文的修改

SGSN 可发起对 PDP 上下文中的下述参数进行修改:

（1）商定的 QoS。

（2）无线优先权。

其修改规程如下：

（1）SGSN 向 GGSN 发出更新 PDP 上下文请求（TID，商定的 QoS）。

（2）如果商定的 QoS 与所要修改的 PDP 上下文不符，则 GGSN 拒绝该更新 PDP 上下文请求；

如果相符，则由 GGSN 操作者配置 QoS 文件。如果可以满足该商定的 QoS，则存储该商定的 QoS 并向 SGSN 返回更新 PDP 上下文响应消息（TID，商定的 QoS），否则拒绝该请求。

（3）SGSN 向 MS 发出修改 PDP 上下文请求（TI，商定的 QoS，无线优先权）。

（4）如果接受，则 MS 返回接受消息；

如果不接受，则去激活该 PDP 上下文，参见图 3-27。

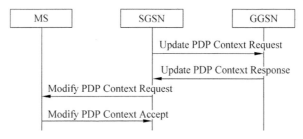

图 3-27　PDP 上下文的修改流程

4）PDP 上下文的去激活

去激活 PDP 上下文相当于结束一个分组数据业务。

（1）MS 发起：

① MS 向 SGSN 发出去激活 PDP 上下文请求（TI）；

② 在 MS 和 SGSN 之间执行加密；

③ SGSN 向 GGSN 发出删除 PDP 上下文请求（TID）；

④ GGSN 删除 PDP 上下文，释放动态 PDP 地址，并向 SGSN 返回响应；

⑤ SGSN 向 MS 返回去激活 PDP 上下文接受（TI）消息。

参见图 3-28。

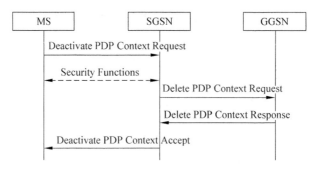

图 3-28　MS 发起的 PDP 上下文去激活流程

（2）SGSN 发起：

① SGSN 向 GGSN 发出删除 PDP 上下文请求（TID）；

② GGSN 删除该 PDP 上下文,释放动态 PDP 地址,并向 SGSN 返回响应;

③ SGSN 向 MS 发出去激活 PDP 上下文请求(TI);

④ MS 删除 PDP 上下文,并向 SGSN 返回去激活 PDP 上下文接受消息,参见图 3-29。

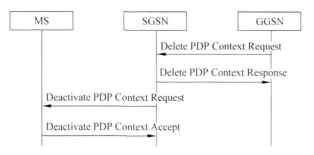

图 3-29　SGSN 发起的 PDP 上下文去激活流程

(3) GGSN 发起:

① GGSN 向 SGSN 发出删除 PDP 上下文请求(TID);

② SGSN 向 MS 发送去激活 PDP 上下文请求(TI);

③ MS 删除 PDP 上下文,并向 SGSN 返回去激活 PDP 上下文接受消息;

④ SGSN 向 GGSN 返回删除 PDP 上下文响应(TID);

⑤ GGSN 释放动态 PDP 地址,参见图 3-30。

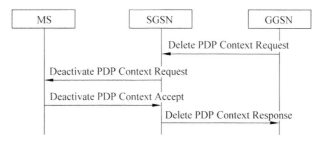

图 3-30　GGSN 发起的 PDP 上下文去激活流程

3. 业务流程

GPRS 业务流程主要是由上述基本的移动性管理规程和 PDP 上下文控制规程配合实现的。GPRS 业务流程将视 MM 状态、PDP 状态以及相关参数的不同而各不相同,以下给出的是几个较典型的业务流程示例。

1) MS 发起分组数据业务

MS 在一定的 MM 状态下发起分组数据业务:

当 MM 状态为空闲时,MS 应首先执行移动性管理的附着规程,进入 MM 准备就绪状态或 MM 待命状态后才能执行 PDP 上下文的激活规程来实现分组数据业务。其业务流程如图 3-31 所示。

当 MM 状态为准备就绪时,其业务流程可直接从上图的第 3 步骤开始。

当 MM 状态为待命状态时,如果未发生位置改变,则其业务流程可直接从上图的第 3 步骤开始;如果发生了位置改变,则需先进行位置更新,然后进入第 3 步骤。

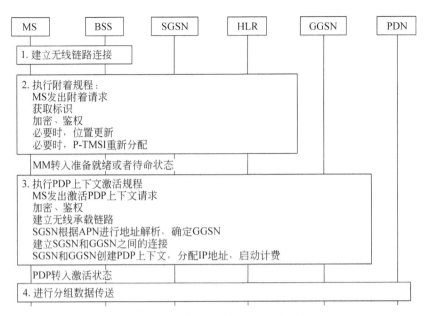

图 3-31   MS 发起的分组数据业务流程

2）网络发起分组数据业务

网络可在一定的 MM 状态下对具有静态 PDP 地址的 MS 发起分组数据业务：

当 MM 状态为空闲时，网络无法对 MS 进行寻呼，因此无法发起分组数据业务。

当 MM 状态为待命时，网络需先向 MS 发起寻呼，然后再执行激活 PDP 上下文规程，如图 3-32 所示。

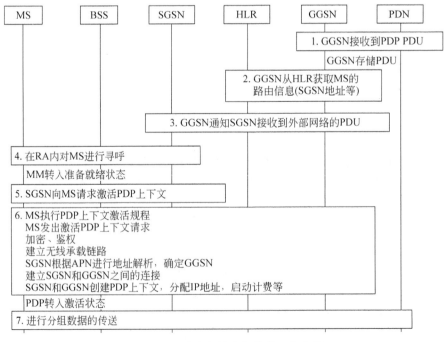

图 3-32   网络发起的分组数据业务流程

当 MM 状态为准备就绪时,其业务流程无须执行图 3-33 中第 4 步的寻呼规程。

3.2　CDMA 2000—1X 系统

3.2.1　CDMA 技术的演进与标准

IS—95A 是 1995 年美国 TIA 正式颁布的窄带 CDMA(N-CDMA)标准。

IS—95B 是 IS—95A 的进一步发展,于 1998 年制订。主要目的是能满足更高的比特速率业务的需求,IS—95B 可提供的理论最大比特速率为 115kb/s,实际只能实现 64kb/s。

IS—95A 和 IS—95B 均有一系列标准,其总称为 IS—95。

CDMA one 是基于 IS—95 标准的各种 CDMA 产品的总称,即所有基于 CDMA one 技术的产品,其核心技术均以 IS—95 作为标准。

CDMA 2000 是美国向 ITU 提出的第三代移动通信空中接口标准的建议,是 IS—95 标准向第三代演进的技术体制方案,这是一种宽带 CDMA 技术。CDMA 2000 室内最高数据速率为 2Mb/s 以上,步行环境时为 384kb/s,车载环境时为 144kb/s 以上。

IS—2000 则是采用 CDMA 2000 技术的正式标准总称。IS—2000 系列标准有六部分,定义了移动台和基地台系统之间的各种接口。

CDMA 2000—1X 原意是指 CDMA 2000 的第一阶段(速率高于 IS—95,低于 2Mb/s),可支持 153.6kb/s 的数据传输。网络部分引入分组交换,可支持移动 IP 业务。国内一般称 CDMA 2000—1X 为 2.5G 标准。

CDMA 2000—1X 采用扩频速率为 SR1,即指前向信道和反向信道均用码片速率 1.2288Mb/s 的单载波直接序列扩频方式。因此它可以方便地与 IS—95(A/B)后向兼容,实现平滑过渡。

由于 CDMA 2000—1X 采用了反向相干解调、快速前向功控、发送分集、Turbo 编码等新技术,其容量比 IS—95 大为提高。

3.2.2　CDMA 2000—1X 系统结构

CDMA 2000—1X 网络主要由有 BTS、BSC 和 PCF、PDSN 等节点组成,基于 ANSI-41 核心网的系统结构如图 3-33 所示。

其中:
- BTS,基站收发信机。
- BSC,基站控制器。
- SDU,业务数据单元。
- BSCC,基站控制器连接。
- PCF,分组控制功能单元。
- PDSN,分组数据服务器。
- MSC/VLR,移动交换中心/访问位置寄存器。

由图可见,与 IS—95 相比,核心网中的 PCF 和 PDSN 是两个新增模块,通过支持移动

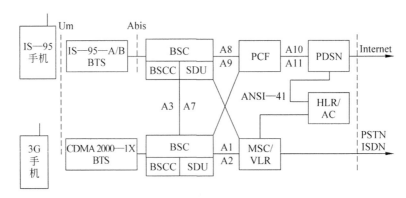

图 3-33 CDMA 2000—1X 网络结构

IP 协议的 A10、A11 接口互联,可以支持分组数据业务传输。而以 MSC/VLR 为核心的网络部分,支持话音和增强的电路交换型数据业务。与 IS—95 一样,MSC/VLR 与 HLR/AC 之间的接口基于 ANSI—41 协议。

(1) BTS 在小区建立无线覆盖区,用于与移动台通信,移动台可以是 IS—95 或 CDMA 2000—1X 制式手机。

(2) BSC 可对多个 BTS 进行控制;

(3) Abis 接口用于 BTS 和 BSC 之间连接;

(4) A1 接口用于传输 MSC 与 BSC 之间的信令信息;

(5) A2 接口用于传输 MSB 与 BSC 之间的话音信息;

(6) A3 接口用于传输 BSC 与 SDU(交换数据单元模块)之间的用户话务(包括语音和数据)和信令;

(7) A7 接口用于传输 BSC 之间的信令,支持 BSC 之间的软切换。

以上节点与接口与 IS—95 系统相同。

CDMA 2000—1X 新增接口为:

(1) A8 接口,传输 BS 和 PCF 之间的用户业务;

(2) A9 接口,传输 BS 和 PCF 之间的信令信息;

(3) A10 接口,传输 PCF 和 PDSN 之间的用户业务;

(4) A11 接口,传输 PCF 和 PDSN 之间的信令信息;

(5) A10/A11 接口是无线接入网和分组核心网之间的开放接口。

新增节点 PCF(分组控制单元)是新增功能实体,用于转发无线子系统和 PDSN 分组控制单元之间的消息。

PDSN 节点实现分组数据的转发、移动性能管理、与外部数据网络接口等功能。

3.2.3 CDMA 2000—1X 关键技术

CDMA 2000 所独有的特点、益处和性能使它成为集高语音容量和高速分组数据于一身的卓越技术,其利用同一载频支持语音和数据服务的能力使得无线运营商所投入的资金回报更高。由于 CDMA 2000 的最优化无线电通信技术,运营商可以建设更少的基站,更快的开展业务,并最终实现更快更多的回报。

其采用的主要新技术包括：Turbo 码技术、前向快速功率控制、快速寻呼技术、前向链路发射分集、反向相干解调、灵活的帧长以及增强的媒体接入控制功能。

1. Turbo 码技术

为了适应高速数据业务的需要，CDMA 2000 1X 中采用 Turbo 编码技术（编码速率可以是 1/2、1/3 或 1/4）。CDMA 2000 1X 提供在前向和后向 SCHs 中使用 Turbo 或卷积编码的选择，两个编码方案对基站和移动台而言是可选择的，各自的容量均在呼叫建立之前通过信令信息进行传达。

除了峰值的提高和速率粒度的改进之外，在 CDMA 2000 1X 中对流量信道编码的主要改进就是支持速率为 1/2、1/3 或 1/4 的 Turbo 编码。Turbo 码基于 1/8 状态平行结构，仅仅应用于补充信道和多于 360 字节的帧，Turbo 编码为数据传输提供行之有效的解决方案，并且更好地提升了链路性能和系统容量。

总而言之，Turbo 编码较之卷积编码在功率节省方面又很大的进步，这种增益是数据速率的函数，通常数据速率越高，Turbo 编码所产生的效果越好。

Turbo 编码器由两个递归系统卷积码（RSC）成员编码器、交织器和删除器构成，每个 RSC 有两路校验位输出，两个 RSC 的输出经删除复用后形成 Turbo 码。编码器一次输入 N_{turbo} bit，包括信息数据、帧校验（CRC）和保留 bit，输出（N_{turbo}＋6）/R 个符号。Turbo 译码器由两个软输入软输出的译码器、交织器和去交织器构成，两个成员译码器对两个成员编码器分别交替译码，并通过软输出相互传递信息，进行多轮译码后，通过对软信息进行过零判决得到译码输出。

Turbo 码具有优异的纠错性能，但译码复杂度高，时延大，因此主要用于高速率、对译码时延要求不高的数据传输业务。与传统的卷积码相比，Turbo 码可降低对发射功率的要求，增加系统容量。在 CDMA 2000 中，Turbo 码仅用于前向补充业务信道和反向补充业务信道中。

2. 前向链路快速功率控制技术

CDMA 系统的实际应用表明，系统的容量并不仅仅取决于反向容量，往往还受限于前向链路的容量，尤其是当 CDMA 2000 1X 系统引入了数据业务后，高速数据业务引起前向发射功率幅度波动加剧，增加了前向功率控制的复杂性，这就对前向链路的功率控制提出了更高的要求。前向链路功率控制（FLPC）的目的就是合理分配前向业务信道功率，在保证通信质量的前提下，使其对相邻基站/扇区产生的干扰最小，也就是使前向信道的发射功率在满足移动台解调最小需求信噪比的情况下尽可能小。通过调整，既能维持基站与位于小区边缘的移动台之间的通信，又能在有较好的通信传输环境时最大限度地降低前向发射功率，减少对相邻小区的干扰，增加前向链路的相对容量。

当移动台进入一个快速瑞利衰落区，对于 IS—95 中的慢速 FLPC 系统无法实现快速提高前向信道的发射功率，就可能导致通话质量的下降甚至出现断话；而当移动台离开一个瑞利衰落区时，IS—95 的 FLPC 也无法快速降低信道的发射功率，导致干扰其他用户，付出了降低系统容量的代价。尤其是在前向有高速数据业务时需要多业务信道并发的情况下，以往相对较低速率的前向功率控制机制不能满足要求。于是，CDMA 2000 1X 引入了前向链路快速功率控制技术，使系统的前向功率控制得到了改善。

CDMA 2000 1X 的前向功率控制一方面兼容 IS—95 系统的前向功率控制方法,另一方面通过 IS—2000 标准引入了针对无线配置为 RC3 以上业务信道的 800、400、200Hz 调整速率的快速闭环前向功率控制模式,包括在移动台侧实现的外环功率控制和移动台与基站共同完成的内环功率控制。

外环功率控制:移动台(MS)通过估计并不断调整各前向业务信道上基于 Eb/Nt 的标定值,来获得目标误帧率(FER)。该标定值有三种表现形式:初始标定值、最大标定值和最小标定值,需要通过消息的形式从基站发送到移动台。

闭环功率控制:移动台比较在前向业务信道上接收到的 Eb/Nt 和相应外环功控的标定值,来决定在反向功率控制子信道上发给基站的功率控制比特值。移动台还可以依据基站的指令在反向功控子信道上发送删除指示比特(EIB)或者质量指示比特(QIB)。

在 IS—95 系统中,帧的长度一般为 20ms,并分为 16 个同等的功率控制组。而 CDMA 2000 另外定义了 5ms 的帧结构,本质上用于信令脉冲,还有 40 和 80ms 的帧结构,用于数据业务中的额外交错深度和多样性增益。与 IS—95 不同,CDMA 2000 的信道不仅将快速闭环功率控制应用于反向链路,而且在高达 800Hz 的前向与后向业务中均可进行功率控制。其采用新的前向快速功率控制算法,该算法使用前向链路功率控制子信道和导频信道,使移动台(MS)收到的全速率业务信道的 Eb/Nt 保持恒定。移动台测量收到的业务信道的 Eb/Nt 并与门限值进行比较,然后根据比较结果,向基站(BTS)发出升高或降低发射功率的指令。功率控制命令比特由反向功率控制子信道传送,功率控制速率可达到 800b/s。

如果反向链路采用门控发射方式,两个链路中的功率控制速率会减至 400 或 200b/s,反向链路的辅助功率控制信道也将会分为两个互相独立的功率控制流,可能两个都处于 400b/s,也可能是一个是 200b/s 另一个是 600b/s。这样做考虑到了前向链路信道的独立功率控制。

3. 快速寻呼技术

此技术有两个用途:

寻呼或睡眠状态的选择:因基站使用快速寻呼信道向移动台发出指令,决定移动台是监听下一个寻呼信道还是处于低功耗状态的睡眠状态,这样移动台便不必长时间连续监听前向寻呼信道,可减少激活移动台激活时间和节省移动台功耗。

配置改变:通过前向快速寻呼信道,基地台向移动台发出最近几分钟内的系统参数消息,使移动台根据此新消息作相应设置处理。

4. 前向链路发射分集技术

CDMA 2000—1X 采用直接扩频发射分集技术,它有两种方式:

一种是正交发射分集方式:

方法是先分离数据流再用不同的正交 Walsh 码对两个数据流进行扩频,并通过两个发射天线发射。

另一种是空时扩展分集方式:

使用空间两根分离天线发射已交织的数据,使用相同原始 Walsh 码信道。

使用前向链路发射分集技术可以减少发射功率,对抗瑞利衰落,增大系统容量。

5．反向相干解调

基站利用反向导频信道捕获移动台的发射信号,再用梳状(Rake)接收机实现相干解调。与 IS—95 采用非相干解调相比,提高了反向链路性能,降低了移动台发射功率,提高了系统容量。

6．灵活的帧长

与 IS—95 不同,CDMA 2000—1X 支持 5ms、10ms、20ms、40ms、80ms 和 160ms 多种帧长,不同类型信道分别支持不同帧长。前向基本信道、反向基本信道采用 5ms 或 20ms 帧,前向补充业务信道、反向补充业务信道采用 20ms、40ms 或 80ms 帧,话音信道采用 20ms 帧。

帧较短可以减少时延,但解调性能较低;帧较长可降低对发射功率要求。

7．增强的媒体接入控制功能

媒体接入控制子层控制多种业务接入物理层,保证多媒体的实现,可以实现话音、分组数据和电路数据业务、同时处理、复用和 QoS 控制、提供接入程序。与 IS—95 相比,可以满足更大带宽和更多业务的要求。

3.2.4　CDMA 2000—1X 工程组网简介

1．方案选择

对于 CDMA 已覆盖地区存在两种组网方案:

1) IS—95A 或 IS—95B 网络升级到 CDMA 2000—1X

其指导思想是在 IS—95A 或 IS—95B 网络基础上,将热点地区升级为 CDMA 2000—1X 来满足新业务需求,并进行系统扩容。

此方案要对原有设备进行较大的改造,有些设备必须替换。

(1) BTS 设备:更换信道板、升级软件、升级 BTS 和 BSC 间的接口板。

(2) BSC 设备:增加与 PCF 接口以及 BSC 间接口。BSC 平台升级以适应处理分组数据业务。

(3) MSC/HLR/AC 设备:软件升级。

同时要增加 PDSN 和 PCF 设备。

2) 建设 CDMA 2000—1X 叠加网络

指导思想是保持原有 IS—95B 网络不变,同时新建一个 CDMA 2000—1X 网络,它可有三种方案。

(1) 独立组网方案:

新建 MSC、BSC,增加 PDSN 和 PCF,新业务与原有系统完全独立。

(2) 共 MSC 组网:

新建 BSC,新增 PDSN 和 PCF,升级 MSC 软件。

(3) 共 MSC、BSC 组网:

新增 PDSN 和 PCF,升级 BSC 软件或 BSC 平台升级。

以上三种方案中,第一种方案对原有 IS—95 网络影响最小。

2. 基站覆盖

由于不同地区对移动数据业务需求不同,组网时要根据不同情况,实行不同数据速率的覆盖能力。有下列方案可参考:

(1) 设置较小站距,保证在 1X 基站覆盖范围内对于高、低速数据业务均有较好的 QoS。

(2) 设置站距较大,在保证话音业务覆盖同时,也对低速数据有较好覆盖,但对高速数据业务,在全网不能保证有较好的 QoS。

3. CDMA 2000—1X 分组数据业务的实现

CDMA 2000—1X 由于引入了高速分组数据业务和移动 IP 技术,它能提供高速 153.6kb/s 的数据速率,可以开展 AOD、VOD、网上游戏、高速数据下载等业务。

通常用户有两种接入 CDMA 2000—1X 分组数据网络方式。

1) 简单 IP

类似于固定电话,通过 Modem 拨号上网。由于每次给移动台分配的 IP 地址是动态可变的,可实现移动台作为主叫的分组数据呼叫,协议简单,容易实现,但跨 PDSN 时需要中断正在进行的数据通信。因此只能实现主叫方式的数据通信。

简单 IP 业务能提供 WWW 浏览、E-mail、FTP 等业务,即提供目前拨号上网所能提供的全部分组数据业务。

图 3-34 展示了 SIP 接入网络结构模型,提供较为简单的业务。

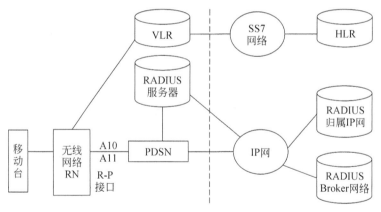

图 3-34 SIP 接入网络结构

① 不需要 HA,直接通过 PDSN 接入 Internet;

② PDSN 提供静态 IP 地址;

③ MS 的 IP 地址仅具有链路层的移动性,即移动用户的 IP 地址仅在 PDSN 服务区内有效,不支持跨 PDSN 的切换。

SIP 接入网络对应的协议结构如图 3-35 所示。RN 由 PCF 和 RRC 构成。而 PCF 和 PDSN 间的无线包数据 R-P 接口完成无线信道和有线信道的协议转换。R-P 接口属于 A 接口的一部分,定义为 A10 和 A11。

2) 移动 IP

这是一种在 Internet 网上提供移动功能的方案,它提供了 IP 路由机制,使移动台可以

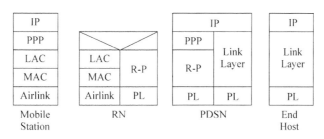

图 3-35　IP 协议参考模型

以一个永久 IP 地址连到任何子网中,可实现移动台作为主叫或被叫时的分组数据业务通信。

移动 IP 业务主要用来实现移动台作为主叫或被叫时的分组数据业务,除了能提供上述简单 IP 业务外,还可提供非实时性多媒体数据业务。

相对于简单 IP 或传统的拨号上网,移动 IP 具有两方面的优势:

第一,用户可以使用固定的 IP 地址实现真正的永远在线和移动,且用户可作为被叫,这便于 ISP 和运营商开展丰富的 PUSH 业务(广告、新闻、话费通知)。

第二,移动 IP 提供了安全的 VPN 机制,移动用户无论何时、何地都可以通过它所提供的安全通道方便地与企业内部通信,感觉就像连在家里的局域网一样方便,不需要修改任何 IP 设置。

图 3-36 展示了采用移动 IP 技术的 CDMA 2000 系统网络结构。

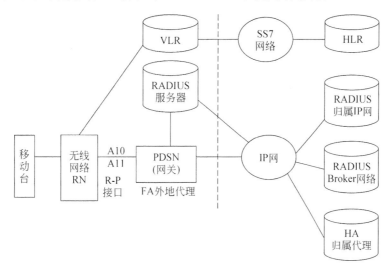

图 3-36　移动 IP 接入网络结构

在 CDMA 2000—1X 网络中,由 RN(包括 MS、BTS、BSC、PCF)、PDSN、AAA、HA、FA 共同完成分组数据业务。

其中 PCF 主要负责与 BSC、MSC 配合将分组数据用户接入到分组交换核心网 PDSN 上。核心网的功能实体包括 PDSN、HA、FA、RADIUS(AAA)服务器等功能实体。以下分别作简单描述。

(1) PSDN:连接无线网络 RN 和分组数据网的接入网关。主要功能提供移动 IP 服务,使用户可以访问公共数据网或专有数据网。

（2）FA：移动 IP 时,PDSN 作为移动台的外地代理,相当于移动台访问网络的一个路由器,为移动台提供 IP 转交地址和 IP 选路服务(前提是 MS 须有 HA 登记)。对于发往移动台的数据,FA 从 HA 中提取 IP 数据包,转发到移动台。对于移动台发送的数据,FA 可作为一个缺省的路由器,利用反向隧道发往 HA。

（3）HA：本地代理是 MS 在本地网中的路由器,负责维护 MS 的当前位置信息,建立 MS 的 IP 地址和 MS 转发地址的关系。当 MS 离开注册网络时,需要向 HA 登记,当 HA 收到发往 MS 的数据包后,将通过 HA 与 FA 之间隧道将数据包送往 MS,完成移动 IP 功能。

（4）RADIUS 服务器：用 RADIUS 服务器方式完成鉴权、计费、授权服务(AAA 服务)。

图 3-37 和图 3-38 分别为移动 IP 接入时控制信令和用户数据的协议模型。其中 MAC 为媒体接入控制,LAC 为链路接入控制,它们与空中接口一起组成无线信道。PPP 为点到点协议,支持上层网络协议类型指定和 CHAP 及 PAP 认证;IP、TCP/UDP 及上层应用协议为标准的 IP 协议簇。MIP 作为上层控制协议通过 UDP 封装进行通信;与 SIP 不同,为保证 HA 和 PDSN 间通信的安全和私密性,接入私有网络时上层数据经过 IPSec 处理。从数据通信的角度来看,PDSN 和 HA 具备路由器的功能。

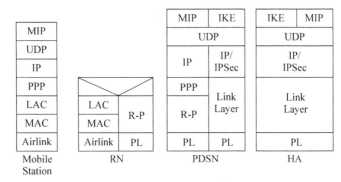

图 3-37　控制信令协议模型

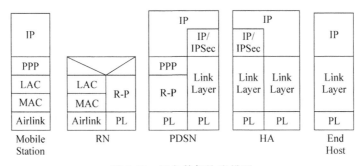

图 3-38　用户数据协议模型

3.2.5　CDMA 2000—1X 的语音和数据信道

虽然在 CDMA1X 的标准中定义的信道较多,但在实际应用的系统中,有些信道并未真正实现。实际应用的 CDMA1X 系统的信道包括前向信道和反向信道。

1. 前向信道

(1) 前向导频信道(F-PICH)：功能等同于 IS—95 中的导频信道,基站通过此信道发送导频信号供移动台识别基站并引导移动台入网。

(2) 前向同步信道(F-SYNCH)：功能等同于 IS—95 中的同步信道,用于为移动台提供系统时间和帧同步信息。基站通过此信道向移动台发送同步信息以建立移动台与系统的定时和同步。

(3) 前向寻呼信道(F-PCH)：功能等同于 IS—95 中的寻呼信道,基站通过此信道向移动台发送有关寻呼、指令以及业务信道指配信息。

(4) 前向快速寻呼信道(F-QPCH)：由于通常手机必须每次监听整个时隙,且寻呼消息的编码复杂,解调有较高的难度,因此比较耗电。3G1X 增加了快速寻呼信道(QPCH),QPCH 不仅编码简单,而且手机也不用监听整个时隙,只需要监听每个时隙中的两个符号(2b)。当这两个指示符号指示手机应去监听寻呼信道时,手机再去监听相应的寻呼信息。

当 SCI=1 时,3G1X 手机在不开 QPCH 时每 2.56 秒监听一次寻呼信道(速率 9600b/s),一个时隙 80ms,则手机每 2.56 秒要解调的数据量为 $0.08 \times 9600 = 768b$。打开 QPCH 之后,手机每 2.56 秒要解调的数据量为 $(2.56/0.08) \times 2 = 64b$。

(5) 前向基本业务信道(F-FCH)：当移动台进入到业务信道状态后,此信道用于承载前向链路上的信令、语音、低速的分组数据业务、电路数据业务或辅助业务。

(6) 前向补充信道(F-SCH)：当移动台进入到业务信道状态后,此信道用于承载前向链路上的高速分组数据业务。每个 SCH 最高可以提供 153.6kb/s 的速率能力。

2. 反向信道

(1) 反向导频信道(R-PICH)：用于辅助基站检测移动台所发射的数据。

(2) 反向接入信道(R-ACH)：功能与 IS—95 中的反向接入信道相同。

(3) 反向基本业务信道(R-FCH)：当移动台进入到业务信道状态后,此信道用于承载反向链路上的信令、语音、低速的分组数据业务、电路数据业务或辅助业务。

(4) 反向补充业务信道(R-SCH)：当移动台进入到业务信道状态后,此信道用于承载反向链路上的高速分组数据业务。

习题

1. GPRS 网络在 GSM 的基础上增加了哪些功能实体?

2. GPRS 网络中 SGSN 和 GGSN 的功能有哪些?

3. 为什么 GPRS 网络要限制大数据量应用业务?

4. 请叙述 GPRS 网络中跨 SGSN 的路由更新流程。

5. 画出 CDMA 2000 1X 的网络结构图,并说明各网元的功能。

6. 与 IS—95 相比,CDMA 2000 1X 新增了哪些接口?

7. 相对于简单 IP,移动 IP 具有哪些优势?

8. CDMA 2000—1X 的前向信道有哪些? 其作用是什么?

9. CDMA 2000—1X 的反向信道有哪些? 其作用是什么?

第4章 第三代移动通信系统

4.1 CDMA 2000 1x EV-DO 系统

4.1.1 概述

1. 1x EV-DO 提出的背景

在 20 世纪 90 年代后期,随着无线接入互联网(Internet)需求的增长,对无线分组数据业务的需求也随之增长。以无线局域网为代表的无线接入技术虽然能提供较高的带宽,但是在安全性、计费和覆盖等方面的局限性,限制了它们的广泛应用。蜂窝移动通信网络可以提供广域的覆盖,具有良好的计费体系和安全架构,如果结合新的高速无线接入技术,在提供无线互联网业务方面将具有美好的应用前景。同时考虑到与以 ADSL 为代表的有线数据网络竞争的需要,要求这种新的蜂窝网络至少能提供与 ADSL 相比拟的数据带宽。鉴于此,高通公司从 1996 年开始开发了 HDR(High Data Rate)技术,并于 2000 年被 TIA/EIA 接受为 IS—856 标准(Release 0 版本),又称 HRPD(High Rate Packet Data)或 1x EV-DO。1x 表示它与 CDMA 2000 1X 系统所采用的射频带宽和码片速率完全相同,具有良好的后向兼容性;EV(Evolution)表示它是 CDMA 2000 1X 的演进版本;DO(Data Optimization)表示它是专门针对分组数据业务而经过优化了的技术。1x EV-DO 于 2001 年被 ITU-R 接受为 3G 技术标准之一。

2. 1x EV-DO 的设计思想

1x EV-DO 系统最初是针对非实时、非对称的高速分组数据业务而设计的。高速传送是对 1x EV-DO 系统设计的核心功能要求,高速意味着需要基于有限的带宽资源,利用蜂窝网络向移动用户提供类似于有线网络(如 ADSL)那样的高速数据业务。最初设计 1x EV-DO 系统时,主要是为了提供网页浏览、文件下载等无线互联网业务,它们要么具有非实时的特点,对业务的 QoS 保证没有严格的要求;要么具有非对称的特点,要求前向链路的传送速率和吞吐量明显高于反向链路。显然,随着业务的发展,对 1x EV-DO 系统功能要求也将随之提高。在 CDMA 2000 1X 系统中,中低速数据业务和语音业务是码分复用的,共享基站发射功率、扩频码和频率资源。基站通过快速闭环功率控制技术补偿因信道衰落带来的影响,从而获得较高的频谱利用效率。对于中低速数据及语音业务而言,这是最佳的选择。但是,对于高速分组数据业务,这种快速功率控制并不能保证系统具有很高的频谱利用效率,尤其是当高速分组数据业务与传统的语音业务采用码分方式共享频率和基站功率资源时,系统效率会较低。

1x EV-DO 系统的基本设计思想是将高速分组数据业务与低速语音及数据业务分离开

来,利用单独载波提供高速分组数据业务,而传统的语音业务和中低速分组数据业务由 CDMA 2000 1X 系统提供,这样可以获得更高的频谱利用效率,网络设计也比较灵活。在具体设计时,应充分考虑到 1x EV-DO 系统与 CDMA 2000 1X 系统的兼容性,并利用 CDMA 2000 1X/1x EV-DO 双模终端或混合终端(Hybrid Access Terminal)的互操作来实现低速语音业务与高速分组数据业务的共同服务。

3. 1x EV-DO 的发展情况

1x EV-DO 作为因特网的无线延伸,最初是为了提供非对称的高速分组数据业务而设计的,迄今为止,1x EV-DO 空中接口标准已经发展出 Release 0 和 Release A 两个版本,对应的 TIA/EIA 标准分别是 IS-856-0 和 IS-856-A。

IS-856-0 于 2000 年 10 月发布,它支持的前向单用户峰值速率为 2.4576Mb/s,反向单用户峰值速率为 153.6kb/s,适合提供基于文件下载、网页浏览和电子邮件等非对称的分组数据业务。

为了支持部分实时多媒体业务,高通公司于 2003 年在 IS-856-0 的基础上进行了增强,增加了接收分集、QoS 保证、广播和信道均衡等功能,并对终端和系统的基带处理芯片进行了升级,引入了零中频技术。不过这些增强功能并未以标准的形式发布。

随着多媒体数据业务的发展,各种新的业务形式不断出现,对系统带宽和 QoS 保证等方面的要求也不断提高。由于存在反向链路带宽和 QoS 保证等方面的局限性,1x EV-DO Release 0 系统难以满足业务发展的相关要求。2004 年 3 月,3GPP2 发布了 1x EV-DO Release A 版本,并被 TIA/EIA 接纳为 IS-856-A。

1x EV-DO Release A 支持单用户反向峰值速率为 1.8Mb/s,前向峰值速率进一步提高到 3.1Mb/s。1x EV-DO Release A 中采用了多用户分组和更小的分组封装,提供实时业务所需要的快速接入、快速寻呼及低延迟传送特性,以满足不同业务的不同 QoS 要求;引入了多天线发射分集技术,有效地改善了高速分组数据在恶劣无线环境中的可靠性传送问题。随着 1x EV-DO 空中接口标准的发展,其 A 接口、终端技术规范及其新业务规范等也陆续制定出来,并不断发展。与 Release 相比,1x EV-DO Release A 在以下三个方面有非常明显的改善。

1) 前反向峰值速率大幅度提高

EV-DO Rev A 中不仅前向链路峰值速率从 2.4Mb/s 提升到 3.1Mb/s 的新高度,更重要的是反向链路得到了质的提升。随着应用增量传送及灵活的分组长度的结合,以及 HybridARQ 和更高阶调制等技术在反向链路的引入,DO Rev A 实现了反向链路峰值速率从 DO Rev0 的 153.6kb/s 到 1.8Mb/s 的飞跃。

2) 小区前反向容量均衡

通过在手机中采用双天线接收分集技术和均衡技术,EV-DO Rev A 的前向扇区平均容量可以达到 1500kb/s,较 EV-DO Rev 0(平均小区容量 850kb/s)提高了 75%。EV-DO Rev A 的反向平均小区容量也得到大幅度的提升,从 EV-DO Rev 0 的 300kb/s 增加 100%,达到 600kb/s。如果基站采用 4 分支接收分集技术,反向平均小区容量还可进一步提高至 1200kb/s。

3) 全面支持 QoS

与 EV-DO Rev 0 相比,EV-DO Rev A 在 QoS 支持方面进行了优化,取得了显著提高,具体体现在以下几个方面。

（1）灵活和有效的 QoS 控制机制：EV-DO Rev A 中引入了多流机制,使系统和终端可以基于应用的不同 QoS 要求,对每个高层数据流进行资源分配和调度控制。同时,EV-DO Rev A 中还提高了反向活动指示信道的传输速率,使终端可以实时跟踪网络的负载情况,在系统高负载时,保证低传输时延数据流的数据传输。此外,EV-DO Rev A 还引入了更多的数据传输速率和数据包格式,使系统可以更灵活地进行调度。总之,EV-DO Rev A 在保证系统稳定性的前提下,可以灵活而有效地满足不同数据流的传输要求,从而在一部终端上可以同时支持实时和非实时等多种业务。

（2）低接入时延：EV-DO Rev A 对接入信道和控制信道均进行了优化。首先,在接入信道上可以支持更高的传输速率和更短的接入前缀,使用户可以在发起服务请求时更快地接入网络；其次,在控制信道上可以支持更短的寻呼周期,使用户可以较快地响应来自网络的服务请求；此外,EV-DO Rev A 高层协议中引入了三级寻呼周期机制,使终端可以适配网络服务情况的同时降低功耗,提高待机时间。这对支持需要频繁建立和释放信道的业务,如即按即讲(PTT)和即时通信(IMM)等非常重要。

（3）低传输时延：在进行数据传输时,EV-DO Rev A 引入了高容量模式和低时延模式。采用低时延模式可以采用不同的功率来传输某数据包的各子信息包。对首先传输的子信息包采用较高功率发射,从而使该数据包提前终止传输的概率提高,降低了平均传输时延。这对支持入 VoIP 和可视电话等实时业务十分重要。

（4）低切换时延：EV-DO Rev A 中引入了 DSC 信道,使终端基于信道情况选择其他服务小区时,可以向网络进行预先指示,提前同步数据传输队列,大大降低了前向切换时延。这对支持 VoIP 和可视电话等实时业务十分重要且效果显著。

4. 1x EV-DO 支持的新业务

得益于大幅度提高的前反向峰值速率和平均小区容量以及对 QoS 的支持,EV-DO Rev A 系统除了可以明显提高用户对于已在 CDMA1X 和 EV-DO Rev 0 网络上开展的服务的体验外,还可以支持很多对 QoS 有较高要求的新业务。

1) 可视电话

作为一项有代表性的 3G 业务,可视电话业务一直受到运营商的特别关注。可视电话业务可以提供实时的语音和视频的双向通信。移动用户可以通过可视电话与其亲友和朋友分享重要的时刻及其感受。运营商还可以在可视电话之上开发其他的增值服务,如可视会议、多人交互游戏、保险理赔、远距离医护、可视安全系统等等。

可视电话具有高带宽和高实时性的要求,因此应在能保证 QoS 的 EV-DO Rev A 网络上开展。EV-DO Rev A 中大幅提高的反向速率和反向的频谱效率,是可视电话业务顺利开展的保证。EV-DO Rev A 的 QoS 机制可以支持可视电话要求的快速呼叫建立、低端到端延时、快速切换。另外,采用接收分集技术可以更好地提升可视电话的服务质量。

2) VoIP 及 VoIP 和数据的并发业务

顺应网络和业务向全 IP 化演进的趋势,EV-DO Rev A 还可以支持分组网络上的 VoIP 业务。与可视电话一样,VoIP 有较高的实时性要求,这些都可以通过 EV-DO Rev A 特有的 QoS 机制得到保证。但另一方面,相比于可视电话业务,VoIP 所需的带宽较低,而对打包效率和抗时延抖动有更高的要求。EV-DO Rev A 中针对 VoIP 将数据包格式进行了优化。同时,为更好地支持语音特性的数据包的传输,3GPP2 还制定了 C.S0063 规范,定义了基于 segment 的成帧技术和头压缩技术。

EV-DO Rev A 每扇区可以支持高达 44 个 VoIP 呼叫,已超过 CDMA1X 网络上的电路型语音的容量。若采用如接收分集和干扰消除等技术,容量还可进一步增大。

在 EV-DO Rev A 网络上开展 VoIP 业务,用户不仅可以获得与电路型语音业务相同的话音质量,还可以通过一部终端,进行语音和数据的并发通信。例如在通话时收发 E-mail 和上网浏览,或是在通话的同时,向对方传送多媒体内容,如文本、图片、音频、视频等。甚至可以在进行数据应用的同时(如下载或移动游戏等),发起和接听语音呼叫。

3) Push-to-Connect 和即时多媒体通信(IMM)

Push-to-Connect(PTC)业务是一种一对一或群组间半双工的即按即讲业务。即时多媒体通信又使 PTC 扩展到可以包含文本、图片和视频等多媒体。

除了和可视电话及 VoIP 一样,要求快速呼叫建立、低端到端延时及快速切换等之外, PTC 和 IMM 还要求网络有能力支持频繁和快速的呼叫建立和释放。EV-DO Rev A 在接入信道上引入的更高的传输速率和更短的接入前缀,在高层协议中引入的三级寻呼周期机制,可以使终端在满足上述要求的同时降低功耗,提高待机时间。

4) 移动游戏

联机在线式移动游戏,可以是单人(人与服务器间交互)或多人交互式游戏。有了移动交互式游戏,用户就可以在路上继续进行其在家时玩的游戏。

不同的交互式游戏,对带宽的要求差异较大。如有的场景式游戏需要较高的带宽以实时传送场景地图,而有的游戏则需要在游戏者按键操控时传送较少的数据包。EV-DO Rev A 在前反向上都可以支持较高的数据速率,可以满足实时场景式游戏的要求。同时 EV-DO Rev A 还针对数据量较少,但数据包很频繁的游戏应用设计得非常灵活的组包方式。如可以将若干个用户小的数据包组成一个较大的数据包进行传送,既保证了传输效率,又减小了数据包的传输等待时延。

5) 基于 BCMCS 的多播业务

EV-DO 提供更高的前反向扇区容量和峰值速率,使用户可以快速下载或上传大量数据。但是 EV-DO 网络提供的是单播技术,即网络上传输的数据仅能够为一个用户所接收。当小区内的很多用户需要同时接收相同的内容时,如很多用户同时观看相同的流媒体内容,单播方式将占用大量的网络资源,使网络处于高负载状态。这种情况下单播方案是一种很不经济的传输方式。

为了以较经济的方式向大量用户同时传送多媒体内容,3GPP2 先是于 2004 年 3 月完成了基于 DO Rev.0 的金牌多播标准,后又于 2005 年 8 月完成了采用 OFDM 调制方式的铂金多播标准,相关 BCMCS 地面网络标准也已于 2005 年完成。通过在广播时隙上采用 OFDM 调制方式,铂金多播较基于 DO Rev.0 的金牌多播可以实现大约 3 倍的容量提升,在 98% 的覆盖范围内可实现 1.2Mb/s 的数据速率(DO Rev.0 在双天线接收的情况下为 409.6kb/s)。金牌多播和铂金多播可以与 DO 共享一个载波,使 DO 载波在网络忙时和闲时均能得到充分地利用。

运营商可以在部署 EV-DO Rev A 系统的同时,在同一个载波上分配一些时隙部署 BCMCS 并在 BCMCS 平台上逐步开发一些有特色的服务,如与移动电视和 DO 单播相捆绑的综合多媒体传送服务;也可将现在受到广泛关注和认可的基于 CDMA1X 单播分组网络的流媒体业务过渡到 BCMCS 平台,提升网络传送视频流媒体的容量,以降低业务成本。

4.1.2　1x EV-DO 的网络结构

EV-DO Rev A 继承了 1X 分组网络的 A8/A9 和 A10/A11 接口及 PCF 和 PDSN 等功能实体,同时增加了与 DO 鉴权相关的 A12 接口和 AN-AAA 实体,并增加 A13/A16/A17/A18 接口以支持 AN 之间的切换。

EV-DO Rev A 的网络结构及业务流程,如图 4-1 所示。

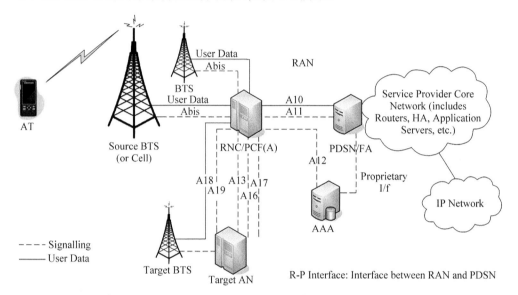

图 4-1　EVDO Rev A 网络结构

EV-DO Rev A 网络由分组核心网(Packet Core Network,PCN)、无线接入网(Radio Access Network,RAN)、接入终端(Access Terminal,AT)3 部分组成。

各主要网元功能如下。

(1) PDSN:Packet Data Server Node。提供接入网到 Internet 的接口,与 AT 保持 PPP 链路连接。

(2) PCF:Packet Control Function。主要完成 R-P 连接的管理。因为无线资源的紧张,所以当用户在无线信道上无发送、接收的时候就需要释放无线信道资源,但是 PPP 连接继续保持。通过切换功能,对上层业务屏蔽无线移动性。

(3) AN:Access Network,接入网。负责与 AT 的无线连接,包括无线资源管理,功率控制等功能。

(4) AN AAA:负责对 AT 的认证、鉴权和计费功能。

(5) AT:Access Terminate,用户使用的移动终端。

主要的接口功能如下。

(1) Abis 接口:用于承载 BSC 与 BTS 之间的业务数据及信令消息。

(2) A8/A9 接口:A8 接口提供 AN 与 PCF 之间的业务数据承载;A9 接口传送 AN 与 PCF 之间业务连接的建立、维持、释放及休眠切换的信令消息。

(3) A10/A11 接口:A10 用于传递 PCF 与 PDSN 之间的业务数据;A11 用于传递

A10 连接的建立和释放信令消息以及计费信息等。

（4）A12 接口：是 AN 与 AN-AAA 之间的接口，用于传递接入鉴权的信令消息。一般地，AN 与 AN-AAA 之间采用 RADIUS 客户端及服务器模式工作。

（5）A13 接口：用于传递不同 AN 之间休眠态切换的信令消息。

（6）A16 接口：用于传递不同 AN 之间业务态切换的信令消息。

（7）A17/A18 接口：A17 接口传送源 AN 与目标 AN 之间软切换（前向是虚拟软切换）的信令消息；A18 接口提供源 AN 与目标 AN 之间软切换（前向是虚拟软切换）的业务数据承载。

4.1.3 EV-DO Rev A 信道

1. 前向信道

1）前向信道结构

EV-DO Rev A 前向信道结构如图 4-2 所示，它由导频信道、MAC 信道、控制信道和业务信道组成；MAC 信道又分为 RA 信道、DRCLock 信道、RPC 信道和 ARQ 信道，其中 ARQ 信道是 EV-DO Rev A 信道。

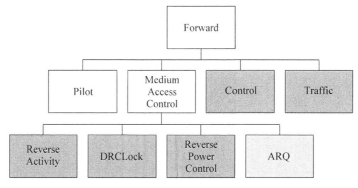

图 4-2　EV-DO Rev A 前向信道

前向信道的主要作用如下：

（1）导频信道用于系统捕获、相干解调和链路质量的测量；

（2）RA 子信道用于传送系统的反向负载指示；

（3）RPC 子信道用于传送反向业务信道的功率控制信息；

（4）DRCLock 子信道用于传送系统是否正确接收 DRC 信道的指示信息；

（5）ARQ 子信道用于 AN 是否正确接收反向业务信道数据分组；

（6）控制信道用于向终端发送单播或多播方式的消息；

（7）业务信道则用于传送物理层数据分组。

2）前向信道时隙结构

EV-DO Rev A 前向以时分为主，以码分为辅，数据以时隙为单位发送。导频信道、MAC 信道及业务/控制信道之间时分复用。对于 H-ARQ 而言，可以是 L-ARQ 与 RPC 子信道时分；也可以是 DRCLock 子信道与 P-ARQ 时分，然后再与 RA 子信道码分，如图 4-3 所示。

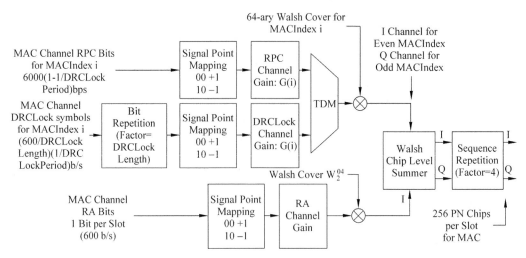

图 4-3　EV-DO Rev A 前向 MAC 信道结构

EV-DO Rev A 前向链路以时隙为单位，每个时隙为 5/3 ms，由 2048 码片组成，其时隙结构如图 4-4 所示。基站根据前向信道数据分组的大小和速率等参数，在 1～16 个时隙内完成传送。有数据业务时，业务信道时隙处于激活状态，各信道按一定顺序和码片数进行复用；没有数据业务时，业务信道时隙处于空闲状态，只传送 MAC 信道和导频信道。

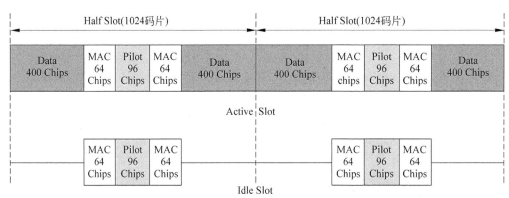

图 4-4　EV-DO Rev A 前向时隙结构

3）前向信道标识

前向业务信道由前导和数据两部分组成，前导携带信道标识 MACIndex，作为与之通信的用户的标识或前向信道（MAC 信道、业务信道和控制信道）的标识。

EV-DO Rev.0 采用 6 比特的 MACIndex 标识，在 EV-DO Rev A 中采用 7 比特的 MACIndex 标识，系统的理论极限用户容量提高一倍。

2. 反向信道

1）反向信道结构

EV-DO Rev A 反向信道结构如图 4-5 所示，它包括接入信道和反向业务信道。接入信道由导频信道和数据信道组成；反向业务信道由主导频信道、辅助导频信道（EV-DO Rev A

新增加信道)、MAC 信道、ACK 信道及数据信道组成。其中,MAC 信道又由 RRI 子信道、
DRC 子信道和 DSC 子信道(EV-DO Rev A 新增加信道)组成。

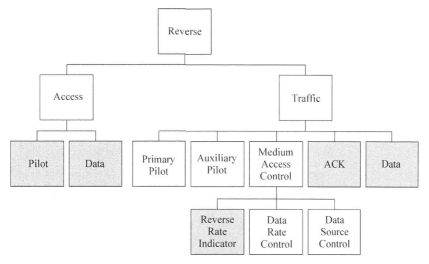

图 4-5　EV-DO Rev A 反向信道组成

接入信道用于传送基站对终端的捕获信息。其导频部分用于反向链路的相干解调和定
时同步,以便系统捕获接入终端;数据部分携带基站对终端的捕获信息。

反向业务信道用于传送反向业务信道的速率指示信息和来自反向业务信道 MAC 协议
的数据分组,同时用于传送对前向业务信道的速率请求信息和终端是否正确接收前向业务
信道数据分组的指示信息。其中:

(1) 辅助导频信道用于辅助基站对反向大包的解调。

(2) MAC 信道辅助 MAC 层完成对前反向业务信道的速率控制功能:RRI 信道用于指
示反向业务信道数据部分的传送速率;DRC 信道携带终端请求的前向业务信道的数据速率
值及前向服务扇区标识,分别用 DRCValue 和 DRCCover 表示;DSC 信道携带前向服务基站
标识;

(3) ACK 信道用于指示终端是否正确接收前向业务信道数据分组;

(4) Data 信道用于传送来自反向业务信道 MAC 层的数据分组。

2) 反向业务信道子帧结构

EV-DO Rev A 反向以码分为主,时分为辅,反向数据以子帧为单位发送,一个子帧占
4 个时隙。DSC 信道与 ACK 信道之间时分复用,然后与其他信道码分复用。反向业务信道
的子帧结构如图 4-6 所示。

3) 反向信道标识

反向信道使用 Walsh 来区分各个信道,使用长码来区分用户。

4.1.4　EV-DO Rev A 关键技术

1. HARQ

EV-DO Rel.0 只在前向引入了 HARQ 技术,EV-DO Rev A 系统在反向也引入了

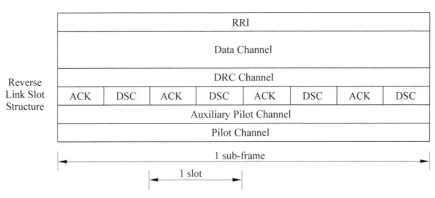

图 4-6 EV-DO Rev A 反向业务信道的子帧结构

HARQ 技术。

传统的 ARQ 技术都有一个共同的缺点：只对错误帧进行重传,本身没有纠错功能。为了节约系统资源,EV-DO 系统采用了融合信道编码的检纠错功能与传统 ARQ 重传功能的 HARQ。

1）前向 HARQ

Type-Ⅰ HARQ 将前向差错控制（Front Error Control,FEC）机制与 ARQ 结合起来：对于收到的数据帧,先进行译码和纠错,若能纠错,则接收该数据帧;否则,丢弃该数据帧,同时发送 NAK 应答,请求发送端重发该数据帧。Type-Ⅰ HARQ 只是简单地丢弃出错的数据帧,未能充分利用出错数据帧中包含的有用信息。

Type-Ⅱ HARQ 保存无法正确译码的数据帧,并与收到的重传数据帧进行合并并译码,以提高正确译码的概率。与 Type-Ⅰ HARQ 相比,实现 Type-Ⅱ HARQ 需要在接收端增加存储和合并处理能力。

由于 Type-Ⅱ HARQ 重传的数据帧与首次传送的数据帧完全相同,故其纠错能力提高有限。为了适应复杂无线链路条件下的可能性传送要求,EV-DO 的 HARQ 技术在 Type-Ⅱ HARQ 的基础上,引入了递增冗余译码机制。

EV-DO Rev A 系统前向引入了多时隙交织技术,多时隙数据分组的相邻两个传送间隔为 3 个时隙,间隔时隙可用于传送其他用户的数据分组。图 4-7 给出了前向使用 ACK 信道的 HARQ 示意图。

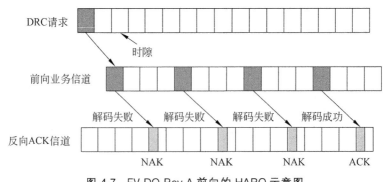

图 4-7 EV-DO Rev A 前向的 HARQ 示意图

一个数据包可以分为多个时隙发送,每 4 个时隙进行交织,允许 AT 提前终止传送的数据包时隙。上面的例子表明 AT 通过接收 4 个时隙后正确解调出其中的信息,在接收到第 4 个时隙内容后通过 ACK 信道发送 ACK 应答。

2) 反向 HARQ

EV-DO Rev. A 反向将 EV-DO Rel. 0 原有的 16-slots 帧,分为 4 个 4-slots 子包,以 3 个子包交织方式发送。

ARQ 信道由 3 位组成,包括 H-ARQ、L-ARQ 和 P-ARQ。H-ARQ 用于对前三个子帧的应答,L-ARQ 用于对第 4 个子帧的应答,P-ARQ 用于对整个物理包的应答。

2. 多用户调度

在 CDMA EV-DO 系统中,前向业务信道数据帧采用时分方式发送,每个时隙只能为某一用户提供服务(多用户包除外)。一个用户可以有多个流,每个流可以有多个队列,字节流根据不同属性进入不同的队列。

在 EV-DO 前向链路中,时隙资源是最宝贵的资源。为了提高时隙资源的利用率,EV-DO 系统将前向链路时隙在多用户之间进行分配,在每个时隙内,根据特定的多用户调度准则选择被服务用户进行服务。在 1x EV-DO 系统中,前向链路是采用 TDM 的方式服务所有 AT 的,链路被划分为 1.66ms 的时隙,每一个时隙在同一时刻只能服务一个用户。

在每个时隙,用户的所有队列中的字节根据优先级从大到小的顺序组成候选传输实例,调度器依据给定候选传输实例,结合当前空口环境支持的组包格式计算出每个用户包的优先级,通过比较包的优先级决定该时隙发送哪个用户的候选传输实例包。前向空口调度算法由基站芯片实现,用于判决特定时隙为哪一用户服务,参见图 4-8。

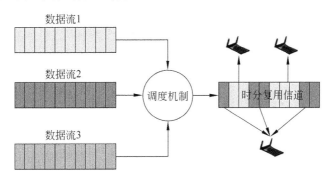

图 4-8　EV-DO Rev A 前向调度示意图

在 1x EV-DO 系统中,通过前向链路调度,可以获得较高的多用户分集增益,并提高系统的吞吐量。

常用的调度策略有以下几种。

(1) 公平轮询:最简单的调度策略可以采用轮询(Round robin)方式,即所有需要服务的 AT 按次序一个接一个接受服务,这是最公平的方案。

(2) 吞吐量最大化:DRC 值最大的手机在下一个时隙被服务,这样可以使整个扇区的吞吐量达到最大,但后果是信道环境不好的手机可能永远得不到服务,存在严重的不公平。

(3) 效率兼顾公平 P-fair(proportional fair)调度算法和 G-fair 调度算法:按照 P-fair 调度算法,每个 AT 被服务的机会与 AT 所要求的 DRC 成正比,与 AT 最近一段时间所接收的数据量成反比,这样达到一个相对的公平。调度算法对每一个用户维持一个变量,并且在每个时隙对它进行更新,整个算法可描述为调度和更新两个主要过程。

G-Fair 调度算法是 P-fair 调度算法的进一步发展。在 proportional fair 调度算法中,公平体现在调度算法分配给每个用户的吞吐量大致与用户的 DRC 要求成正比。而在实际应用中,我们可能需要用户签约等级、数据流类别等其他因素,更灵活有效的处理好公平与效率的关系。

3. 速率控制

1) 前向速率控制

EV-DO 提出了有效的前向链路速率控制算法,其实现框图如图 4-9 所示。

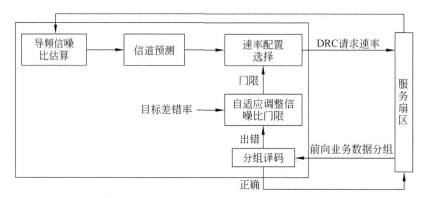

图 4-9　EV-DO Rev A 前向链路速率控制实现框图

前向链路速率控制包含以下几个步骤。

(1) 导频信噪比估算:在每个时隙,基站下发前向导频信号,终端通过解调计算前向导频的信噪比。

(2) 信道预测:结合过去一段时间内前向导频的信噪比估计,预测下一个时隙内前向导频的信噪比。

(3) 根据自适应调整的信噪比门限,用查表方法,获得下一个时隙内前向链路所能支持的最大传送速率。前向链路 SINR 与 DRC 申请速率之间的对应关系与终端的具体实现有关。一般的 EV-DO Rev A 商用终端所采用的对应关系,如表 4-1 所示。

表 4-1　前向链路 SINR 与 DRC 申请速率之间的对应关系

DRC index	Payload[bits]	Packet length[slots]	Data rate[kb/s]	SINR threshold[dB]
0	Null-rate DRC index is converted to DRC index=1(Nominal Rate=38.4 kb/s)			
1	1024	16	38.4	−11.35
2	1024	8	76.8	−9.15
3	1024	4	153.6	−6.5
4	1024	2	307.2	−3.85
5	2048	4	307.2	−3.75
6	1024	1	614.4	−0.35
7	2048	2	614.4	−0.55

DRC index	Payload[bits]	Packet length[slots]	Data rate[kb/s]	SINR threshold[dB]
8	3072	2	921.6	2.25
10	4096	2	1228.8	4.3
9	2048	1	1228.8	4.45
13	5120	2	1536	6.3
11	3072	1	1843.2	8.7
12	4096	1	2457.6	11.1
14	5120	1	3072	13

2）反向速率控制

EV-DO Rev A 反向链路速率控制的实现如图 4-10 所示。

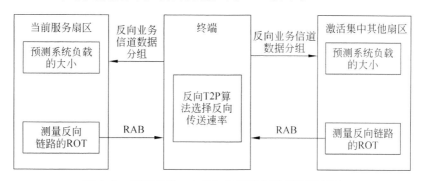

图 4-10　EV-DO Rev A 反向链路速率控制实现框图

反向链路速率控制包含以下几步。

（1）基站测量反向 ROT，并与事先设定好的门限比较，计算系统当前的负载水平，得到 RAB 值，AT 再根据 RAB 的值得到 QRAB 及 FRAB。

（2）基站通过 RA 子信道将 RAB 下发给本扇区终端。

（3）终端合并其激活集内所有基站下发的 RAB，并指示反向业务信道 MAC 协议按照 T2P 算法，选择反向业务信道的传送速率。

其中，反向 T2P 算法是 EV-DO Rev. A 新引入的反向速率控制及负荷控制算法。AN 根据扇区负荷状况决定 RA 比特，AT 根据 RA 比特计算每个激活流可用的 T2P（Traffic to Pilot Power Ratio）资源来控制其传输速率。在 EV-DO Rev A 中，Subtype3 RL MAC 协议通过对每个激活流的 T2P 资源控制来完成速率控制。这样，不同的流获得不同的发送速率，从而实现反向用户之间和用户多个激活 MAC 流之间的 QoS。

4. 虚拟软切换

EV-DO 系统的设计目标之一是为了支持非对称的高速突发分组业务。在设计 EV-DO 系统时，一方面要保证突发数据传送所需要的较高的瞬时带宽；另一方面要通过多个用户分时共享基站发射的全功率以提高系统容量。因此，在综合平衡系统容量和降低信令开销等性能要求后，EV-DO 系统采用了虚拟软切换技术。与软/更软切换相比，虚拟软切换降低了切换信令开销,但无法提供与软/更软切换类似的宏分集增益。

为了降低高速实时性业务分组传送时虚拟软切换所带来的切换时延,EV-DO Rev A 特别引入了 DSC 信道。

虚拟软切换原理是:在每个时隙内,终端连续测量激活集内所有导频的信噪比,从中选择信噪比最大的基站,作为自己的当前服务基站。终端发送 DRC 和 DSC 信道,DSC 信道用于指示切换目标基站是哪个,DRC 信道由服务扇区的 DRCCover 及期望的前向发送速率 DRCVavlue 两部分组成。

虚拟软切换的关键信令、前向数据流的有关情况如图 4-11 所示。

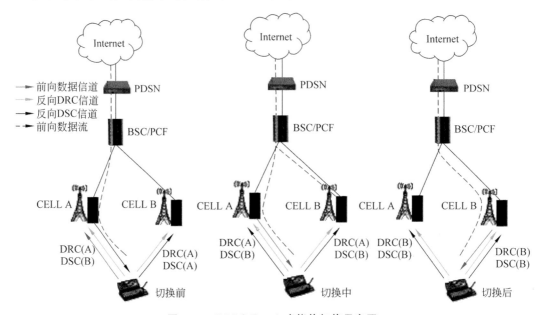

图 4-11　EV-DO Rev A 虚拟软切换示意图

如图 4-11 所示,当手机搜索到小区 B 的 C/I 超过小区 A 后,DSC 信道率先由 A 变为 B,以指示 BSC 提前为小区 B 的数据队列准备好待发送数据。当 DRC Cover 真正改变时,目标基站已经准备好前向数据,可以无中断地直接向终端发送前向数据,从而大大缩小虚拟软切换的时延。

注意,在每个时隙内,终端只能与当前服务扇区进行前向数据通信。

5. 功率控制

EV-DO 前向链路以时分为主,码分为辅,不存在功率控制。

EV-DO 反向链路以码分为主,时分为辅,要求采用功率控制,以抑制多用户干扰的影响。

反向功控的作用对象为 AT,可分为开环功控和闭环功控,其中反向闭环功控又分为反向外环功控和反向内环功控。

1) 反向开环功控

开环功控:终端在试探子状态时开始对终端发射功率进行开环估计,使得终端的发射试探能够以最小的功率被 BTS 解调。开环发射功率主要根据前向接收的功率估计反向的发射功率,其估计算法跟信道的类型、RC 值、基站反射功率、RSSI 等有关。

反向开环功率算法根据前向接收到的 BTS 发射功率估计反向需要使用的发射功率，AT 从刚开始接入时的始发试探子状态开始进行开环功控，当手机发起接入试探时，将根据前向接收信号的强度来估计发送第 1 个接入试探的功率 X_0，定义为：

$$X_0 = -\text{平均接收功率 Rx(dBm)} + \text{OpenLoopAdjust} + \text{ProbeInitialAdjust}$$

手机发送第 i 个试探的功率 $X_i = X_0 + (i-1) \times \text{PowerStep}$。其中参数 OpenLoop-Adjust、ProbeInitialAdjust 和 PowerStep 都来自接入参数消息 AccessParameters Message。

值得注意的是，开环功控不仅在接入过程中用来调整接入信道中导频信道的功率，在反向业务信道的发送中，反向导频信道的初始功率等于接入信道最后一个 Probe 的导频信道平均发射功率。反向业务信道传送过程中，还需要根据当前前向平均接收功率，相对于接入最后一个接入 Probe 时刻前向平均接收功率的变化对反向导频信道的功率进行调整。

2) 反向闭环功控

当手机进入业务态以后，为了尽可能地提高网络的反向吞吐量，同时又能使网络能够稳定运行，需要有一种机制能合理控制终端的发射功率。闭环功控是在开环估计的基础之上完成的。闭环功控又分为外环功控和内环功控，参见图 4-12。

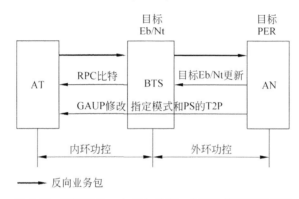

图 4-12　EV-DO Rev A 反向外环、内环功控原理示意图

反向闭环功控通过设置反向 PER 为一设定值，根据系统的负荷来调整终端的发射功率，来保障系统正常运行。由于 AN 的功控是在 BSC 和 BTS 两个部分实现的，因此，反向闭环功控又分为反向外环功率控制和反向内环功率控制，其中反向外环功控的控制块是 BSC，反向内环功控的控制块是 BTS。

反向闭环功控的对象是反向导频信道，反向业务信道、DRC 信道、DSC 信道、RRI 信道和 ACK 信道的功率是通过相对于反向导频信道的偏置来确定的。通过对反向导频信道的功率调整，反向其他信道的功率也随之会调整。

反向业务信道的功率直接由反向业务信道物理层包大小以及包的发送模式来决定，相关参数表中规定了不同包长使用不同发送模式时业务信道使用的 T2P 的值。

反向外环功控通过调整功控阈值（Power Control Threshold，PCT）来维持接收到的反向导频信号的信噪比，从而保证一定的误包率（PER）。当业务信道建立后，反向外环功控开始起作用，BSC 首先从 BTS 发送的反向包中获取相关信息（CRC 校验是由 BTS 的芯片判决的），了解到该包是误包还是好包，然后调整 PCT 的值，通过前向包携带给 BTS。

反向内环功控在 BTS 执行，在 EV-DO Rel.0 中反向内环功控是根据每帧的好坏进行判断。而 EV-DO Rev A 中由于反向引入 ARQ 机制，基于每个子帧的终止目标作判断，功控速率为 150Hz。

BTS 通过前向的 RPC 信道向手机发送功控比特,功控比特为 0 表示提高一个步长(RPCStep)的功率,为 1 表示降低一个步长的功率。其中 RPCStep 为 0.5dB 或 1dB,在反向业务信道 MAC 协议协商时的 PowerParameters 属性表里定义。当手机处于软切换时,各分支下发的功控比特是一样的,手机对功控比特进行最大比合并;当手机处于软切换状态时,如果各分支下发功控比特不一致,则只要有一个分支下发的 RPC 为 1,手机就降低功率。

6. 反向静默

1) 反向链路静默

EV-DO Rev A 技术提供了反向静默的功能,通过在 SectorParameters 消息中下发反向链路寂静周期(Reverse Link Silence Period)和反向链路寂静时长(Reverse Link Silence Duration)两个参数,扇区下所有 AT 将按照规定的周期,在特定时刻同时停止反向传输和接入探测一段时间,系统可以在这段时间内测量更新扇区底噪,作为反向负荷控制的依据。

2) 接入探测发送和静默周期

AT 在发送探测序列的第 1 个探测时,在进行持续性检测之前还要先进行静默区间测试。AT 根据扇区参数消息决定反向链路静默区间周期和持续时间。

接入信道周期开始时,如果接入探测的传送与反向链路静默区间不重叠,则允许 AT 发送接入试探,否则 AT 等待下一个满足条件的接入信道周期。具体过程为:在每个探测序列中,AT 发送完一个接入探测,需要等待随机一段时间 T_p,前一接入探测结束后 T_p 时隙开始的新探测,若它的任一部分与反向链路静默区间有重叠,则 AT 应重新产生一个落在 [0, ProbeBackoff] 间的伪随机数(ProbeBackoff 表示探测的退避时间,通常为 4 个接入信道周期),再重新计算 T_p;如果与反向链路静默区间没有重叠,AT 在前一接入探测结束后的 p 时隙发送下一接入探测。

4.2 WCDMA 系统

4.2.1 概述

1. WCDMA 标准的提出

20 世纪 90 年代初期,欧洲电信标准协会(ETSI)就开始为 3G 标准征求技术方案,并将 3G 技术称为通用移动通信系统(UMTS)。宽带 CDMA 建议是多种方案之一。1998 年,日本和欧洲在宽带 CDMA 建议的关键参数上取得一致,使之正式成为 UMTS 体系中频分双工(FDD)空中接口的入选技术方案,并称为 WCDMA。

WCDMA 系统支持宽带业务,可有效支持电路交换业务(如 PSTN 和 ISDN)、分组交换业务(如 IP 网)。灵活的无线协议可在一个载波内同时支持话音、数据和多媒体业务,并通过透明或非透明传输块来支持实时业务和非实时业务。作为一个完整的 3G 移动通信技术标准,UMTS 不仅定义了空中接口,而且还包括接入网络和分组核心网络等一系列技术规范和接口协议。

2. WCDMA 的技术特点

WCDMA 由于技术的先进性,所以与以前的 GSM 等移动通信方式相比,具有以下技术特点:

(1) 更大的系统容量。WCDMA 由于自身的带宽较宽,抗衰落性能好,上下行链路实现相干解调,大幅度提高链路容量。WCDMA 系统采用快速功率技术,使发射机的发射功率总是处于最小的水平,从而减少了多址干扰,提高了系统容量。

(2) 更多的业务种类。WCDMA 系统可以提供和开展的业务种类非常丰富,分为两大类: CS 域业务和 PS 域业务。

其中 CS 域业务主要包括基本电信业务、语音特服紧急呼叫、补充业务、点对点短消息业务、电路型承载业务、电路型多媒体业务、智能网业务。PS 域业务主要包括 PS 域的短消息业务、移动 QICQ 、移动游戏、移动冲浪、视频点播、手机收发 E-mail、智能网业务等。

(3) 更高的数据速率。具有支持多媒体业务的能力,特别是支持 Internet 业务。

现有的移动通信系统主要以提供语音业务为主,一般能提供 $100\sim200$kb/s 的数据业务。GSM 演进到最高阶段,能提供 384kb/s 的数据业务。而第三代移动通信的业务能力比第二代有明显的改进,支持话音数据和多媒体业务,并且可根据需要提供带宽。第三代移动通信无线传输技术满足以下 3 种要求。

① 快速移动环境:最高速率达 144kb/s。

② 室外到室内或步行环境:最高速率达 384kb/s。

③ 室内环境:最高速率达 2Mb/s。

(4) 更好的无线传输。无线信道是一种较恶劣的通信介质。由于它的特性难以预测,因此一般根据实际测量的数据,以统计的方法来表征无线信道的模型。

要在衰落信道中实现良好的性能,采用分集技术非常关键。在 WCDMA 中,仿真结果表明,衰落信道情况下,发射分集可以改善性能 $1\sim2$dB。因此通过采用发射分集技术,可以更有效地保证无线传输的质量。

在无线传输中,频率选择性衰落和多径是一种普遍现象。WCDMA 是宽带信号。信号带宽是 5MHz。宽带信号可以更好地抗频率选择性衰落,保证传输性能。另外,由于 WCDMA 的带宽更宽,因此它具有更好的多径接收处理能力。

(5) 更高的语音质量。WCDMA 采用 AMR 语音编码技术,语音传输速率最高达到 12.2kb/s。R99 WCDMA 的带宽达到 5MHz,使其具有更大的扩频因子,从而带来更大的处理增益。

另外,WCDMA 采用发射分集技术,有效改善下行链路的接收性能,并通过交织和卷积编码技术来有效保证传输误码率。

通过采用这些技术,使 WCDMA 网络语音质量接近固定网的语音质量。

(6) 更低的发射功率。由于 WCDMA 的带宽达到 5MHz,使其扩频因子可以更高,带来更大的接收机处理增益,使 WCDMA 系统具有更高的接收灵敏度,终端需要的发射功率可以很低。

另外,通过采用快速功率控制技术,可以降低发射功率。软切换提高业务信道接收增益,也可以降低终端发射功率的要求。

4.2.2　WCDMA 标准的演进

WCDMA 是 IMT—2000 家族最主要的 3 种技术标准之一,其标准化工作由 3GPP 组织完成。WCDMA 版本的演进过程也是一个技术和业务需求不断提高的过程。WCDMA 标准经过多年发展,已渐趋成熟。到目前为止,主要有 5 个版本,即 3GPP R99、3GPP R4、3GPP R5、3GPP R6 和 3GPP R7。

1. 3GPP R99

3GPP R99 版本功能于 2000 年 3 月确定,标准已相当完善,后续版本都与 3GPP R99 版兼容。

与现有的 2G 或 2.5G 移动网络相比,3GPP R99 版本发生了根本性变化,它引入了全新的接入网——通用地面无线接入网络(UTRAN),空中接口技术采用 WCDMA。而核心网部分,3GPP R99 版本在网络结构上继承了广泛采用的第二代移动通信系统——GSM/GPRS 核心网结构。同时,3GPP R99 采用了分组化传输,更有利于实现高速移动数据业务的传输。

1) 3GPP R99 标准的体系结构

3GPP R99 在新的工作频段上引入了基于每载频 5MHz 带宽的 CDMA 无线接入网络,它主要由无线接入网和核心网两部分组成。无线接入网由用户设备(UE)、Node B 和无线网络控制器(RNC)组成,同时引入了适于分组数据传输的协议和机制,数据速率可支持 144kb/s 和 384kb/s,理论上可达 2Mb/s。3GPP R99 核心网络在网络结构上与 GSM 保持一致,其电路域(CS)仍采用 TDM 技术,分组域(PS)则基于 IP 技术来组网。

3GPP R99 标准的体系结构如图 4-13 所示。

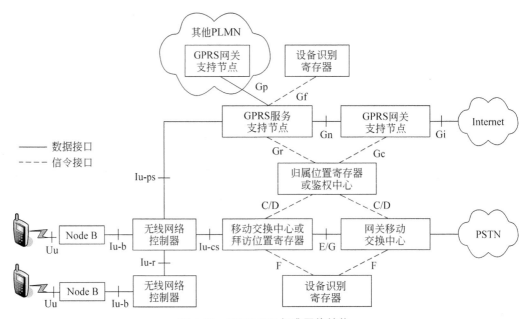

图 4-13　3GPP R99 标准网络结构

(1) 无线接入网。无线接入网由 UE、RNC 和 Node B 组成。UE 是用户终端设备,它主要包括射频处理单元、基带处理单元、协议栈模块以及应用层软件模块等;UE 通过 Uu 接口与网络设备进行数据交互,为用户提供电路域和分组域内的各种业务功能,包括普通话音、宽带话音、移动多媒体、Internet 应用(如 E-mail、WWW 浏览和 FTP 等)。

RNC 是 RNS 的控制部分,负责对各种接口的管理,承担无线资源和无线参数的管理。主要功能包括系统信息广播与接入控制功能、切换、RNC 迁移、功率控制、宏分集合并、无线资源分配及管理等功能。

Node B 是 WCDMA 系统的基站,受 RNC 控制,由一个或多个小区的无线收发信设备组成,完成 RNC 与无线信道之间的编码转换,实现空中接口与物理层间的相关处理如无线信道编码、交织、速率匹配和扩频等,并完成一些无线资源管理功能。

(2) 核心网。3GPP R99 核心网主要包括移动交换中心(MSC)/拜访位置寄存器(VLR)、GPRS 服务支持节点(SGSN)、GPRS 网关支持节点(GGSN)、归属位置寄存器(HLR)/鉴权中心(AUC)和设备识别寄存器(EIR)。

移动交换中心是网络的核心,它提供交换功能,把移动网络用户与固定网络用户连接起来,或者把移动用户互相连接起来。MSC 为用户提供各种业务,它对位于其管辖区域中的移动台进行控制、交换,并为所管辖区域中 MS 呼叫接续所需检索信息的数据库。拜访位置寄存器存储进入其覆盖区中的移动用户的位置信息。

GPRS 服务支持节点用于执行移动性管理、安全管理、接入控制和路由选择等功能。GPRS 网关支持节点负责提供 GPRS/PLMN 与外部分组数据网的接口,并提供必要的网间安全机制(如防火墙)。

归属位置寄存器存储与用户有关的数据,包括用户的漫游能力、签约服务和补充业务,它还为移动交换中心提供移动台实际漫游所在地的信息,这样就使任何来话呼叫立即按选择的路径发送给被叫用户。每个移动用户都应在其归属位置寄存器中注册登记。鉴权中心存储保证移动用户通信隐私的鉴权参数等必要信息。在用户的安全机制上,GSM 由 AuC 提供鉴权三元组,采用 A3/A8 算法对用户进行鉴权及业务加密;3GPP R99 由 AuC 提供鉴权五元组,定义了新的用户加密算法,并采用认证令牌机制增强用户鉴权机制的安全性。

设备识别寄存器是一个数据库,存储有关移动台设备参数,主要完成对移动设备的识别、监视和闭锁等功能,通过对照禁止使用网络的某个或者成批的移动台号码的清单,来禁止某些非法移动台的使用。此外,3GPP R99 核心网还包括一些智能网设备和短消息中心等设备。

2) 3GPP R99 标准的特点与功能

3GPP R99 系统采用分组域和电路域分别承载与处理的方式接入 PSTN 和公用数据网。3GPP R99 标准比较成熟,充分考虑了对现有产品的向下兼容及投资保护。

3GPP R99 版本的主要功能包括无线接口采用 WCDMA 技术,采用 AMR(自适应多速率)的编码技术、快速功率控制技术和软切换技术。在核心网内部的接口上,3GPP R99 和 GSM/GPRS 非常相似,只是在部分接口与功能上,3GPP R99 网络有所增强。3GPP R99 引入了新的 Iu 和 Iu-b 接口,新增了 Iu-r 和 Gs 接口,而且 Iu、Iu-b 和 Iu-r 接口均开放,采用 ATM 和 IP 方式传输数据;在业务能力上,3GPP R99 网络所提供的业务和 GSM/GPRS 相比要丰富得多。例如在 3GPP R99 中,增加了对短消息的 CAMEL 业务和 GPRS 业务的控制;3GPP R99 系统对业务的提供更加灵活,例如短消息业务既可以通过电路域实现,也可以通过分组域实现,网络可根据实际情况灵活选择;开放业务 VHE/OSA 等;为了更好地支持各种业务的传输,3GPP R99 网络采用宽带分组交换技术(如 ATM);在传输方面,既可以采用 TDM 这种传统的传输方式,也可以采用 ATM 传输。

3GPP R99 也存在如下缺点:核心网由于考虑向下兼容,其发展滞后于接入网,接入网已分组化的 AAL2 话音仍须经过编解码转换器转化为 64kb/s 电路,降低了话音质量,导致核心网的传输资源利用率低;核心网仍采用过时的 TDM 技术,虽然技术成熟,互通性好,价格合理,但在未来发展中存在技术过时、厂家后续开发力度不够、备品备件不足和新业务跟不上等问题。

3GPP R99 核心网只是为 2G 向 3G 系统过渡而引入的解决方案,真正的 WCDMA 系统核心网是全 IP 核心网,目前在 R4 和 R5 标准中已制定了解决方案。

2. 3GPP R4

3GPP R4 版本功能于 2001 年 3 月确定,标准已相当完善。在 3GPP R4 网络中,核心网的电路交换域被分成两层,它们是控制层和连接层。控制层负责控制呼叫的建立、进程的管理和计费等相关功能,连接层主要用来传输用户的数据。关于分组交换域,3GPP R4 和 3GPP R99 没有区别。由于分层结构的引入,可以采用新的承载技术(如 ATM 和 IP)来传输电路域的语音和信令。由于分组交换域的传输是建立在 ATM 或 IP 网络上,因而运营商可以用同一个网络来传输所有业务。

1)3GPP R4 标准的体系结构

在核心网电路域部分,3GPP R4 版本针对 3GPP R99 基于 TDM 的电路核心网进行了很大改进,提出与承载无关的电路交换网络(BICSCN)概念,主要体现在网络采用分层开放式结构、呼叫控制与承载层相分离、话音和信令分组化,进而使网络由 TDM 中心节点交换型演进为典型的分组话音分布式体系结构。话音分组化,以数据包的方式承载,并由 ATM 或 IP 网络来传输电路域的语音和信令。因此,接入网与核心网话音承载方式均由分组方式实现。

3GPP R4 与 3GPP R99 版本相比较,在无线接入网的网络结构方面无明显变化,重要的改变是在核心网方面,主要体现在 3GPP R4 版本在电路域完全体现了 NGN 的体系构架思想,引入软交换的概念,实现控制和承载分开。3GPP R4 的 CS 域将 MSC 分为 MSC 服务器和媒体网关(MG),将网关移动交换中心(GMSC)分为 GMSC 服务器和 MG。MSC 服务器和 GMSC 服务器承担控制功能,主要完成呼叫控制、媒体网关接入控制、移动性管理、资源分配、协议处理、路由、认证和计费等功能;MG 执行实际的用户数据交换和跨网处理,各实体之间提供标准化的接口,主要完成将一种网络中的媒体格式转换成另一种网络所要求的媒体格式。除了 MSC 服务器和 MG 外,其他 3GPP R4 版本的核心网设备,如 HLR、VLR、SGSN 和 GGSN 等都继承了 3GPP R99 的功能。3GPP R4 标准的体系结构如图 4-14 所示。

3GPP R4 的无线接入网结构没有改变,只是在一些接口协议的特性和功能上有所增强,如对 Iu-b 和 Iu-r 连接的 QoS 优化,改进了对实时业务的支持;Iu 上无线接入承载的 QoS 协商,确保无线资源被更有效地利用;对 Iu-r 和 Iu-b 接口的无线资源进行管理优化,提高 UTRAN 效率,改进服务质量等。

2)3GPP R4 的特点与功能

3GPP R4 的特点是将控制与承载分开,软交换 MSC 服务器为其控制节点,从 RNC 处将控制流与信息流分开,信息流经过网关进入 IP 承载网,控制信息到 MSC 服务器,进入控制层。与 3GPP R99 相比,3GPP R4 版本中的 WCDMA 系统核心网设备在选择多种的承载

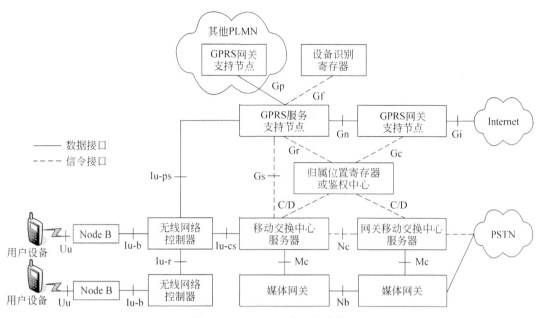

图 4-14　3GPP R4 的网络结构

网络以及建立承载方式上有很大的自由度。

3GPP R4 在电路域核心网中主要引入了基于软交换的分层架构,将呼叫控制与承载层相分离,通过 MSC 服务器,MG 将语音和控制信令分组化,使电路交换域和分组交换域可以承载在一个公共的分组骨干网上。3GPP R4 主要实现了语音、数据和信令承载的统一,这样可以有效地降低承载网络的运营和维护成本;而在核心网中采用压缩语音的分组传输方式,可以节省传输带宽,降低建设成本;由于控制和承载分离,使得 MG 和服务器可以灵活放置,提高了组网的灵活性,集中放置的服务器可以使业务的开展更快捷。此外,由于 3GPP R4网络主要是基于软交换结构的网络,为向 R5 的顺利演变奠定了基础。

3GPP R4 的主要功能包括为电路域各实体间提供标准化接口,MSC 服务器通过 H.248 控制 MG 完成媒体间的转换;信令可用 IP 承载;语音分组化实现了网络带宽动态分配,并且对带宽要求有所下降。

与 3GPP R99 相比,3GPP R4 业务趋向实时化和多样化,主要包括实时传真、PS 域实时业务切换、多媒体消息服务、面向分组数据服务的运营者决定的闭锁业务、在端到端应用透明的 PS 域流业务;定位业务的增强;VHE 概念智能业务的增强等。

TD-SCDMA 无线接口技术在 3GPP R4 阶段被 3GPP 所接纳。

3. 3GPP R5

随着数据业务的增长和无线互联网的应用,WCDMA 的网络结构逐渐向全 IP 化方向发展,先是核心网,然后是全网 IP 化,R5 成为全 IP 的第一个版本。

3GPP R5 版本功能于 2002 年 6 月确定。R5 阶段接入网部分采用全 IP,核心网部分主要是引入了 IMS 域,它是基于 PS(分组域)之上的多媒体业务平台,用于提供各种实时的或非实时的多媒体业务。R5 的早期仍然保留电路域,话音由其实现;到后期 CS 和 PS 将完全融合,所有业务由 IP 承载,全网从接入到交换实现全 IP 化。R5 阶段只完成了 IMS 子系统的基本功能的描述,大量内容有待于在 R6 中解决。

3GPP R5 在接入网部分通过引入 IP 技术实现端到端的全面 IP 化。这些技术包括 HSDPA(高速下行链路数据分组接入)技术,其峰值数据速率可高达 8~10Mb/s,时延更小; UE 定位增强功能,3GPP R5 提供了更多的支持定位业务的实现手段。

在核心网,3GPP R5 协议引入了 IP 多媒体子系统(IMS)。IMS 叠加在分组域网络之上,支持 PS 域 IP 业务的标准化方案,由 CSCF(呼叫状态控制功能)、MGCF(媒体网关控制功能)、MRF(媒体资源功能)和 HSS(归属用户服务器)等功能实体组成,如图 4-15 所示。

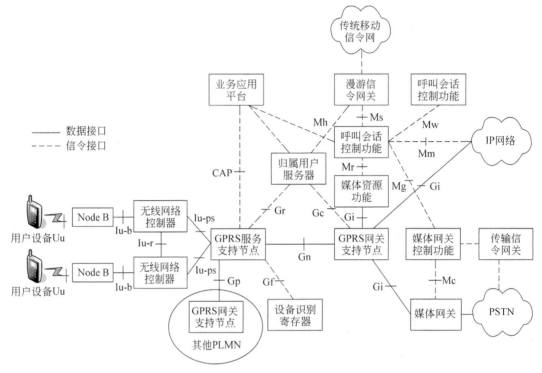

图 4-15 3GPP R5 的网络结构

在 3GPP R5 网络结构中,呼叫控制部分是最重要的功能。CSCF、MGCF、R-SG(漫游信令网关)、T-SG(传输信令网关)、MG 和 MRF 共同完成呼叫控制和信令功能。CSCF 与 H.323 或 SIP 服务器相似。此体系结构是一个通用结构而不是基于一个具体的 H.323 或 SIP 的呼叫控制解决方案。

HSS 替代了原有的 HLR,它包含原有 HLR 和 AuC 的功能并对其进行了扩展。HSS 是网络中移动用户的主数据库,存储与网络实体完成呼叫/会话处理相关的业务信息(如用户标识符、编号和寻址信息)、用户安全信息(鉴权和认证等网络接入控制)、用户位置信息以及用户基本数据信息。HSS 和 HLR 一样,负责维护和管理有关用户的识别码、地址信息、安全信息、位置信息和签约服务等用户数据。与 IP 多媒体网络通信有关的信令只能通过 CSCF, 而业务则直接通过 GGSN 就可。

MG 可以作为终节点处理来自电路交换网的承载信道或分组网的数据流。MG 支持媒体转换、承载控制和负荷处理(如编解码、回声抑制和会议桥接等)。在 IMS 中 MG 还要与 MGCF 进行交互以完成资源控制的功能。

SG 完成 SS7 网络和 IP 网络之间的传输层信令转换。SG 并不解析应用层信令消息（如 MAP、CAP、BICC 或 ISUP 等），但可以解析低层的 SCCP 或 SCTP 等信令以便选择正确的路由。

MRF 控制媒体流资源，或者混合不同的媒体流。CSCF 是与 IMS 终端进行首次接触的节点，完成人呼叫网关功能、呼叫业务触发功能和路由选择功能，是最主要的软交换控制实体；MGCF 负责处理协议的转换、控制来自 CS 域的业务等，它根据被叫号码和来话情况选择 CSCF，并完成 PSTN 和 IMS 之间呼叫控制协议转换以及控制 IMS 的媒体网关（IM-MG）通道的呼叫状态。MRF 与所有业务承载实体协调业务承载事宜，而与 CSCF 协商信令承载事宜。MRF 提供媒体混合、复用以及其他处理功能。

CSCF 负责对用户多媒体会话进行处理，其功能包括多媒体会话控制、地址翻译以及对业务协商进行服务转换等。CSCF 实现了多媒体呼叫中主要的软交换控制功能，与 IETF 架构中的 SIP 服务器类似。CSCF 根据功能的不同，分为代理 CSCF、服务 CSCF、查询 CSCF。

MGCF 控制与 IM-MG 中媒体信道连接控制有关的呼叫状态并且与 CSCF 通信，根据其他网络来话路由号码选择 CSCF，完成 ISUP 和 IMS 呼叫控制协议的转换，接收信息并转发到 CSCF/IM-MG。

与其他网络（如 PLMN、其他分组数据网、其他多媒体 VoIP 网络和 2G 继承网络 GSM）的互连互通由 GGSN、MGCF、MG、R-SG 和 T-SG 协同完成。其他 PLMN 网络与 3GPP R5 网的信令和业务接口是其 GPRS 实体。CSCF 作为一个新的实体通过信令也参与此过程。到继承网络的信令通过 R-SG、CSCF、MGCF、T-SG 和 HSS，而与 PSTN 网络的业务承载接口通过 MG。

3GPP R5 版本中 IMS 的引入，为开展基于 IP 技术的多媒体业务创造了条件。R5 主要提供端到端的 IP 多媒体业务，除原有 CAMEL 和 OSA 业务外，新增加了支持 SIP 业务的功能，如 VoIP、PoC、即时消息、MMS、在线游戏以及多媒体邮件等。同时，为解决 IP 管理问题，IMS 引入了 IPv6。

4. 3GPP R6

到了 3GPP R6 版本阶段，网络架构方面已没有太大的变更，主要是增加了一些新的功能特性，以及对已有功能特性的增强。3GPP R6 版本功能于 2004 年 12 月确定。

在 R6 版本中，UMTS 移动网为 PTT（一键通）业务提供承载能力，PTT 业务应用层规范由 OMA（开放移动联盟）制定；用户经过 WLAN 接入时可与 UMTS 用户一样使用移动网业务，有多个互通层面，包括统一鉴权、计费、利用移动网提供的 PS 和 IMS 业务、不同接入方式切换时业务不中断；多个移动运营商共享接入网，且有各自独立的核心网或业务网。

3GPP R6 版本的新增功能如下。

（1）引入 HSUPA。HSDPA 属于 R5 中的内容，主要用于增强下行分组域的数据速率；在 R6 中，3GPP 完成了 HSUPA 标准的制定。HSUPA 主要是用于增强上行分组域的数据速率。

（2）多媒体广播和多播。网络需要增加广播和多播中心功能实体，多媒体广播和多播（MBMS）业务对用户终端、接入网以及核心网均有新的需求，并需要对空中信道、接入网和核心网接口信令进行修改。

（3）增强空中接口，支持不同频率的 UMTS 系统，包括 UMTS850、UMTS800、

UMTS1.7/2.1GHz,增强不同频率和不同系统间的测量。

(4) 基于 PS 和 IMS 的紧急呼叫业务,改变仅电路域支持紧急呼叫业务的现状,提出 IMS 紧急呼叫业务,对 PS 有一定的影响。

(5) 定位业务增强。支持 IMS 公共标识,伽利略卫星系统应用于定位业务研究、UE 定位增强、开放式移动定位服务中心——服务无线电网络控制器接口。

(6) 增强 RAN。从 UTRAN 到 GERAN(GSM/EDGE 无线接入网)网络辅助的小区改变对网络的影响、天线倾角的远端控制、RAB 支持增强、Iu-b/Iu-r 接口无线资源管理的优化。

(7) IMS(IP 多媒体子系统)第 2 阶段。这是在 R5 IMS 第 1 阶段基础上提供的新特性,它包括 IMS 本地业务/Mm 接口(UE 与外部 IP 多媒体网之间的互通)、IMS 与 CS 互通、Mn 接口(IM-MG 与 MGCF 之间)增强、Mp 接口(MRFC 与 MRFP 之间)协议定义、R6 监听的需求和网络框架、PDF 与 P-CSCF 之间的 Gq 接口策略控制、基于 IPv4 与基于 IPv6 的 IMS 互通和演进、Cx 和 Sh 接口增强、IMS 群组管理、IMS 附加 SIP 能力、IMS 会议业务、IMS 消息业务。

(8) 基于不同 IP 连接网的 IMS 互通。3GPP IMS 用户与 3GPP2 IMS、固网 IMS 等用户之间的互通。

(9) Push 业务。网络主动向用户 Push 内容,根据网络和用户的能力推出多种实现方案。

(10) 在线、实时了解用户的状态和可及性等信息。

(11) 增强安全。基于 IP 传输的网络域安全,应用 IPSec 等安全技术。

(12) WLAN-UMTS 互通。用户经过 WLAN 接入时可与 UMTS 用户一样使用移动网业务,有多个互通层面,包括统一鉴权、计费、利用移动网提供的 PS 和 IMS 业务、不同接入方式切换时业务不中断。

(13) 优先业务。指导电路域优先业务的实现,分组域和 IMS 优先业务将来考虑。

(14) 网络共享。多个移动运营商共享接入网,有各自独立的核心网或业务网。

(15) 增强 QoS,提供端到端 QoS 动态策略控制增强。

(16) 计费管理。WLAN 计费、基于 IP 流的承载计费和在线计费系统。

(17) PoC(无线一键通)。UMTS 移动网为 PTT 业务提供承载能力。PTT 业务应用层规范由 OMA 制定。

5. 3GPP R7

3GPP 在 R7 版本主要继续 R6 未完成的标准和业务(如 MIMO 技术,包括多种 MIMO 实现技术等),支持通过 CS 域承载 IMS 话音,通过 PS 域提供紧急服务,提供基于 WLAN 的 IMS 话音与 GSM 网络的电路域的互通,提供 xDSL 和 Cable Modem 等固定接入方式。同时,引入 OFDM,完善 HSDPA 和 HSUPA 技术标准。

随着用户对多业务需求的不断提高,WCDMA 标准在不同的版本中引入很多新业务,使业务向多样化、个性化方向发展。代表性的业务有虚拟归属环境概念、引入基于 IP 的多媒体业务及其他形式多样的补充业务等。

WCDMA 系统的整体演进方向为网络结构向全 IP 化发展,业务向多样化、多媒体化和个性化方向发展,无线接口向高速传输分组数据发展,小区结构向多层次、多制式重复覆盖方向发展,用户终端向支持多制式、多频段方向发展。

4.2.3 WCDMA 的空中接口

1. 概述

无线接口指用户设备(UE)和网络之间的 Uu 接口。

1) Uu 接口协议结构

无线接口从协议结构上可以划分为三层,即物理层 L1、数据链路层 L2 和网络层 L3,参见图 4-16。

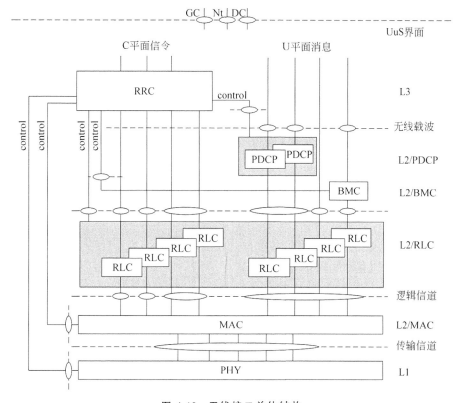

图 4-16 无线接口总体结构

其中第 2 层分为媒体接入控制层(MAC)、无线链路控制层(RLC)分组数据汇聚层(PDCP)和广播/多播控制层(BMC)。

第 3 层和第 2 层划分为控制面(C-plane)和用户面(U-plane)。其中 PDCP 和 BMC 只属于用户面。在控制面层 3 划分为多个子层。其中最底层就是无线资源管理(RRC 层)。RRC 层属于接入层(AS),而其上面的移动性管理(MM)和呼叫控制(CC)则属于非接入层 NAS。

RLC 和 MAC 之间的业务接入点(SAP)提供逻辑信道,物理层和 MAC 之间的 SAP 提供传输信道。RRC 与下层的 PDCP、BMC、RLC 和物理层之间都有连接,用以对这些实体的内部控制和参数配置。

无线接口中传送的信令主要有两类:一类是由 RRC 产生的信令消息,另一类是由高层产生的 NAS 消息。

2）Uu 接口各层的主要功能

（1）物理层提供的服务和功能。

物理层主要是为 MAC 层和高层提供信息传输。物理层提供的服务可以按照使用何种特性和何种方式在空中传输信息来描述。从 MAC 层来看，物理层提供的服务可以按照传输信道来划分。不同的传输信道提供不同的信息传送机制。

传输信道有如下几种类型。

① 随机接入信道（RACH）：是一个上行的公共信道，用来传输相对短小的数据包，比如初始接入信息、非实时控制信息和用户信息。

② 公共分组信道（CPCH）：也是一个上行公共信道，用来传送一些突发的数据包。

③ 前向接入信道（FACH）：是一个下行的公共信道，用来传送相对短小的数据包。

④ 下行共享信道（DSCH）：用来承载专用控制或用户信息。

⑤ 广播信道（BCH）：下行信道，用来在整个小区广播系统消息。

⑥ 寻呼信道（PCH）：用来在下行方向传送寻呼和通知信息。

⑦ 专用信道（DCH）：是双向信道，为每个用户所专用。用来传送用户数据和高层控制信息。

物理层的功能主要有：

① 宏分集的分离和合并以及软切换的执行；

② 传输信道的差错检测；

③ 传输信道的交织/去交织以及前向差错检测编解码；

④ 传输信道的复用和 CCTrCH 的解复用；

⑤ 速率匹配；

⑥ 复合传输信道至物理信道的映射；

⑦ 功率权重的调整和物理信道的合成；

⑧ 物理信道的扩频/解扩调制/解调；

⑨ 频率和时间（码片、比特、时隙、帧）同步；

⑩ 测量和测量结果报告（FER、SIR、干扰功率、发射功率）。

（2）MAC 层提供的服务与功能。

MAC 层向上层提供的服务如下所示。

① 数据传输：在对等 MAC 之间，按照非确认方式传送 MAC SDU，不提供任何分段功能，数据的分段/复用由高层实现；

② 无线资源和 MAC 参数的重分配：按照 RRC 的要求执行无线资源的重分配和 MAC 参数的更改；

③ 测量结果报告：向 RRC 层报告测量结果。

MAC 层的功能主要有：

① 逻辑信道至传输信道的映射；

② 根据当前无线资源状况为每个传输信道提供相应的传输格式；

③ 对每个 UE 的数据流的优先级处理；

④ 对不同 UE 数据流的优先级处理；

⑤ 在公共信道上为 UE 提供标识；

⑥ 高层 PDU 的复用/解复用；

⑦ 流量监测;

⑧ 传输信道类型的转换;

⑨ 数据的加密;

⑩ RACH 发送的接入服务等级 ASC 选择。

(3) RLC 层提供的服务和功能。

RLC 层向上层提供如下的服务。

① RLC 连接建立/释放:执行建立/释放 RLC 连接功能。

② 非证实数据传送:在传输高层 PDU 时,不需要对端实体的证实,当 RLC 层接收到错误的 SDU 时就将其丢弃,而不通知发送端;在接收到正确的 SDU 时,发送至高层。

③ 证实数据传送:接收端在接收到正确的 SDU 时,除了要发送到高层之外,还要向发送端证实;若接收到的 SDU 出现差错,也要向发送端证实以便重发。

④ QoS 设置:重传协议由第 3 层配置,以提供不同的 QoS 等级。

⑤ 不可回复错误通知:对于不可回复的错误,比如超过重传次数要通知高层。

RLC 层的主要功能有:

① 分段和重组;

② 串接和填充;

③ 用户数据传送;

④ 纠错;

⑤ 高层 PDU 的按序发送;

⑥ 重复检测和流量控制;

⑦ 序列号检查用于非证实传送过程;

⑧ 协议错误检测和恢复;

⑨ 加密;

⑩ 挂起/恢复功能。

(4) PDCP 层提供的服务和功能。

PDCP 向上层提供的服务为按照 3 种 RLC 模式(确认、非确认、透明)发送和接收网络层 PDU。

PDCP 层的主要功能有:

① 将一个网络协议的网络层 PDU 映射至 RLC 实体;

② 冗余网络 PDU 控制信息的压缩和解压缩。

(5) BMC 层提供的服务和功能。

BMC 向上层提供的服务有:

公共用户信息的广播/多播发送,包括透明和非确认两种模式。

BMC 层的主要功能有:

① 小区广播消息的存储;

② BMC 消息发送时间安排;

③ 发送 BMC 消息到 UE;

④ 向高层 NAS 递交小区广播消息。

(6) RRC 层提供的服务和功能。

RRC 层提供的服务如下。

① 通用控制：这个服务在一个物理区域内向所有的用户广播信息；

② 通知：在某一个物理区域内，向一个特定的用户或一组用户发送信息；

③ 专用控制：这个服务建立和释放无线连接，并在这个连接之上传送数据。

RRC 层的主要功能有：

① 广播由非接入层提供的信息；

② 广播和接入层相关的信息；

③ 建立、重建、释放和维护 UE 与 UTRAN 之间的 RRC 连接；

④ 建立、重配置和释放无线承载；

⑤ 为 RRC 连接分配、重配置和释放无线资源；

⑥ RRC 连接的移动性管理功能；

⑦ 寻呼/通知；

⑧ 高层 PDU 的路由功能；

⑨ QoS 控制；

⑩ UE 测量报告的处理和控制。

2. 物理层（L1）

Uu 接口的物理层基于 WCDMA 技术，TS25.200 系列描述了第 1 层的规范。

1）物理信道及物理层的帧结构

一个物理信道用一个特定的载频、扰码、信道化码（可选的）开始和结束时间（有一段持续时间）来定义。对 WCDMA 来讲，一个 10ms 的无线帧被分成 15 个时隙（在码片速率 3.84Mc/s 时为 2560chip/slot）。一个物理信道定义为一个码（或多个码）。

（1）上行物理信道。

① 专用上行物理信道：有两种上行专用物理信道，即上行专用物理数据信道（上行 DPDCH）和上行专用物理控制信道（上行 DPCCH）。DPDCH 和 DPCCH 在每个无线帧内是 I/Q 码复用的。

上行 DPDCH 用于传输专用传输信道（DCH）。在每个无线链路中可以有 0 个、1 个或几个上行 DPDCHs。

上行 DPCCH 用于传输第 1 层产生的控制信息。第 1 层的控制信息包括支持信道估计以进行相干检测的已知导频比特，发射功率控制指令（TPC），反馈信息（FBI），以及一个可选的传输格式组合指示（TFCI）。TFCI 将复用在上行 DPDCH 上的不同传输信道的瞬时参数通知给接收机，并与同一帧中要发射的数据相对应起来，在每个第 1 层连接中有且仅有一个上行 DPCCH。

图 4-17 显示了上行专用物理信道的帧结构。

图中的参数 k 决定了每个上行 DPDCH/DPCCH 时隙的比特数。它与物理信道的扩频因子 SF 有关，$SF=256/2^k$。上行 DPDCH 的扩频因子的变化范围为 $4\sim256$，DPCCH 的扩频因子一直等于 256，即每个上行 DPCCH 时隙有 10 个比特。

上行专用物理信道可以进行多码操作。当使用多码传输时，几个并行的 DPDCH 使用不同的信道化码进行发射。值得注意的是，每个连接只有一个 DPCCH。

上行 DPDCH 开始发射前的一段时期的上行 DPCCH 发射（上行 DPCCH 功率控制前缀）被用来初始化一个 DCH。功率控制前缀的长度是一个高层参数 Npcp，由网络通过信令

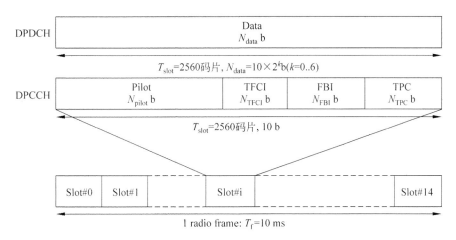

图 4-17　上行 DPDCH/DPCCH 的帧结构

方式给出。

　　除了正常的传输模式之外,还有另外一种模式就是压缩模式。在压缩模式下,每帧所发送的时隙会比正常模式下少 2~3 个以便空出时间来进行测量。

　　② 公共上行物理信道包括:

　　物理随机接入信道(PRACH):物理随机接入信道用来传输 RACH。随机接入信道的传输是基于带有快速捕获指示的时隙 ALOHA 方式。UE 可以在一个预先定义的时间偏置开始传输,表示为接入时隙。每两帧有 15 个接入时隙,间隔为 5120 码片。当前小区中哪个接入时隙可用,是由高层信息给出的。

　　PRACH 的发射包括一个或多个长为 4096 码片的前缀和一个长为 10ms 或 20ms 的消息部分。

　　PRACH 的前缀部分长度为 4096 码片,是对长度为 16 码片的一个特征码(signature)的 256 次重复。总共有 16 个不同的特征码。

　　PRACH 的消息部分和上行 DPDCH/DPCCH 相似,但控制部分只有 TFCI 和 pilot 两项。其中,数据部分包括 10×2^k 个比特,$k = 0, 1, 2, 3$,分别对应扩频因子为 256、128、64 和 32。导频比特数为 8,TFCI 比特的总数为 $15 \times 2 = 30$ 比特。

　　物理公共分组信道(PCPCH):CPCH 的传输是基于带有快速捕获指示的 DSMA-CD(Digital Sense Multiple Access-Collision Detection)方法。UE 可在一些预先定义的与当前小区接收到的 BCH 的帧边界相对的时间偏置处开始传输。接入时隙的定时和结构与 RACH 相同。

　　CPCH 随机接入传输包括一个或多个长为 4096 码片的接入前缀[A-P],一个长为 4096 码片的冲突检测前缀(CD-P),一个长度为 0 时隙或 8 时隙的 DPCCH 功率控制前缀(PC-P)和一个可变长度为 $N \times 10ms$ 的消息部分。

　　PCPCH 前缀部分和 PRACH 类似。

　　PCPCH 消息部分包括最多 N_Max_frames 个 10ms 的帧(N_Max_frames 为一个高层参数)。其数据和控制部分是并行发射的。数据部分包括 10×2^k 个比特,其中 $k = 0, 1, 2, 3, 4, 5, 6$,分别对应于扩频因子 256、128、64、32、16、8 和 4。

　　(2) 下行物理信道。

　　① 专用下行物理信道:

　　在一个下行 DPCH 内,专用数据在第 2 层以及更高层产生,即专用传输信道(DCH),是

117

与第 1 层产生的控制信息（包括已知的导频比特 TPC 指令和一个可选的 TFCI）以时间复用的方式进行传输发射的，如图 4-18 所示。

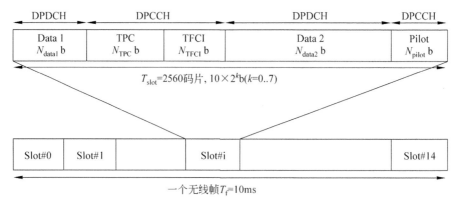

图 4-18　下行 DPDCH/DPCCH 结构

图中的参数 k 确定了每个下行 DPCH 时隙的总的比特数，它与物理信道的扩频因子有关，即 $SF=512/2^k$。因此扩频因子的变化范围为 $4\sim512$。

和上行信道一样，下行 PDPCH 中每个域的长度由高层参数确定。

下行链路可以使用多码发射，即一个 CCTrCH 可以映射到几个并行的使用相同的扩频因子的下行 DPCH 上。在这种情况下，第 1 层的控制信息仅放在第 1 个下行 DPCH 上，在对应的时间段内，其他属于此 CCTrCH 的下行 DPCHs 发射 DTX 比特。

当映射到不同的 DPCH 的几个 CCTrCH 发射给同一个 UE 时，不同 CCTrCH 映射的 DPCH 可使用不同的扩频因子。

② 公共下行物理信道包括：

公共导频信道（CPICH）：CPICH 为固定速率（30kb/s，SF=256）的下行物理信道，用于传送预定义的比特/符号序列。CPICH 的结构如图 4-19 所示。

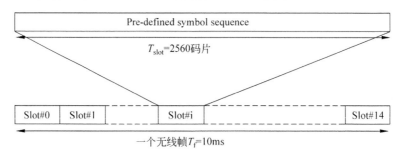

图 4-19　CPICH 帧结构

在小区的任意一个下行信道上使用发射分集（开环或闭环）时，两个天线使用相同的信道化码和扰码来发射 CPICH。在这种情况下，对天线 1 和天线 2 来说，预定义的符号序列是不同的。

CPICH 又分为基本公共导频信道（P-CPICH）和辅助公共导频信道（S-CPICH），它们的用途不同，区别仅限于物理特性。P-CPICH 为如下信道提供相位参考：SCH、基本 CCPCH、AICH、PICH、AP-AICH、CD/CA-ICH、CSICH 和传送 PCH 的辅助 CCPCH。S-CPICH信道可以作为只传送 FACH 的 S-CCPCH 信道和/或下行 DPCH 的相位基准。如果是这种情况,高层将通过信令通知 UE。

基本公共控制物理信道(P-CCPCH):基本 CCPCH 为一个固定速率(30kb/s,SF＝256)的下行物理信道,用于传输 BCH。与下行 PDPCH 的帧结构的不同之处在于没有 TPC 指令,没有 TFCI 也没有导频比特在每个时隙的前 256 码片内,P-CCPCH 不发射。在这段时间内,将发射同步信道,其帧结构如图 4-20 所示。

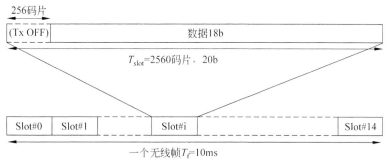

图 4-20　P-CCPCH 帧结构

辅助公共控制物理信道(S-CCPCH):P-CCPCH 用于传送 FACH 和 PCH,其帧结构如图 4-21 所示。

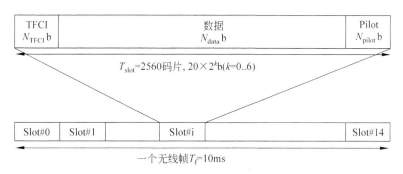

图 4-21　S-CCPCH 帧结构

其中,参数 k 确定了每个下行辅助 CCPCH 时隙的总比特数。它与物理信道的扩频因子 SF 有关,SF＝$256/2^k$。扩频因子 SF 的范围为 4～256。

FACH 和 PCH 可以映射到相同的或不同的 P-CCPCH。如果 FACH 和 PCH 映射到相同的 S-CCPCH,它们可以映射到同一帧。CCPCH 和下行 PDPCH 的主要区别在于 CCPCH 不采用内环功率控制。P-CCPCH 和 S-CCPCH 的主要的区别在于,P-CCPCH 采用预先定义的固定速率,而 S-CCPCH 可以通过包含 TFCI 来支持可变速率。而且,P-CCPCH 是在整个小区内连续发射的,S-CCPCH 可以采用与专用物理信道相同的方式以一个窄瓣波束的形式来发射(仅仅对传送 FACH 的辅助 CCPCH 有效)。

同步信道 SCH:同步信道(SCH)是一个用于小区搜索的下行链路信号。SCH 包括两个子信道,基本同步信道(P-SCH)和辅助同步信道(S-SCH)。SCH 的帧结构如图 4-22 所示。

基本 SCH 包括一个长为 256 码片的调制码,图 4-23 中用 Cp 来表示,每个时隙发射一次。系统中每个小区的 P-SCH 是相同的。辅助 SCH 重复发射一个有 15 个序列的调制码,每个调制码长为 256 码片,与基本 SCH 并行进行传输。

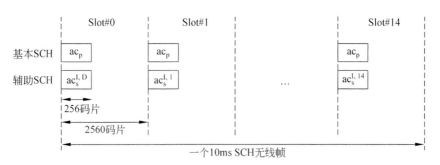

图 4-22　SCH 的帧结构

物理下行共享信道（PDSCH）：物理下行共享信道（PDSCH）用于传送下行共享信道（DSCH）。一个 PDSCH 对应于一个 PDSCH 根信道码或下面的一个信道码。PDSCH 的分配是在一个无线帧内，基于一个单独的 UE。在一个无线帧内，UTRAN 可以在相同的 PDSCH 根信道码下，基于码复用，给不同的 UEs 分配不同的 PDSCHs。在同一个无线帧中，具有相同扩频因子的多个并行的 PDSCHs，可以被分配给一个单独的 UE。这是多码传输的一个特例。在相同的 PDSCH 根信道码下的所有的 PDSCHs 都是帧同步的。在不同的无线帧中，分配给同一个 UE 的 PDSCHs 可以有不同的扩频因子。

对于每一个无线帧，每一个 PDSCH 总是与一个下行 DPCH 相。伴随 DPCH 的 DPCCH 部分发射所有与层 1 相关的控制信息，PDSCH 不携带任何层 1 信息。PDSCH 与伴随的 DPCH 并不需要有相同的扩频因子，也不需要帧对齐。PDSCH 的帧结构如图 4-23 所示。

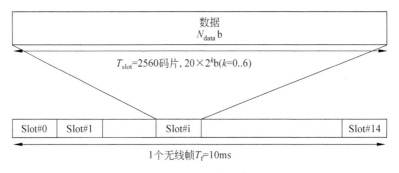

图 4-23　CH 帧结构

PDSCH 允许的扩频因子的范围为 4～256。

（3）传输信道与物理信道的映射。

传输信道至物理信道的映射关系如图 4-24 所示。

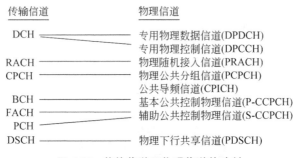

图 4-24　传输信道至物理信道的映射

其中,对于 SCH、AICH、PICH、AP-AICH、SCISH、CD/CA-ICH 和 CA-ICH 不承载任何传输信道的数据传输,只作为物理层的控制使用。

2）信道编码与复用

从 MAC 到达物理层的数据流和从物理层到达 MAC 层的数据流(传输块/传输块集)要经过编码和解码过程,以便在无线传输链路上进行传输。信道编码方案由差错检测、纠错、速率匹配、交织、映射和分段组成。

到达编码/复用单元的数据以传输块集的形式传输,在每个传输时间间隔传输一次。传输时间间隔从集合{10ms,20ms,40ms,80ms}中取值。

3）物理信道的扩频与调制

物理信道上的扩频包括两个过程,第一个是信道化。它将每一个数据符号转换为若干码片,同时增加了信号的带宽。第二个过程是加扰,在扩频信号上再加一层扰码。

（1）上行信道的扩频与调制。

对于上行链路专用物理信道 DPCCH 和 DPDCH 的扩频采用如图 4-25 所示的方式进行扩频。DPCCH 信道通过信道码 C_c 扩频到指定的码片速率,第 n 个 DPDCH 信道 DPDCHn 通过信道码 C_d,n 扩频到指定的码片速率。可以同时有 $1 \leqslant n \leqslant 6$ 个 DPDCH 和一个 DPCCH 发送。

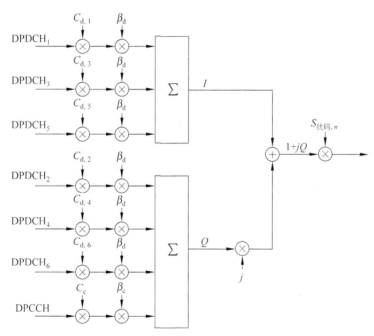

图 4-25　DPCCH 和 DPDCH 的扩频过程

信道化之后,实数值的扩频信号进行加权处理。加权处理后,I 路和 Q 路的实数值码流相加成为复数值的码流,复数值的信号再通过复数值的 $S_{dpch,n}$ 码进行扰码,扰码和无线帧对应,也就是说扰码的第一个码片对应无线帧的开始。

对于 PRACH 和 PCPCH,则经过如图 4-26 所示的扩频过程。

数据和控制部分分别通过信道码 C_c 和 C_d 扩频到指定的码片速率,然后经过不同的增益处理,再将 I 路和 Q 路的码流合成为复数值的码流。

信道化码采用 OVSF 码,OVSF 码可以用图 4-27 所示的码树来生成:

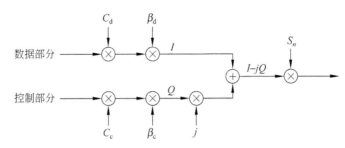

图 4-26　PRACH 和 PCPCH 的扩频过程

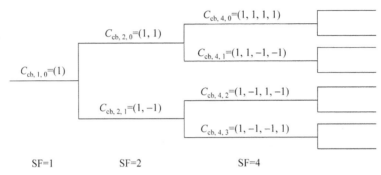

图 4-27　OVSF 码的生成

在图 4-28 中,信道化码被唯一地定义为 $C_{ch,SF,m}$,这里 SF 是码的扩频因子,m 是码的序号,$0 \leqslant m \leqslant SF-1$。

码树的每一级定义了长度为 SF 的信道化码,对应于扩频因子 SF。

所有上行物理信道都经过一个复数值的扰码进行加扰处理,扰码有长扰码和短扰码两种。其中,DPCCH/DPDCH 信道既可以用长扰码又可以用短码扰码加扰,PRACH 信道消息部分用长码加扰,PCPCH 信道消息部分用长扰码加扰。

共有 2^{24} 个上行长扰码和 2^{24} 个上行短扰码。上行扰码在高层分配。

长扰码(Clong,1,n)和(Clong,2,n)是由两个二进制 m 序列的 38 400 个码片的模 2 加产生的,二进制 m 序列是由 25 阶生成多项式产生的,短扰码序列($C_{short,1,n}(i)$ 和 $C_{short,2,n}(i)$)是由周期性的 $S(2)$ 扩展码生成的。

信号经过扩频产生的复数值码片序列要经过 QPSK 调制,调制过程如图 4-29 所示。

(2) 下行链路的扩频与调制。

图 4-28 描述了除了 SCH 信道以外的所有下行链路物理信道的扩频,也就是 P-CCPCH、S-CCPCH、CPICH、AICH、PICH、PDSCH 和下行 DPCH 信道。

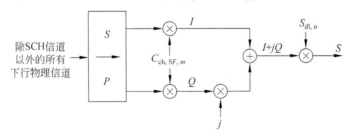

图 4-28　除 SCH 信道以外的所有下行链路物理信道的扩频

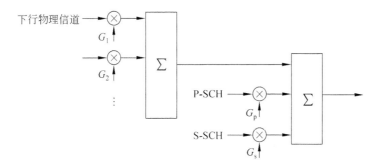

图 4-29　SCH 和 PCCPSH 的扩频调制

每一对连续的两个符号在经过串并转换后分成 I 路和 Q 路,分路原则是偶数编号的符号分到 I 路,奇数编号的符号分到 Q 路。除了 AICH 信道以外的所有信道,编号为 0 的符号定义为每一帧的第 1 个。对 AICH 信道,编号为 0 的符号定义为每一接入时隙的第 1 个。I 路和 Q 路通过相同的实数值的信道码($C_{\text{ch,SF},m}$)扩频到指定的码片速率,实数值的 I 路和 Q 路序列就变为复数值的序列,这个序列经过复数值的扰码($S_{\text{dl},n}$)进行加扰处理。对于 P-CCPCH 信道,扰码用于 P-CCPCH 信道的帧边缘,也就是说,扩频的 P-CCPCH 帧的第 1 个复数码片和扰码的 0 相乘。对于其他下行链路,加扰与 P-CCPCH 信道相同。在这种情况下,扰码不必与将进行扰码的物理信道的帧边缘对齐。

对于下行链路的信道组合,通过图 4-29 所示的方式进行。

每一个复数制的扩频信号,加权用加权因子 G_i 进行加权,复数制的 P-SCH 和 S-SCH 信道,分别用加权因子 G_p 和 G_s 进行加权。所有的下行链路物理信道进行复数加组合在一起。

下行信道化采用和上行信道相同的 OVSF 码,但下行信道的最大扩频因子可以是 512。

下行扰码共有 $2^{18}-1=262\,143$ 个,编号为 $0\sim262\,142$,但并不是所有的扰码都可以用。下行扰码共分成两部分,一部分是含 512 扰码的基本扰码组,另一部分含 15 个扰码的辅助扰码组。基本扰码包括 $n=16\times i$ 个扰码,i 取 $0\sim511$,第 i 阶备用扰码包括 $16\times i+k$ 的扰码,$k=1\sim15$。在基本扰码和 15 个辅助扰码之间有一一对应的关系,第 i 个基本扰码对应于第 i 个辅助扰码。

基本扰码又可以分成 64 个扰码集,每个扰码集中有 8 个基本扰码组。第 j 个扰码集包括的扰码为 $16\times8\times j+16\times k$,这里 j 取 $0\sim63$,k 取 $0\sim7$。

每一个小区只分配一个基本扰码,P-CCPCH、P-CPICH 信道、PICH、AICH、AP-AICH、CD/CA-ICH、CSICH 和传送 PCH 的 S-CCPCH 总是用基本扰码来发射。其余的下行物理信道既可以用基本扰码也可以用和小区相关的备用扰码。

3. 数据链路层(RLC)

数据链路层使用物理层提供的服务,并向第 3 层提供该层的服务。数据链路层规范在 TS25.300 系列规范中描述。

1) 媒体接入控制协议(MAC)

MAC 层是由 MAC-b、MAC-c/sh 和 MAC-d 实体构成的,不同的实体完成不同的功能。其中 MAC-b 实体负责处理广播信道(BCH);MAC-c/sh 实体负责处理寻呼信道(PCH)、前向接入信道(FACH)、随机接入信道(RACH)、公共分组信道(UL CPCH)以及下行链路共享信道(DSCH);MAC-d 实体负责处理专用传送信道(DCH)。

(1) MAC 层的结构。

MAC 的 3 个实体中,MAC-b 对于 UE 侧和 UTRAN 侧是相同的。MAC-b 是广播信道(BCH)的控制实体。在每个 UE 中有一个 MAC-b 实体,在 UTRAN 的每个小区中有一个 MAC-b 实体。在 UTRAN 中,MAC-b 实体位于 Node-B 中。

MAC-b 的结构如图 4-30 所示。

对于 MAC-d 和 MAC-c/sh,其结构则和具体的业务有关,因此在 UE 侧和 UTRAN 侧也不相同。

图 4-31 展示了 UE 侧的 MAC 结构,相应的信道映射见图 4-33。

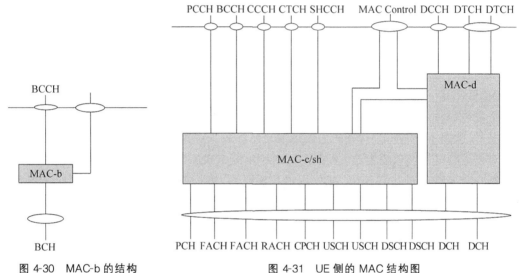

图 4-30 MAC-b 的结构　　　　图 4-31 UE 侧的 MAC 结构图

在图 4-31 中,MAC-c/sh 控制公共传送信道的接入,在每个 UE 中有一个 MAC-c/sh。

MAC-d 实体将上行链路的专用逻辑信道映射到专用传输信道上或将要通过公共信道传送的数据传送给 MAC-c/sh。如果专用类型的逻辑信道映射到公共信道上,则 MAC-d 通过图中所示的功能实体间的连接将数据传送给 MAC-c/sh。

一个 UE 中有一个 MAC-d 实体。

图 4-32 展示了 UTRAN 侧的 MAC 结构,相应的信道映射见图 4-34。

从图 4-32 可以看出,UTRAN 侧的结构与 UE 侧十分相近,区别在于:对应每一个 UE 有一个MAC-d 实体。与特定小区相关的每个 UE MAC-d 可以与该小区的 MAC-c/sh 实体相关联。

MAC-c/sh 位于控制 RNC 内而 MAC-d 位于服务 RNC 中。

UTRAN 的每个小区中有一个 MAC-c/sh,而每个 UE 在 UTRAN 中都有一个 MAC-d 实体。该 MAC_d 在 UTRAN 中支持一个或多个专用逻辑信道。

(2) MAC 层的功能描述。

MAC 层的功能包括:

① 逻辑信道和传输信道之间的映射;

② 根据瞬时源速率为每个传输信道选择适当的传送格式;

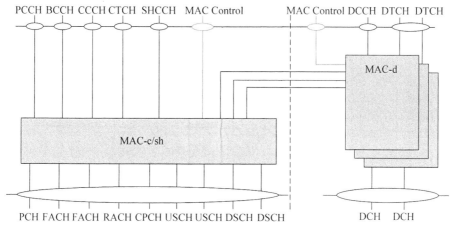

图 4-32　UTRAN 侧的 MAC 结构图

③ UE 数据流之间的优先级处理；

④ UE 之间采用动态调度方法的优先级处理；

⑤ DSCH 和 FACH 上几个用户的数据流之间的优先级处理；

⑥ 公共传送信道上 UE 的标识；

⑦ 将高层 PDU 复用为通过公共传输信道传送给物理层的传送块，并将通过公共传输信道来自物理层的传送块复用为高层 PDU；

⑧ 将高层 PDU 复用为通过专用传输信道传送给物理层的传送块，并将通过专用传输信道来自物理层的传送块解复用为高层 PDU；

⑨ 业务量监视、传输信道类型切换和透明 RLC 模式的数据加密；

⑩ RACH 传输和 CPCH 传输的接入业务等级 ASC 选择。

传输信道介于 MAC 和第 1 层之间，逻辑信道介于 MAC 和 RLC 之间。其中逻辑信道表明了信息所代表的不同内容。下面是 WCDMA 的逻辑信道划分：

控制信道分为广播控制信道(BCCH)、寻呼控制信道(PCCH)、专用控制信道(DCCH)、公共控制信道(CCCH)和共享信道控制信道(SHCCH)。

业务信道分为专用业务信道(DTCH)和公共业务信道(CTCH)，参见图 4-33 和图 4-34。

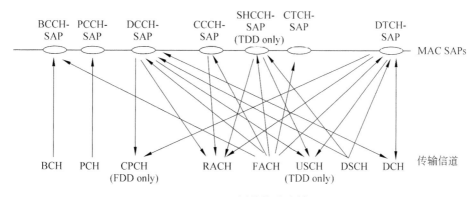

图 4-33　UE 侧的信道映射

(3) MAC 层基本过程。

① 动态无线接入承载控制的业务量测量。

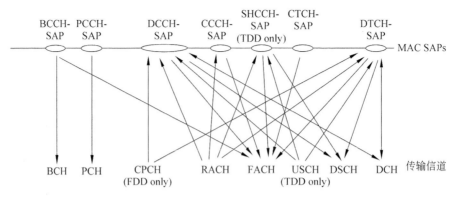

图 4-34　UTRAN 侧的信道映射

基于 MAC 报告的业务量测量，RRC 执行动态无线接入承载控制。业务量信息的收集和测量在 MAC 层中进行并由 MAC 层将结果报告给 RRC 层。

MAC 层中的业务量测量程序为 MAC 接收 RLC PDU，RLC 实体的 BO 信息，RLC PDU 可以复用在一起。如果测量报告为事件触发模式，MAC 比较每个 TTI 中传送信道的数据量（等效于逻辑信道映射到传输信道的 BO 总量）和 RRC 设置的阈值。如果超出范围，MAC 向 RRC报告每个 RB 的测量结果（例如：BO、BO 均值、BO 方差）。如果上报模式为周期上报，MAC 层在每个周期的结束时刻向 RRC 上报每个 RB 的测量结果。上报时间间隔由 RRC 设置。因此 RRC 可以获悉每个逻辑信道和传送信道的业务量状态。据此，RRC 可以采取适当的行动进行新的无线接入承载配置。

② RACH 发送控制。

MAC 子层负责在 TTI(传输时间间隔)等级上(即在 10ms 无线帧水平在接入时隙水平的同步由第 1 层控制)控制 RACH 传输同步。注意当 RACH 消息部分接收错误时，重发是由高层控制的，即由 RLC 控制，如果是 CCCH，则由 RRC 控制。

为了提供不同的 RACH 使用权的优先级，RACH 物理资源(即接入时隙和前缀信号)可以区分为不同的接入业务类(ASC)，有可能不止一个 ASC 或所有 ASC 被分配到同一接入时隙/码字空间。

应用下面的 ASC 选择方案，这里 NumASC 是最高的 ASC 编号，MinMLP 是安排给一个逻辑信道的逻辑信道最高优先级：

在传输块集中的所有的传输块有同样的 MLP 的情况下，选择 ASC＝min(NumASC,MLP)；

在传输块集中的所有的传输块有不同的优先级的情况下，确定最高的优先级 MinMLP 并且选择 ASC＝min(NumASC,MinMLP)；

当有数据要传输时，MAC 从可用的 ASC 集中选取 ASC，ASC 由 PRACH 部分标识符 i 和一个相关的持续值 P_i 组成。

③ UE 侧传输格式组合(TFC)的选择。

RRC 可以根据所给的逻辑信道的优先级来控制上行链路数据的调度，每一个逻辑信道对应于 1～8 之间的一个值，其中 1 是最高优先级，8 是最低优先级。UE 中的 TFC 的选择将根据 RRC 所指明的逻辑信道之间的优先级进行。逻辑信道具有绝对的优先级。UE 应该尽可能首先发送优先级最高的数据，这个过程可以通过配置 TTI 开始时 TFC 的选择来实现。

每次 TFC 选择的时候,UE 均要估计可以支持哪种 TFC。如果估计某 TFC 所需的发射功率大于 UE 的最大发射功率,那么这个 TFC 就不能被选用。

2) 无线链路控制协议(RLC)

(1) RLC 层结构。

对于透明模式业务和非证实模式业务有一个发送实体和一个接收实体,对于证实模式业务有一个综合的传送和接收实体。AM-实体之间的虚线表示可能在各自的逻辑信道上发送 RLC PDU,例如,控制 PDU 在一个逻辑信道上发送,同时数据 PDU 在另一个逻辑信道上发送。

对透明模式实体,发送 Tr-实体通过 Tr-SAP 从高层接收 SDU。RLC 可以将 SDU 划分成适当的 RLC PDU,无须附加任何开销。通过 BCCH、PCCH、SHCCH、SCCH 或 DTCH,RLC 将 RLC PDU 传送给低层。接收端 Tr-实体通过一条逻辑信道从低层接收 PDU。RLC 将 PDU 重新组合(如果进行了分割)成 RLC SDU。RLC 通过 Tr-SAP 将 RLC SDU 传送给高层。

对非证实模式实体,发送 UM-实体从高层接收 SDU,RLC 可以把 SDU 分割成适当大小的 RLC PDU,通过 DCCH 或 DTCH,RLC 将 RLC PDU 传送给 MAC。接收 UM-实体通过一条逻辑信道从 MAC 子层接收 PDU,RLC 去除 PDU 头并将 PDU 重新组成(如果进行了分割)RLC SDU。

对证实模式实体,发送侧的 AM-实体从高层接收 SDU,SDU 被分割/连接成固定长度的 PDU,如果几个 SDU 可放入一个 PDU,则将它们连接起来并在 PDU 的开始处插入适当长度的指示器。随后 PDU 被放入重传缓存器和传输缓存器。AM-实体的接收侧通过一条逻辑信道从下层接收 PDU。PDU 被放在接收机缓存器中,一直到收到一个完整的 SDU。接收机缓存器通过向对等实体发送否定证实来请求 PDU 的重传。随后将头从 PDU 中删除,并将 PDU 重新组合成一个 SDU。最后将 SDU 发送给高层。

(2) RLC 层功能。

① 分段和重组;

② 级联和填充;

③ 用户数据的传送;

④ 纠错;

⑤ 按序发送高层 PDU;

⑥ 副本检测和流量控制;

⑦ 序号检查(无确认数据传送模式);

⑧ 协议错误检测和恢复;

⑨ 加密;

⑩ 挂起和恢复功能。

RLC 层向高层提供的服务有:

① 透明数据传送业务;

② 无确认数据传送业务;

③ 确认数据传送业务;

④ QoS 设置;

⑤ 不可恢复错误的通知。

(3) RLC 层基本过程。

① 透明模式数据传送过程:明模式数据传送过程是用于透明模式下的两个 RLC 对等

实体之间的数据传送。发送者可以是 UE 或网络,接收者可以是网络或 UE。

当有来自高层的透明模式数据传送的请求,发送者即启动此过程。当发送者处于传送准备状态时,它将把从高层接收的数据放入 TrD PDU 中。之后发送端要进行 TrD PDU 内容的设置。接收端要进行 TrD PDU 的接收。在有异常情况下,要进行异常处理。

② 非证实模式数据传送过程:非证实模式数据传送过程是用于在非证实模式下两个 RLC 对等实体之间的数据传送。发送者可以是 UE 或网络,接收者可以是网络或 UE。

当有来自高层的非证实模式数据传送的请求,发送者即启动此过程。当发送者处于传送就绪状态时,它将把从高层接收的数据进行分段并且如果可能还要进行连接,之后放入 PDU 中。在每个传输时间间隔(TTI)可以传送一个或几个 PDU。对于每一个 TTI 来说,由 MAC 决定哪一个 PDU 的大小可以使用和传送多少个 PDU。发送端要进行 UMD PDU 内容的设置,接收端进行 UMD PDU 接收。当出现异常时,接收端一般会将数据丢弃。

③ 证实模式数据传送过程:证实模式数据传送过程用于正式模式下两个 RLC 对等层实体之间数据的传送。发送者可以是 UE 或网络,接收者可以是网络或 UE。

当有来自高层的证实模式数据传送的请求或 PDU 的重传,发送者启动此过程。重传 PDU 的优先权高于首次传送的 PDU。RLC 将对从高层接收来的数据进行分段放入 AMD PDU 中。如果发送者位于控制平面,PDU 将在 DCCH 逻辑信道上传送。如果发送者位于用户平面,PDU 将在 DTCH 上发送。在每个传输时间间隔(TTI)中可以传送一个或几个 PDU,在每个 TTI 中传送多少个 PDU 由 MAC 确定。发送端要根据不同情况对待发送 AMD PDU 内容进行设置,接收端根据接收到的 AMD PDU 对其进行检测判断,如果接收者检测出丢失了一个 PDU,将启动 STATUS PDU 传输过程。当有异常出现时,接收端会让发送端重传或进行状态复位。

3) 分组数据会聚协议(PDPC)

(1) PDCP 层结构。

PDCP 层的结构如图 4-35 所示。

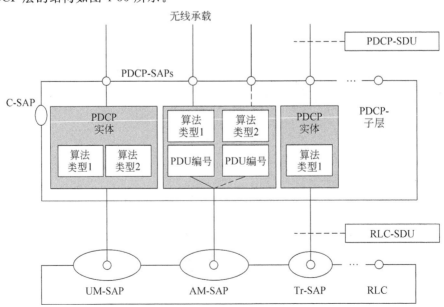

图 4-35　PDCP 结构图

每个 PDCP-SAP 使用一个 PDCP 实体,每一个 PDCP 实体使用零种、一种或多种头部压缩协议。

(2) PDCP 层功能。

分组数据集中协议应当执行下列功能:

① 在发送与接收实体中分别执行 IP 数据流的头部压缩与解压缩(如 TCP/IP 和 RTP/UDP/IP 头部);

② 传输用户数据,也就是将非接入层送来的 PDCP-SDU 转发到 RLC 层,或相反;

③ 将多个不同的 RB 复用到同一个 RLC 实体。

所有与上层报文的传送相关的功能,应当被 UTRAN 的网络层实体以透明方式执行。这是对 UTRAN PDCP 的一个必备要求。

对 UTRAN PDCP 的另一个要求是提高信道效率,这个要求是通过采用多种优化方法来完成的。

(3) PDCP 层基本过程。

① 头部压缩:头部压缩的方法取决于具体的网络层协议。在 PDCP 上下文激活时,指定网络协议类型。每个 PDCP 实体使用的头部压缩协议及参数由高层配置并通过 PDCP-C-SAP 告知 PDCP 实体。在操作期间,对等 PDCP 实体的压缩和解压缩初始化的信令在用户平面执行。

② 数据传输:对于使用 RLC 证实模式的数据传输的情况,当收到 PDCP_DATA_REQ 原语时,如果协商使用头部压缩,PDCP 实体应当执行这一操作,然后通过 RLC_AM_DATA_REQ 把 PDCP-PDU 递交到 RLC。当 PDCP 实体收到 RLC_AM_DATA_IND 原语中的 PDCP-PDU 时,PDCP 实体应当执行头部解压缩(若已经协商)以获得 PDCP SDU,并将此 PDCP SDU 通过 PDCP_DATA_IND 原语递交到 PDCP 用户。

对于使用 RLC 非证实和透明模式的数据传输的情况,当收到 PDCP_DATA_REQ 原语时,如果协商使用头部压缩,PDCP 实体应当执行这一操作,然后通过 RLC_TR_DATA_REQ 或 RLC_UM_DATA_REQ 把 PDCP-PDU 递交到 RLC。当 PDCP 实体收到 RLC_TR_DATA_IND 或 RLC_UM_DATA_IND 原语中的 PDCP-PDU 时,PDCP 实体应当执行头部解压缩(若已经协商)以获得 PDCP SDU,并将此 PDCP SDU 通过 PDCP_DATA_IND 原语递交到 PDCP 用户。

4) 广播/多播控制协议(BMC)

(1) BMC 层结构。

BMC 是仅存在于用户平面的第 2 层的一个子层,它位于 RLC 层之上,L2/BMC 子层对于除广播多播之外的所有业务均是透明的。

在 UTRAN 端,BMC 子层在每一个小区应该包含一个 BMC 协议实体,一个 BMC 协议实体仅服务于来自 BMC-SAP 的消息,这些消息将广播到指定小区。

(2) BMC 层功能。

① 小区广播消息的存储;

② 业务量监测和为 CBS 请求无线资源;

③ BMC 消息的调度;

④ 向 UE 发送 BMC 消息;

⑤ 向高层 NAS 传递小区广播消息。

（3）BMC层基本过程。

① BMC消息广播。这个过程用于在一个小区中从网络侧向UE侧广播BMC消息。一个支持小区广播业务的UE可以在空闲模式下接收BMC消息，也可以在连接模式的CELL_PCH和URA_PCH RRC状态下接收BMC消息。

② 业务量测量。网络侧的BMC实体周期性地预报CBS业务量，这是当前传输CB消息所需要的，并且将它指示给RRC。

预报业务量使用的算法是随具体实现而定的，由操作维护系统来设置参数。这个算法的依据是为CB消息调度的而选定的算法。

③ BMC消息的接收。UE侧的BMC实体对收到的BMC调度消息进行评估，并且决定接收哪一个BMC消息。如果带有一个BMC消息的CTCH块集合被指示为"新"，则这个BMC消息的接收将向RRC指示。当处于状态"旧"时，如果上层已经请求单个CB消息的接收，那么这些BMC消息的接收也将向RRC指示。如果上层没有其他的请求，仅将那些在BMC CBS消息中收到的CB消息传向上层。

4. 无线资源控制层（RRC）

1）RRC层结构

RRC由如下一些功能实体组成。

（1）路由功能实体（RFE）：处理高层消息到不同的移动管理/连接管理实体（UE侧）或不同的核心网络域UTRAN侧的路由选择。

（2）广播控制功能实体（BCFE）：处理广播功能。该实体用于发送一般控制接入点（GC-SAP）所需要的RRC业务。

（3）寻呼及通告功能实体（PNFE）：对尚没有建立RRC连接的UE进行寻呼，由PNFE控制。该实体用于发送通告接入点Nt-SAP所需要的RRC业务。

（4）专用控制功能实体（DCFE）：处理一个特定UE的所有功能。该实体用于发送专用控制（DC-SAP）所需要的RRC业务。

（5）共享控制功能实体（SCFE）：控制PDSCH和PUSCH的分配。该实体使用低层Tr-SAP和UM-SAP提供的服务。

（6）传输模式实体（TME）：处理RRC层内不同实体和RLC提供的接入点之间的映射。

2）RRC层功能

RRC包括以下功能：

（1）广播由非接入层核心网提供的信息及与接入层相关的信息；

（2）建立维持及释放UE和UTRAN之间的一个RRC连接；

（3）建立重配置及释放无线承载；

（4）分配重配置及释放用于RRC连接的无线资源；

（5）RRC连接移动功能；

（6）控制所需的QoS；

（7）UE测量的报告和对报告的控制；

（8）外环功率控制、加密控制；

（9）寻呼、初始小区选择和重选；

（10）上行链路 DCH 上无线资源的仲裁；

（11）RRC 消息完整性保护；

（12）CBS 控制。

3）RRC 协议状态

RRC 协议有空闲模式和连接模式两种，其中连接模式又有 4 种状态：CELL_PCH、URA_PCH、CELL_DCH 和 Cell_FACH。

（1）UTRAN 空闲模式：在空闲模式下，UE 会周期地进行搜索，以便找到更高优先级的 PLMN。

（2）UTRAN RRC 连接模式：在 URA_PCH 或 CELL_PCH 状态下，如果 UE 在服务区，则可以接收系统广播消息，并周期性地执行小区更新操作，同时还不停地进行搜索，以便找到更高优先级的 PLMN；如果 UE 不在服务区，则执行小区重定位工作。

在 CELL_FACH 状态下，如果 UE 在服务区，则可以使用逻辑信道 DTCH 和 DCCH，并侦听 FACH 信道，同时执行周期性地小区更新；如果 UE 不在服务区，则执行小区重定位和小区更新。

在 CELL_DCH 状态下，逻辑信道 DTCH 和 DCCH 可用。UE 可以读取 FACH 上的系统信息，并根据 UTRAN 的控制命令执行测量和报告测量结果。UTRAN 根据上报的测量结果决定何时执行切换。

4）RRC 基本过程

RRC 过程可以分为 RRC 连接管理过程、无线承载控制过程、RRC 连接移动性过程、测量过程和常规过程几大类。

（1）RRC 连接管理过程：RRC 连接管理过程包括系统信息广播、寻呼、RRC 连接建立、RRC 连接释放、UE 能力信息的发送、UE 能力查询、初始直接传送、下行直接传送、上行直接传送、UE 专用寻呼、安全模式控制、信令连接释放、信令连接释放请求和计数器检查等。

系统信息广播用于网络向 UE 周期性地广播系统信息。系统信息单元包含在系统信息块中，一个系统信息块由同类型的系统信息单元组成。一个 SYSTEM INFORMATION 消息在 BCH 或 FACH 信道上发送。SYSTEM INFORMATION 消息的大小应适合一个 BCH 或 FACH 传输块的大小。UTRAN 中的 RRC 层对编码后的系统信息块进行分段和串接和对系统信息调度，UE 的 RRC 层执行段的重组。UTRAN 根据每个系统信息块的调度信息持续重复广播。

寻呼过程用于在寻呼控制信道（PCCH）上给选定的处于空闲模式、CELL_PCH 或 URA_PCH状态下的 UE 传输寻呼信息。寻呼分为类型 1 和类型 2 两种。其中类型 1 用于空闲模式下的寻呼，类型 2 用于对已经建立了无线连接的 UE 的寻呼。

当 UE 要发起一个业务请求时，必须先执行 RRC 连接建立过程，以建立无线连接。在 UE 的 RRC 连接请求中，UE 将向 UTRAN 说明发起建立的原因和 UE 的标识。UTRAN 根据 UE 的请求在不同的信道上为其建立的 RRC 连接。

当 UE 处于 CELL_DCH 或 CELL_FACH 状态，UTRAN 可能通过非确认模式发送 RRCCONNECTION RELEASE 消息，启动 RRC 连接释放过程。当 UE 收到 RRC CONNECTION RELEASE 消息后，将向 UTRAN 发送 RRC CONNECTION RELEASE COMPLETE 消息，UTRAN 在接收到此消息之后，释放 UE 所占用的所有无线资源，并进

入空闲模式。

UE 能力信息的传送用于向 UTRAN 传递 UE 特殊的性能信息。UE 在收到 UTRAN 关于 UE 能力的查询消息或 UE 在连接模式下的能力与存储在变量 UE_CAPABILITY_ TRANSFERRED 中的 UE 性能相比有变化时,会向 UTRAN 发送 UE CAPABILITY INFORMATION 消息。UTRAN 在接收到该消息后,会使用 RLC 确认模式或非确认模式 在下行 DCCH 上向 UE 发送 UE CAPABILITY INFORMATION CONFIRM 消息。

UE 能力查询用于请求 UE 发送与它所支持的任何无线接入网相关的性能信息。 UE 性能询问过程由 UTRAN 通过在 DCCH 上使用确认模式或非确认模式 RLC 发送 UE CAPABILITY ENQUIRY 消息启动。在收到 UE CAPABILITY ENQUIRY 消息后, UE 即启动 UE 性能信息传输过程。

初始直接传送用于在上行链路上建立信令连接,也用于在无线接口上传送初始的高层 消息。在 UE 侧,当高层要求建立一个信令连接,UE 启动初始直接传输过程。该请求可能 包含一个传输 NAS 消息的请求。在接收 INITIAL DIRECT TRANSFER 消息时。 UTRAN 使用信息元素"CN Domain Identity"为 NAS 消息选择路由。

下行直接传送用于在下行链路无线接口传输 NAS 消息。在 UTRAN 中,当高层在初 始信令连接建立后要求传输 NAS 消息时,启动该过程。当收到 DOWNLINK DIRECT TRANSFER 消息后,UE 使用信息元素"CN Domain Identity"向正确的高层实体发送高层 PDU 的内容和信息元素"CN Domain Identity"的值。

上行直接传送过程用于在上行链路无线接口传输全部随后的属于一个信令连接的高层 (NAS)消息。在 UE 中,当高层要求在一个存在的信令连接上传输 NAS 消息时启动上行链 路直接传输过程。收到 UPLINK DIRECT TRANSFER 消息后,UTRAN 使用信息元素 "Flow Identifier"的值为 NAS 消息选择路由。

UE 专用寻呼过程用于向处于连接模式 CELL_FACH 或 CELL_DCH 状态的 UE 传送 专用寻呼信息。对处于 CELL_DCH 或 CELL_FACH 状态的 UE,UTRAN 通过在 DCCH 上使用 AM RLC 发送 PAGING TYPE 2 消息启动该过程。

安全模式控制过程可用于任何无线承载上,触发加密的停止或开始,或命令使用新的加 密配置的加密重启。也可用于对上行链路和下行链路信令启动完整性保护或修改完整性保 护配置。

信令连接释放过程用于通知 UE 释放一个正在进行的信令连接,该进程不启动 RRC 连 接的释放。UTRAN 通过在 DCCH 上使用确认模式 RLC 发送 SIGNALLING CONNECTION RELEASE 消息,以启动该过程。在接收 SIGNALLING CONNECTION RELEASE 消息后,UE 应指示信令连接的释放和传递"CN Domain Identity"到上层。

信令连接释放请求用于 UE 请求 UTRAN 释放它的一个信令连接,该过程可能依次启 动信令连接释放过程或 RRC 连接释放过程。

计数器检查用于检查 RRC 连接期间双向(上下行链路)发送的数据量在 UTRAN 和 UE 中是否相同(以防有入侵者的操作)。该过程仅适用使用 UM 或 AM RLC 的无线承载。 UTRAN 监视每个使用 UM 或 AM RLC 的无线承载的 COUNT-C 值,一旦某个值达到临界 检查值时,就触发该过程。

当 UE 收到 COUNTER CHECK 消息时,应将收到的 COUNTER CHECK 消息中 IE "RB COUNT-CMSB information"中的 COUNT-C MSB 的值与相应无线承载的 COUNT-C

MSB 的值进行比较。

（2）无线承载控制过程：无线承载控制过程包括无线承载建立、重配置过程、无线承载释放、传输信道释放、传输格式组合控制和物理信道重配置等过程。

其中无线承载重配置过程包括无线承载建立、释放、传输信道重配置和物理信道重配置等 4 个过程。无线承载建立过程用于建立新的无线承载，无线承载重配置过程用于重配置无线承载或信令链路的参数，以反映 QoS 的变化。无线承载释放过程用于释放无线承载。传输信道重配置过程用于重配置传输信道的参数。物理信道重配置过程用于建立，重配置和释放物理信道。在上述过程中，UTRAN 分别向 UE 发送消息 RADIO BEARER SETUP、RADIO BEARER RECONFIGURATION、RADIO BEARER RELEASE、TRANSPORT CHANNEL RECONFIGURATION 或 PHYSICAL CHANNEL RECONFIGURATION。UE 在接收到其中一个消息之后，可能首先释放当前物理信道配置，并进行状态的迁移。根据迁移后的不同状态，UE 进行不同的操作，并向 UTRAN 回送操作完成响应。UTRAN 收到响应后，删除旧的配置，于是过程结束。

传输格式组合控制用于控制在传输格式组合集中允许的上行链路传输格式组合。为了初始化传输格式组合控制过程，UTRAN 应在下行 DCCH 上使用 AM、UM 或 TM RLC 发送 TRANSPORT FORMAT COMBINATION CONTROL 消息。在改变允许的传输格式组合子集时，UTRAN 应在信息元素"TFC subset"中设置允许的 TFC。UE 在收到 TRANSPORT FORMAT COMBINATION CONTROL 消息后，按照相应的规则修改传输格式组合集。如果修改失败，则向 UTRAN 发送 TRANSPORT FORMAT COMBINATION CONTROL FAILURE 消息。

（3）RRC 连接移动性过程：RRC 连接移动性过程包括小区和 URA 更新过程、UTRAN 移动性信息、活动集更新、硬切换、不同 RAT 之间的切换（包括切换至 UTRAN 和从 UTRAN 切换出去）、不同 RAT 之间的小区重选（包括选至 UTRAN 和从 UTRAN 选出）等。

UTRAN 位置登记更新和小区更新过程用于以下几个主要目的：

① 重新进入 URA_PCH 或 CELL_PCH 状态的服务区域后通知 UTRAN；

② 通知 UTRAN 关于在确认模式 RLC 实体上一条 RLC 不可恢复的错误；

③ 在 CELL_FACH 或 CELL_PCH 或 URA_PCH 状态下作为一个监管机制定期进行小区更新。

小区/URA 更新过程，首先由 UE 向 UTRAN 发送一个 Cell UPDATA/URA UPDATE 消息；UTRAN 在接收到该消息之后，若更新成功后，则在下行 DCCH 或 CCCH 上行向 UE 发送一个 Cell/URA UPDATE CONFIRM 消息。若更新失败，UTRAN 将向 UE 发送 RRC CONNECTION RELEASE 消息。

UTRAN 移动性信息用于为一个处于连接模式的 UE 分配下面的一个或一个组合：

① 一个新的 C-RNTI；

② 一个新的 U-RNTI；

③ 其他与 UTRAN 移动性相关的信息。

该过程的发起是由 UTRAN 向 UE 发送一个 UTRAN BOBILITY INFORMATION 消息，若该过程成功，则 UE 向 UTRAN 发送 UTRAN BOBILITY INFORMATION CONFIRM，否则发送 UTRAN BOBILITY INFORMATION FAILURE 消息。

激活集更新过程用于更新 UE 与 UTRAN 之间连接的激活集。该过程在 CELL_DCH 状态下使用。该过程首先由 UTRAN 向 UE 发送一个 ACTIVE SET UPDATE 消息,如果更新成功,则 UE 向 UTRAN 发送 ACTIVE SET UPDATA COMPLETE,否则发送 ACTIVE SET UPDATE FAILURE 消息。

不同 RAT 之间的切换,在这里指 GSM 和 UTRAN 之间的切换,其中又分为从 GSM 向 UTRAN 的切换和从 UTRAN 向 GSM 的切换两种情况。在前一种情况下,首先由 UTRAN 通过和其他网络(GSM)的接口,向 UE 发送一个 HANDOVER TO UTRAN COMMAND 命令,若切换成功,则 UE 向 UTRAN 发送 HANDOVER COMPLETE,否则发送 HANDOVER FAILURE;后一种情况下,UTRAN 直接向 UE 发送 HANDOVER FROM UTRAN COMMAND,由 GSM 为 UE 分配无线资源,完成切换工作并向 UTRAN 报告结果。

RAT 间的小区重选用于 UE 和不同其他无线接入技术的控制下,将 UE 与一种无线接入技术的连接转移到另一种。分为从 GSM/GPRS 重选至 UTRAN 和从 UTRAN 重选至 GSM/GPRS。在这两个过程中,当 UE 从与一个 RAT 的连接重选到另一 RAT 小区之后,将释放与前一 RAT 之间的全部无线资源,并建立与另一 RAT 的连接。若小区重选失败,则重新回到原来的小区,并有可能进入空闲模式。

(4) 测量过程:UE 的测量分为 6 个不同的类型:频内测量、频间测量、系统间测量、业务量测量、质量测量和 UE 内部测量。

测量过程包括测量控制、测量结果报告和辅助数据传送等 3 个过程。

测量控制用于建立修改或释放 UE 的一个测量过程。UTRAN 通过发送 MEASUREMENT CONTROL 消息或广播消息控制一个 UE 的测量。UTRAN 在安排 UE 的测量时,要考虑 UE 的支持能力。若有异常情况,则 UE 向 UTRAN 发送 MEASUREMENT CONTROL FAILURE 消息。

测量报告过程用于从 UE 传送测量报告给 UTRAN。

在 CELL_DCH 和 CELL_FACH 状态下,当变量 MEASUREMENT_IDENTITY 中存储的任何进行的测量报告准则满足时,UE 在上行 DCCH 上发送 MEASUREMENT REPORT 消息。

在 CELL_PCH 或 URA_PCH 状态,UE 应先执行小区更新过程转移到 CELL_FACH 状态,然后当变量 MEASUREMENT_IDENTITY 中存储的进行中的业务量测量报告准则满足时,在上行 DCCH 上发送 MEASUREMENT REPORT 消息。

辅助数据传输过程的目的是从 UTRAN 到 UE 传输有关 UE 位置的援助数据。该过程主要应用于位置业务中。RNC 在 CN 的请求下,可以利用 ASSISTANCE DATA DELIVERY 消息向 UE 传输相关的辅助数据,该消息在下行 DCCH 上以 AM RLC 传输。

(5) 常规过程:常规过程包括初始 UE 表示选择、从连接模式进入空闲模式的动作、PCCH 建立中的开环功率控制、物理信道建立准则、在服务区和不在服务区的操作、无线链路失败准则、开环功率控制、超帧编号完整性保护、FACH 测量时机计算、接入服务类别 (ASC) 的建立、接入类别到 ASC 的映射、PLMN 类型选择、CFN 计算、CTCH 场合的配置、PRACH 的选择、RACH TTI 的选择和辅助 CCPCH 的选择等。

4.3 TD-SCDMA 系统

4.3.1 概述

1. 标准的提出

TD-SCDMA 是 Time Division-Synchronous Code Division Multiple Access（时分同步的码分多址技术）的缩写。

TD-SCDMA 作为中国提出的第三代移动通信标准，自 1998 年正式向 ITU 提交以来，历经十来年的时间，完成了标准的专家组评估、ITU 认可并发布、与 3GPP（第三代伙伴项目）体系的融合、新技术特性的引入等一系列的国际标准化工作，从而使 TD-SCDMA 标准成为第一个由中国提出的，以我国知识产权为主的，被国际上广泛接受和认可的无线通信国际标准。

2. TD-SCDMA 的特点

TD-SCDMA 是 TDD 和 CDMA、TDMA 技术的结合，具有下列特点：

（1）采用时分双工（TDD）技术，无须成对频段，适合多运营商环境。TD-SCDMA 每载频只需一个 1.6MHz 带宽，而采用 FDD 技术的 CDMA 2000 需要一对 1.23MHz 带宽，WCDMA 需要一对 5MHz 带宽。

（2）采用智能天线、联合检测和上行同步等大量先进技术，可以降低发射功率，减少多址干扰，提高系统容量。

（3）采用"接力切换"技术，可克服软切换大量占用资源的缺点。

（4）采用 TDD 无须双工，可简化射频电路，系统设备和手机成本较低。

（5）采用灵活的上下行时隙分配方式，TDD 适合传输下行数据速率高于上行的非对称因特网业务。

（6）采用软件无线电先进技术，更容易实现多制式基站和多模终端，系统更易于升级换代。

4.3.2 TD-SCDMA 的网络结构

1. TD-SCDMA 的网络结构及接口

TD-SCDMA 网络主要包括核心网和无线接入网两部分。核心网主要处理 UMTS 内部所有的语音呼叫、数据连接和交换，以及与外部其他网络的连接和路由选择。无线接入网完成所有与无线有关的功能。在核心网与接入网之间，接口为 Iu 接口，终端与接入网之间为 Uu 接口，详见图 4-36。

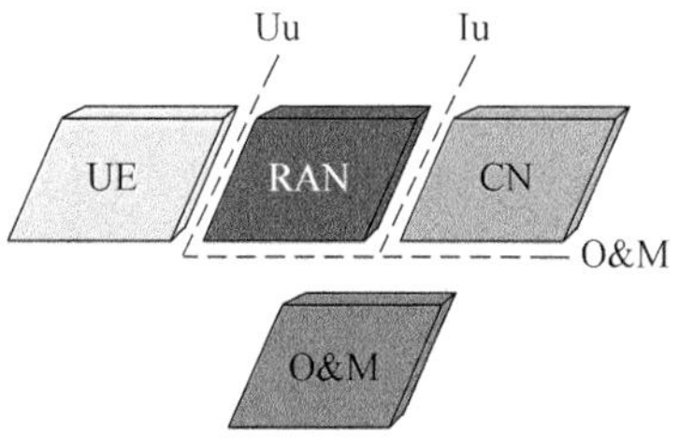

2. UTRAN 接入网结构

1）UTRAN 基本结构

UTRAN 包含一个或几个无线网络子系统

图 4-36 TD-SCDMA 网络组成及标准接口

135

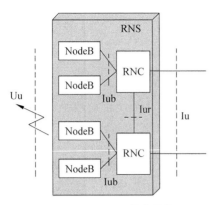

图 4-37 UTRAN 基本结构

（RNS），一个 RNS 由一个无线网络控制器（RNC）和一个或多个基站（NodeB）组成。RNC 与 CN 之间的接口是 Iu 接口，NodeB 和 RNC 通过 Iub 接口连接。在无线网络内部，RNC 之间的接口为 Iur 接口。RNC 用来分配和控制与之相连或相关的 NodeB 的无线资源，参见图 4-37。

（1）Iu 接口：Iu 接口是连接 UTRAN 和核心网之间的接口。同 GSM 的 A 接口一样，Iu 接口也是一个开放的接口，这也使通过 Iu 接口相连接的 UTRAN 与 CN 可以分别由不同的设备制造商提供。Iu 接口可以分为电路域的 Iu-CS 接口和分组域的 Iu-PS 接口。

（2）Iub 接口：Iub 接口是 RNC 与 NodeB 之间的接口，用来传输 RNC 和 NodeB 之间的信令及无线接口的数据。

（3）Iur 接口：Iur 接口是两个 RNC 之间的逻辑接口，用来传送 RNC 之间的控制信令和用户数据。同 Iu 接口一样，Iur 接口也是一个开放的接口。Iur 接口最初设计是为了支持 RNC 之间的软切换，但是后来也加入了其他的有关特性，现在 Iur 接口的主要功能是支持基本的 RNC 之间的移动性，支持公共信道业务，支持专用信道业务和支持系统管理过程。

（4）Uu 接口：空中接口（无线接口）主要用来建立、重配置和释放各种无线承载业务。和 Iu 接口一样，空中接口也是一个完全开放的接口。

2）UTRAN 接口基本协议结构

UTRAN 接口基本协议结构如图 4-38 所示。

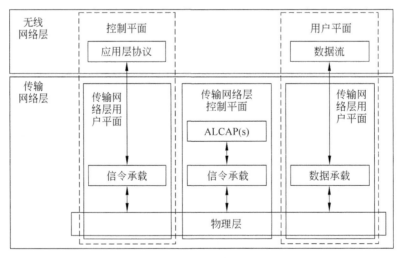

图 4-38　UTRAN 通用协议模型

从水平层看，协议结构主要包含两层：无线网络层和传输网络层。所有与 UTRAN 有关的协议都包含在无线网络层，而传输网络层使用标准的传输技术，根据 UTRAN 的具体应用进行选择。

从垂直平面看，包括 4 个平面：控制平面、用户平面、传输网络层控制平面和传输网络

136

层用户平面。

（1）控制平面：包括应用协议(Iu 接口中的 RANAP, Iur 接口中的 RNSAP, Iub 接口中的 NBAP)及用于传输这些应用协议的信令承载。

应用层协议和其他相关因素一起用于建立 UE 的承载（例如在 Iu 中的无线接入承载以及在 Iur 和 Iub 中的无线链路)，而这些应用协议的信令承载与接入链路控制协议(ALCAP)的信令承载可以一样也可以不一样,它通过 O&M 操作建立。

（2）用户平面：用户收发的所有信息,例如语音和分组数据,都得经过用户平面传输。用户平面包括数据流和相应的承载,每个数据流的特征都由一个或多个接口的帧协议来描述。

（3）传输网络层控制平面：传输网络层控制平面为传输层内的所有控制信令服务,不包含任何无线网络层信息。它包括为用户平面建立传输承载（数据承载）的 ALCAP 以及 ALCAP 需要的信令承载。

传输网络层控制平面位于控制平面和用户平面之间。它的引入使无线网络层控制平面的应用协议与在用户平面中为数据承载而采用的技术可以完全独立。使用传输网络层控制平面的时候,无线网络层用户平面中数据承载的建立方式如下：对无线网络层控制平面的应用协议进行一次信令处理,通过 ALCAP 协议建立数据承载。该 ALCAP 协议是针对用户平面技术而定的。

控制平面和用户平面的独立性要求必须进行一次 ALCAP 的信令处理。

（4）传输网络层用户平面：用户面的数据承载和控制平面的信令承载都属于传输网络层的用户平面。传输网络层用户平面的数据承载在实时操作期间由传输网络层控制平面直接控制,但是为应用协议建立信令承载所需要的控制操作被认为是操作维护行为。

3. Iu 接口信令协议

Iu 接口结构如图 4-39 所示。

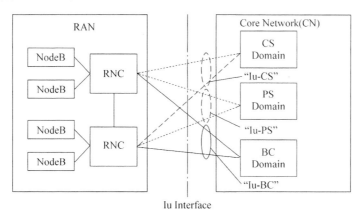

图 4-39　Iu 接口结构

从结构上看,Iu 接口可以分成 3 个域：电路交换域(Iu-CS)、分组交换域(Iu-PS)和广播域(Iu-BC)。

从功能上看,Iu 接口主要负责传递非接入层的控制消息、用户消息、广播信息及控制 Iu 接口上的数据传递等。

1) Iu-CS 协议结构

(1) Iu-CS 控制平面:在 R99 中,控制面协议包括位于 7 号信令的无线接入网应用部分(RANAP),传输层包括信令连接控制部分(SCCP),消息传送部分(MTP-3B)和网间接口信令 ATM 适配层(SAAL-NNI),其中 SAAL-NNI 由 3 部分组成:SSCF、SSCOP和 AAL5。

在 R5 网络中,引入 IP 传输后,相应的协议栈组成为 SCCP、M3UA、SCTP 和 IP 协议。

(2) Iu-CS 用户平面:在 R99 中,每个电路交换业务都要预留一个 AAL2 专用连接,在 R5 之后,使用能够进行实时处理的 RTP/IP 协议。

(3) Iu-CS 传输网络层控制平面:传输网络层控制平面也在原来用于建立 AAL2 专用连接(Q.2630.1 和适配层 Q.2150.1)信令协议的基础上,引入了相应的 IP 传输机制。

Iu-CS 接口协议结构如图 4-40 所示,有关名词解释见表 4-2。

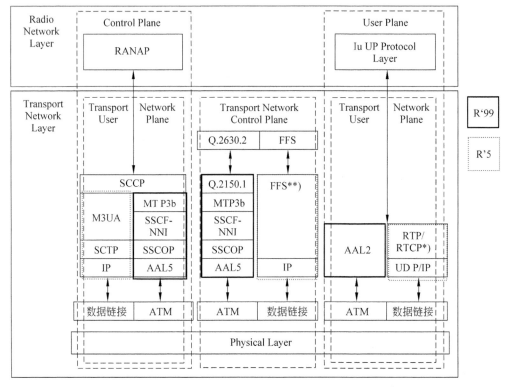

图 4-40 Iu-CS 接口协议

表 4-2 Iu-CS 接口协议名词名

缩　　写	英　文　名
ATM	Asynchronous Transfer Mode
SSCOP	Service Specific Connection Oriented Protocol
SSCF-NNI	Service Specific Coordination Function-Network Node Interface
MTP-3b	Message Transfer Part-3 Broadband
SCTP	Stream Control Transmission Protocol

缩　　写	英　文　名
M3UA	MTP3 User Adaptation Layer
SCCP	Signaling Connection Control Part
RANAP	Radio Access Network Application Part
Q.2105.1	AAL2 Signaling Transport Converter for MTP3b
Q.2630.2	AAL2 connection signaling
FFS	For Future Study
AAL2	ATM Adaptation Layer 2
AAL5	ATM Adaptation Layer 5
UDP	User Datagram Protocol
RTCP * （可选）	Real Time Control Protocol
RTP	Real Time Protocol

2) Iu-PS 协议结构

Iu-PS 接口协议结构如图 4-41 所示。

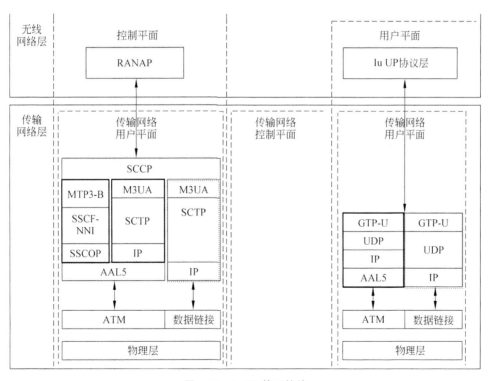

图 4-41　Iu-PS 接口协议

RANAP 定义了以下功能：

（1）SRNC 的重定位。

（2）全部无线接入承载的管理，包括无线接入承载的建立、修改和释放。

对要建立的无线接入承载排队,将一些请求的无线接入承载放置在队列中,并通知接收端。

(3) 请求释放无线接入承载,虽然整个无线接入承载的管理由 CN 来完成,但 UTRAN 可以请求释放无线接入承载。

(4) 释放与一个 Iu 连接有关的所有资源。

(5) 转发 SRNS 的上下文。

(6) 控制过载,可以调整 Iu 接口的负载。

(7) Iu 接口的重新复位。

(8) 将 UE 的通用 ID 发送给 RNC。

(9) 寻呼用户,给 CN 提供了寻呼 UE 的能力。

(10) 对跟踪 UE 活动做出控制,允许对于给定的 UE 设置跟踪模式,同时对于已经建立的跟踪去激活。

(11) 在 UE 和 CN 之间传输非接入层消息。

(12) 控制在 UTRAN 里的安全模式,用于向陆地无线接入网发送密钥,同时对于安全功能设置工作模式。

(13) 对于位置报告做出控制。

(14) 报告位置,用于将实际的位置信息从 RNC 传输到 CN。

(15) 报告数据流量,对于特定的无线接入承载,用于报告没有能够成功通过 UTRAN 的下行发送数据流量。

(16) 报告错误状况。

3) Iu-BC 协议结构

Iu-BC 协议结构如图 4-42 所示。

SABP 定义了以下功能:

(1) 消息处理,包括广播新的消息,修正现有的消息及停止广播特定的消息。

(2) 决定广播信道的负载。

(3) 复位,允许小区广播中心在一个或几个服务区域停止广播。

(4) 报告错误状况。

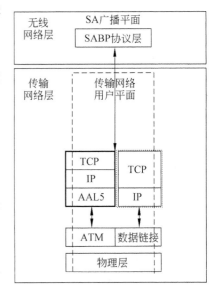

图 4-42 Iu-BC 接口协议

4. Iub 接口信令协议

Iub 接口是 RNC 与 Node B 之间的接口,用来传输 RNC 和 Node B 之间的信令及无线接口数据,它的协议栈分为无线网络层、传输网络层和物理层,参见图 4-43 和表 4-3。

无线网络层由控制平面的 NBAP(Node B 应用部分)和用户平面的 FP(帧协议)组成,传输网络层目前采用 ATM 传输,在 R5 以后的版本中,引入了 IP 传输机制,物理层可以使用 E1、STM-1 等多种标准接口。

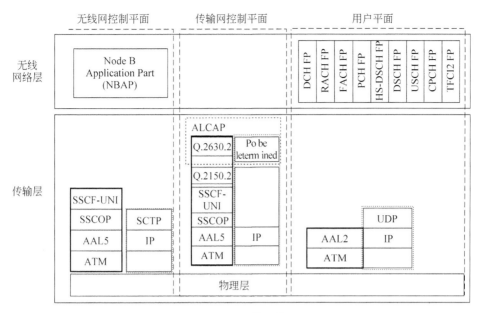

图 4-43　Iub 接口协议

表 4-3　Iub 接口协议名词英文名

缩　　写	英　文　名	缩　　写	英　文　名
ALCAP	Access Link Control Application Part	PCH	Paging Channel
NBAP	NodeB Application Part	HS-DSCH	High Speed Downlink Shared Channel
FP	Frame Protocol	DSCH	Down-link Shared Channel
DCH	Dedicated Transport Channel	USCH	Up-link Shared Channel
RACH	Random Access Channel	CPCH(FDD)	Common Packet Channel
FACH	Forward Access Channel	TFCI2(FDD)	Transport Format Combine Indication 2

Iub 接口功能如下：

(1) 管理 Iub 传输资源。

(2) Node B 的逻辑操作，包括 Iub 链路管理、小区配置管理、无线网络性能测量、资源事件管理、公共传输信道管理、无线资源管理和无线网络配置。

(3) 执行特殊 O&M 传输。

(4) 系统信息管理。

(5) 公共信道业务管理，包括接入控制、功率管理和数据传输。

(6) 专用信道业务管理，包括无线链路管理、无线链路监测、信道分配和重分配、功率管理、测量报告、专用传输信道管理和数据传输。

(7) 共享信道业务管理，包括信道分配和重分配、功率管理、传输信道管理、动态物理信道分配、无线链路管理和数据传输。

(8) 定时和同步管理，包括传输信道同步（帧同步）、Node B-RNC 节点同步和 Node B 间节点同步。

NBAP 基本过程分为公共过程和专用过程，分别对应公共链路和专用链路的信令过程：

（1）公共 NBAP 主要功能：

① 建立 UE 的第一个无线链路，选择业务终结端点。

② 公共传输信道控制。

③ 小区配置及 TDD 模式下的小区同步控制。

④ TDD 模式下的共享信道配置。

⑤ 初始化和报告小区或 Node B 的相关测量。

⑥ 错误管理。

（2）专用 NBAP 主要功能：

① 为特定的 UE 增加，删除以及重新配置无线链路。

② 专用信道控制。

③ 报告无线链路的具体测量。

④ 无线链路差错管理。

（3）帧协议（FP）主要功能。

帧协议是用来传输通过 Iub 接口上的公共传输信道和专用传输信道数据流的协议。主要功能是把无线接口的帧转化成 Iub 接口的数据帧，同时产生一些控制帧进行相应的控制，Iub FP 的帧结构种类很多，主要分为数据帧和控制帧。

5. Iur 接口信令协议

Iur 接口信令协议结构如图 4-44 所示。

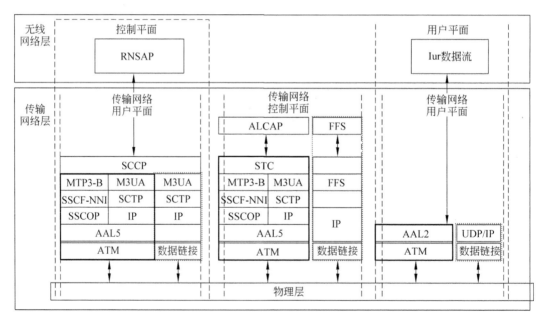

图 4-44　Iur 接口协议

Iur 接口功能包括：

（1）传输网络管理。

（2）公共传输信道的业务管理，包括公共传输信道的资源准备和寻呼功能。

（3）专用传输信道的业务管理,包括无线链路的建立、增加、删除和测量报告等功能。

（4）下行共享传输信道和上行共享传输信道的业务管理,包括无线链路的建立、增加删除和容量分配等功能。

（5）公共和专用测量对象的测量报告。

6. Iupc 接口信令协议

Iupc 接口是为了使第三代移动通信更好地提供定位业务而提出的,定位业务主要可以用于增值业务、紧急呼叫、合法侦听、内部定位等。Iupc 接口协议结构如图 4-45 所示。

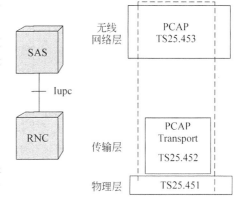

图 4-45　Iupc 接口协议

4.3.3　TD-SCDMA 系统的关键技术

在 TD-SCDMA 系统中,用到了以下几种主要的关键技术:联合检测(Joint Detection)、智能天线(Smart Antenna)、上行同步(Uplink Synchronous)、接力切换(Baton Handover)、软件无线电(Soft Radio)和动态信道分配(Dynamic Channel Allocation)。

1. 联合检测

1) CDMA 系统中的干扰

（1）小区内干扰包括以下因素:

① 无线通信信道的时变性和多径效应。

② 扩频码的自相关和互相关特性不理想。

③ 同一用户数据之间存在的符号间干扰(Inter Symbol Interference,ISI)。

④ 同小区内部其他用户信号造成的多址干扰(Multi-Address Interference,MAI)。

解决小区内干扰可以采取如下方法:

① 频率/空间/时间分集。

② 多用户检测(Multi-User Detection,MUD)。

③ 智能天线。

（2）小区间干扰是由同频小区之间信号造成的干扰。

解决方法包括:

① 通过合理的小区配置来减小其影响。

② TD-SCDMA 智能天线可以减少小区间干扰。

（3）干扰带来的问题如下。

① 系统的容量受到限制:单用户性能受到 ISI 的限制,多用户性能受到 MAI 的限制。

② 远近效应问题:各用户到基站的距离或者衰落深度不同,强信号将抑制弱信号,使得相对较弱的用户信号得不到正常的检测。

（4）干扰的解决办法:即使在最差的情况下,小区间干扰功率也不超过小区内部干扰功率的 60%,因此系统容量主要取决于小区内 ISI 和 MAI 的处理。

CDMA 系统中缓解 MAI 的重要手段是采用严格的功率控制技术,但这个技术只是在一定程度上控制远近效应而不能从根本上消除多址干扰的影响,因而对系统容量的提高是有限的。

2）联合检测的定义

联合检测是综合考虑同时占用某个信道的所有用户或某些用户,消除或减弱这些用户对其他用户的影响,并同时检测出所有用户或某些用户的信息的一种方法。它的基本思想是通过挖掘有关干扰用户信息（信号到达时间、使用的扩频序列、信号幅度等）来消除多址干扰,进而提高信号检测的稳定性。不再像传统的检测器那样忽略系统中其他用户的存在。

理论分析表明,如果联合检测能完全消除本小区其他用户的多址干扰,系统容量可以提高 2.8 倍。

3）联合检测的基本原理

在 CDMA 系统中多个用户的信号在时域和频域上是混叠的,接收时需要在数字域上用一定的信号分离方法把各个用户的信号分离开来。

由于 MAI 中包含许多先验的信息,如确知的用户信道码、各用户的信道估计等,因此 MAI 不应该被当作噪声处理,它可以被利用以提高信号分离方法的正确性。这样充分利用 MAI 中的先验信息,将所有用户信号的分离看作一个统一过程的信号分离方法称为多用户检测,基本思想是把所有用户信号当作有用信号来对待,而不是看作干扰信号。

其基本方法是对信道特性（包括多址传播特性等）进行估值,并通过测量各个用户扩频码之间的非正交性,用矩阵求逆方法或迭代法消除多用户之间的干扰,将所有用户的数据正确地恢复出来。

根据对 MAI 处理方法的不同,多用户检测技术可以分为干扰抵消和联合检测两种。其中联合检测技术充分利用 MAI,将所有的用户信号都分离开来的一种信号分离技术。

联合检测算法一般分为两类：线性算法、判决反馈算法。判决反馈算法是在线性算法基础上经过一定的扩展得到,计算复杂度较大,因此在实际应用中,通常使用计算量较小、形式较为简单的线性算法：迫零线性均衡算法（ZF-BLE）和最小均方误差均衡算法（MMSE-BLE）。

ZF-BLE 算法完全消除了 ISI 和 MAI,但增强了噪声功率；MMSE-BLE 算法在消除干扰和增大噪声之间取折中,性能优于 ZF-BLE,其代价是需要估计干扰功率。

图 4-46 描述的是联合检测技术的基本思想。

4）实际系统中的联合检测技术

联合检测的信道模型一般如图 4-47 所示。

图中：d 表示用户实际要传输的数据；c 表示经过扩频后的数据；h 代表信道冲激响应；e 代表基站接收到的数据 $e=Ad+n$；n 代表高斯白噪声；A 代表 A 矩阵；k 代表用户数。

联合检测的实现如图 4-48 所示。

5）联合检测的优点及发展

联合检测技术的优点如下。

对于上行链路：

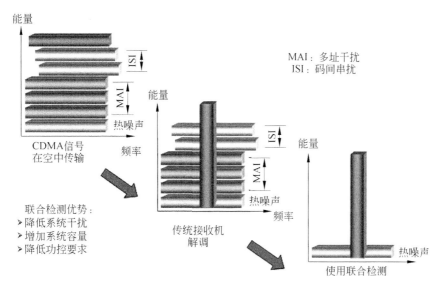

图 4-46 联合检测基本思想

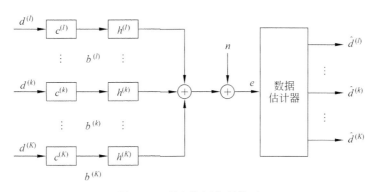

图 4-47 联合检测信道模型

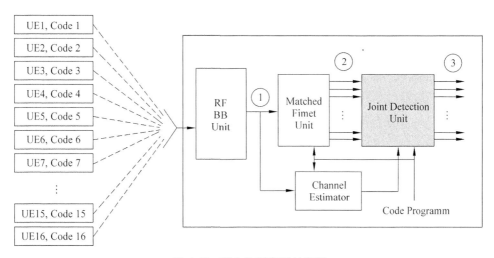

图 4-48 联合检测实现示意图

（1）联合检测技术能大幅度提高上行链路的性能。

（2）具有优良的抗多址及多径干扰性能，可以消除通信系统中的大部分干扰，从而降低整个系统的误码率，使通信系统的容量和通信质量得以显著提高。

（3）具有克服远近效应的能力，增加信号动态检测范围，对功率控制的要求降低。

（4）提高链路性能，降低用户设备（UE）的发射功率，提高待机及通话时间。

（5）增加通信距离，增大基站覆盖范围，降低了基站综合成本。

对于下行链路：

CDMA 系统中，NB 通常根据最远 UE 调整发射功率，会造成很强的下行干扰。但如果 NB 根据 UE 的距离调整发射功率，又会造成很强的远近效应，导致部分 UE 无法工作。

联合检测使 TD-SCDMA 具有克服远近效应的能力，增加信号动态检测范围，对功率控制的要求降低，故可以在一定范围内根据 UE 的距离分配发射功率，降低系统下行干扰，提高系统容量。

从理论上讲，联合检测技术可以完全消除多址干扰的影响。但在实际应用中，联合检测技术将会遇到以下问题：

（1）信道估计的不准确将影响到检测结果的准确性。

（2）随着处理信道数的增加，算法的复杂度并非线性增加。

（3）对小区间的干扰没有得到很好的解决。

在 TD-SCDMA 系统中并不是单独使用联合检测技术，而是采用了联合检测和智能天线技术相结合的方法，以充分发挥这两种技术的综合优势。

2. 智能天线技术

智能天线原名自适应天线阵列（Adaptive Antenna Array，AAA），最初应用于雷达、声呐等军事通信领域，主要用来完成空间滤波和定位，例如相控阵雷达就是其中一种采用较简单自适应天线阵的军事产品。智能天线是移动通信人员把自适应天线阵应用于移动通信的名称，英文名称为 Smart Antenna（SA）。

移动通信传输环境恶劣，由于多经衰落、时延扩展造成的符号间干扰，FDMA 和 TDMA 系统（如 GSM）由于频率复用引起的共信道干扰，CDMA 系统中的多址干扰等都会使链路性能变差、系统容量下降，而我们所熟知的均衡、码匹配滤波、RAKE 接收机、信道译码技术等都是为了对抗或者较少这些干扰的影响。这些技术实际利用的都是时域、频域信息，但在实际上有用的信号，其时延样本和干扰信号在时域、频域存在差异的同时，在空域（Direction Of Arrival，DOA）也存在差异，分级天线，特别是扇区天线可视为对这部分区域资源的初步利用，而要更充分地利用它只有智能天线。

那么究竟什么是智能天线呢？

1）智能天线的基本概念

TD-SCDMA 系统的智能天线的原理是使一组天线和对应的收发信机按照一定的方式排列，通过改变各天线单元的激励的权重（相位和幅度），利用波的干涉原理可以产生强方向性的辐射方向图，使用 DSP 技术使主波束指向期望用户并且波束自适应地跟踪移动台方向，这样在干扰用户的方向形成零陷。系统通过上述方法可达到提高信号的载干比，达到降低发射功率等目的，参见图 4-49。

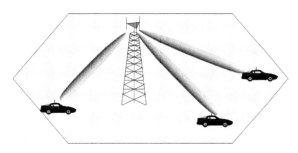

图 4-49　智能天线的基本原理

2）智能天线的优点

在没有智能天线时，系统会遇到什么问题呢？

全向天线所发射的无线信号功率分布于整个小区，各用户间存在较大干扰，参见图 4-50。此时信号能量分布于整个小区内，所有小区内的移动终端均相互干扰，此干扰是 CDMA 容量限制的主要原因。

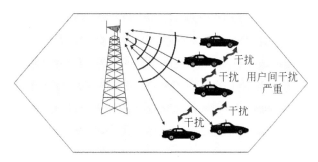

图 4-50　在没有智能天线的情况下用户间干扰严重

智能天线使发射功率指向特定的激活用户，并随着用户的移动而动态地调整发射方向，用户间干扰得到有效抑制。此时信号能量仅指向小区内处于激活状态的移动终端，正在通信的移动终端在整个小区内处于受跟踪状态。

通过图 4-51 可以看到智能天线在小区内可以有效抑制用户间的干扰，那么在小区间，干扰是否依然存在呢？通过图 4-52 可以看出，智能天线对于抑制小区间的干扰也同样有效。

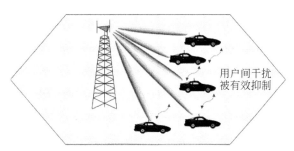

图 4-51　在有智能天线的情况下干扰有效抑制

智能天线的主要优点如下。

（1）提高了基站接收机的信噪比。

基站所接收到的信号为来自各天线单元和收信机所接收到的信号之和。如采用最大功

在没有智能天线的情况下
小区间用户的干扰严重

在使用智能天线的情况下
小区间用户的干扰得到极大改善

图 4-52　小区间的干扰得到有效抑制

率合成算法,在不计多径传播条件下,则总的用户信号为各天线用户信号的矢量叠加,信号功率为 $20\lg N$(dB),其中,N 为天线单元的数量;而总的接收噪声为各天线接收噪声的功率叠加,噪声功率为 $10\lg N$(dB);接收信噪比为 $10\lg N$(dB)。存在多径时,此接收灵敏度的改善将随多径传播条件及上行波束赋形算法而略有改变。

(2) 提高了基站发射机的等效发射功率。

发射天线阵在进行波束赋形后,该用户终端所接收到的等效发射功率可能增加 $20\lg N$(dB)。其中,$10\lg N$(dB)是 N 个发射机功率累加的效果,与波束成形算法无关;另外 $10\lg N$(dB)类似于基站接收机信噪比的提高,随传播条件和下行波束赋形算法可能略有下降。

(3) 降低了系统的干扰。

① 上行:基站的接收信号是有方向性的,对接收方向以外的干扰有一定的抑制。

② 下行:波束赋形后低旁瓣泄漏大大减小小区内、小区间其他用户信号的干扰。

(4) 增加了 CDMA 系统的容量。

CDMA 系统是一个自干扰系统,其容量的限制主要来自本系统的干扰。降低干扰对 CDMA 系统极为重要,它可大大增加系统的容量。

3) 智能天线的技术与实现

智能天线是一个天线阵列。为了实现某种特定的辐射,由若干辐射天线单元按一定方式排列组成的天线系统称为天线阵列。影响天线阵列辐射特性有以下几个方面:

① 单元个数及其空间分布;

② 单元辐射特性;

③ 各单元的激励。

这 3 方面任何一个改变,整个阵列的辐射特性就改变了。

TD-SCDMA 的智能天线可以使用圆阵天线或线阵天线,见图 4-53。圆阵天线阵由 8 个完全相同的天线阵元均匀地分布在一个半径为 R 的圆上所组成。

智能天线的功能是由天线阵及与其相连接的基带数字信号处理部分共同完成的。天线的方向图由基带处理器控制,可同时产生多个波束,按照通信用户的分布,在 360°(圆阵)或 120°(线阵)的范围内任意赋形。

4) 智能天线系统的技术实现

(1) TD-SCDMA 系统中智能天线设计的基本思想如图 4-54 所示。通过图 4-54 可以看出,智能天线的下行波束赋形是和上行信道估计密切相关的,智能天线是根据上行信道估计

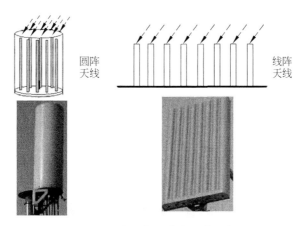

图 4-53　圆阵天线和线阵天线示意图

的结果来计算下行赋形参数的。同时可以看出,智能天线和联合检测是一个统一的整体,密不可分,在系统实际实现时,经常把这两个系统连在一起称作 SJ(Smart Antenna＋Joint Detection)。

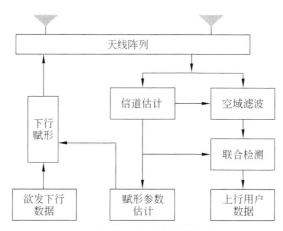

图 4-54　智能天线系统的技术实现 1

　　图 4-55 反映了系统在实际实现 SJ 时的信道模型,其中: d 表示用户实际要传输的数据;C 表示经过扩频后的数据;e 代表基站接收到的数据;Ka 代表天线编号;h 代表信道冲激响应;A 代表矩阵;w 代表赋形参数;k 代表用户数。

　　(2) 在使用智能天线时,必须具有对智能天线进行实时自动校准的技术。在前面介绍智能天线原理时,已经分析了在 TDD 系统中使用智能天线时是根据电磁场理论中的互易原理,直接利用上行波束成型系数来进行下行波束成型。但对实际的无线基站,每一条通路的无线收发信机不可能是全部相同的,而且,其性能将随时间、工作电平和环境条件(比如温度)等因素变化。如果不进行实时自动校准,则下行波束成型将受到严重影响。不仅得不到智能天线的优势,甚至完全不能通信。因此,天线的校准是智能天线应用中的一项核心技术。

　　该校准主要包括射频部分和基带处理部分,通过天线校准可以:

　　① 保证下行发射时,天线各单元的一致性(满足下行波束赋形的需要)。

　　② 保证上行接收时,天线各单元的一致性(满足上行接收的需要)。

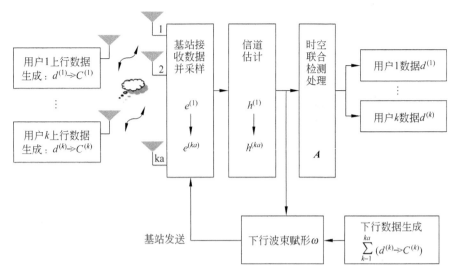

图 4-55　智能天线系统的技术实现 2

3．上行同步

1）上行同步概述

上行同步是 TD-SCDMA 系统必选的关键技术之一，在 CDMA 移动通信系统中，下行链路总是同步的，所以一般说同步 CDMA 都是指上行同步。

上行同步的定义：所谓上行同步是指在同一小区中，同一时隙的不同位置的用户发送的上行信号同时到达基站接收天线，即同一时隙不同用户的信号到达基站接收天线时保持同步，参见图 4-56。

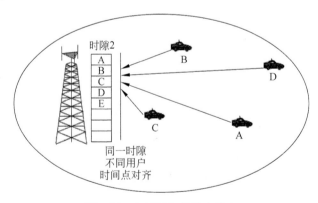

图 4-56　上行同步的基本概念

上行同步的意义（参见图 4-57）：

（1）保证 CDMA 码道正交；

（2）降低码道间干扰；

（3）消除时隙间干扰；

（4）提高 CDMA 容量；

（5）简化硬件、降低成本。

上行同步分为开环同步和闭环同步。其中开环同步用于上行同步建立（如 UE 初始接

信道冲击响应

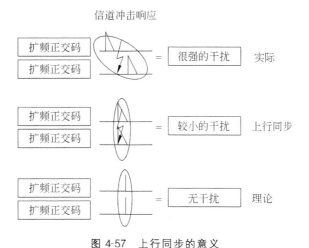

图 4-57　上行同步的意义

入、切换、位置更新等),闭环同步用于上行同步保持(通话过程中)。

2)上行同步建立

上行同步的建立过程参见图 4-58。

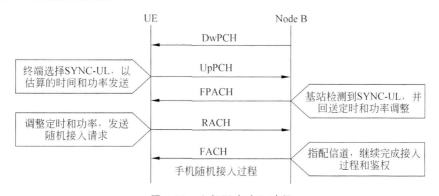

图 4-58　上行同步建立过程

在上行同步建立之前,UE 必须利用 DwPTS 上的 SYNC_DL 信号建立与当前小区的下行同步。

在上行同步建立过程中,UE 首先在特殊时隙 UpPTS 上开环发送 UpPCH 信号。

UE 根据路径损耗估计 UE 与 Node B 之间传输时间来确定上行初始发送定时,或者以固定的发送提前量来确定初始发送定时 Node B 在 UpPTS 上测量 UE 发送的 UpPCH 的定时偏差,然后转入闭环同步控制。Node B 将 UpPCH 的定时偏差在下行信道 FPACH 上通知 UE。正常情况下,Node B 将在收到 SYNC-UL 后的 4 个子帧内对 UE 进行应答。如果 UE 在 4 个子帧之内没有收到来自 Node B 的应答,UE 将根据目前的测量调整发射时间和发射功率,在一个随机时延后,再次发送 SYNC-UL。每次重新传输,UE 都是随机选择新的 SYNC-UL。

UE 调整定时偏差发送 PRACH 或上行 DPCH,建立上行同步。

3)上行同步保持

因为 UE 是移动的,它到 Node B 的距离总是不断变化,所以在整个通信过程中,Node B 必须不间断地检测其上行帧中的 Midamble 码的到达时刻,并对 UE 的发射时刻进行闭环控制,以保持可靠的同步,其过程参见图 4-59。

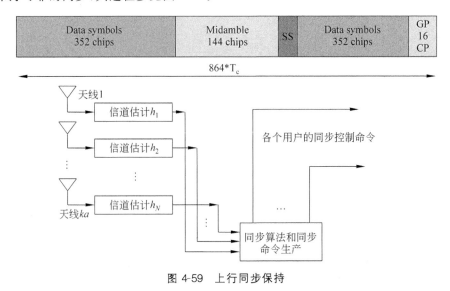

图 4-59 上行同步保持

(1) Node B 利用每个 UE 的 Midamble 测量路径时延的起始位置、终止位置和主径位置。

(2) Node B 依据测量结果来形成物理层命令 SS。首先保证所有路径时延落在信道估计窗口内;其次要求主径往期望的位置移动;SS 命令有 3 种情况,即往前调整、往后调整和不调整。

(3) Node B 在下行链路将 SS 命令通知 UE。

(4) UE 根据 SS 命令调整下次发送定时,发送定时以固定步长进行调整,最小调整步长为 $\frac{1}{8}$ 码片。

(5) 调整步长和调整周期由高层设定。

4. 接力切换

TD-SCDMA 系统采用了接力切换技术。所谓接力切换是指系统使用上行预同步技术,在切换过程中,UE 从源小区接收下行数据,向目标小区发送上行数据,即上下行通信链路先后转移到目标小区。

1) 接力切换的基本过程

在 TD-SCDMA 系统中,切换主要分成以下几步:

(1) 测量过程。在 UE 和基站通信过程中,UE 需要对本小区基站和相邻小区基站的导频信号强度、P-CCPCH 的接收信号码功率、SFN-SFN 观察时间差异等重要测试项进行测量。

UE 的测量可以是周期性测量、事件触发测量和 RNC 指定的测量。

(2) 判决过程。接力切换的判决过程是根据各种测量信息上报到 RNC,RNC 依据一定的准则和算法,来判决 UE 是否应当切换和如何进行切换的。

(3) 执行过程。UE 进入 DCH 状态后,周期性地向 RNC 发送测量报告。测量量是邻区列表中各个小区的 PCCPCH 的 RSCP 值。

RNC 发送物理信道重配置消息触发 UE 发起切换,因为在 R4 标准的空中接口消息中 UE 无法区分 UTRAN 要触发的是硬切换还是接力切换。所以,按照各个手机和设备厂商的规定,在物理信道重配置消息中如果不包含 FPACH 信息,则意味着 UE 需要做的切换类型是接力切换。否则,UE 需要做硬切换。在实现的过程中,硬切换是需要做随机接入的。而对于接力切换来讲 UE 在收到消息后,开始进行和目标小区的预同步,完成预同步后,不再发起随机接入过程,直接开始专用信道的切换。

2) UE 预同步的基本概念

关于接力切换的核心问题实际上是 UE 的预同步问题。现阶段支持的接力切换、预同步的关键参数是下面两个:

(1) UE 在目标小区的时间提前量。UE 在收到 RNC 的切换消息后,通过测量目标小区的下行 DwPTS,可以测出源小区和目标小区的相对时间偏差,用 UE 和源小区的时间提前量加上测量得到的相对时间偏差,就是 UE 到目标小区绝对的时间提前量,见图 4-60。

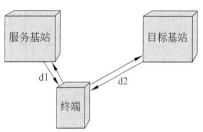

图 4-60　时间提前量

时间提前量＝UE 和源小区的时间提前量＋时间偏差

(2) UE 在目标小区的开环发射功率。RNC 在切换触发消息里面会将目的小区的 PCCPCH 的发射功率和目的小区专用信道的期望接收功率发送给 UE。UE 在测量目标小区的 PCCPCH 的发射功率后,可以计算出路径损耗:

UE 在目标小区的发射功率＝目标小区专用信道的期望接收功率＋路径损耗

然后,UE 首先将自己的上行专用信道切换到目标小区,并且如果此时上行信道中没有信息,需要发送上行 special burst 给基站。Node B 在解调出 UE 的反向信号后,立刻开始下行波束赋形。这样做的好处是大大减少干扰,增加了 UE 的首次接入成功概率。

UE 将上行信道切换到目标小区一段时间后,将下行专用信道也切换到目标小区,从而完成接力切换。

因为 UE 同时还保持着和源小区的连接,所以可以确保 UE 在接力切换失败的情况下,能够成功的切换回源小区,保证用户不掉话,这个特点是接力切换和硬切换相比较的一个重要优点。

接力切换示意图如图 4-61 所示。

5. 软件无线电技术

软件无线电技术是当今计算技术、超大规模集成电路和数字信号处理技术在无线电通信中应用的产物。它的基本原理就是将宽带 A/D 和 D/A 转换器尽可能地靠近天线处,从而以软件方式来代替硬件实施信号处理。

采用软件无线电的优势在于,基于同样的硬件环境,采用不同的软件就可以实现不同的功能,这除了有助于系统升级外,更有助于系统的多模运行。近年来随着高速 DSP(数字信号处理器)和 FPGA(可编程门阵列)技术方面取得的迅速发展,使软件无线电在高频通信的实际应用中成为可能。

DSP 技术是软件无线电的核心,软件无线电要完成接收信号经 A/D 转换后的数据调制、基带信号处理等任务,这其中包括了多用户检测、Turbo 译码、等复杂的算法,这些任务

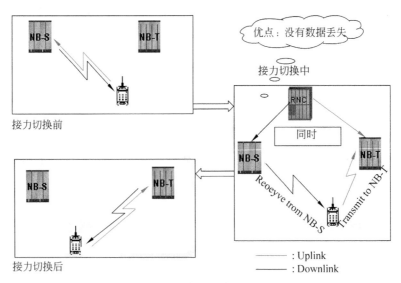

图 4-61　接力切换示意图

无一不涉及巨大的运算量。以目前的硬件处理速度来看,紧靠 DSP 来完成上述运算是不可能的。因而在应用中,一般由 FPGA 来完成需要快速和较为固定的运算,由 DSP 来完成灵活多变的和运算量较大的任务。

6. 动态信道分配

1) 无线资源管理的基本概念

TD-SCDMA 系统的无线资源包括码字、频率、功率、时隙和空间角度,参见图 4-62。

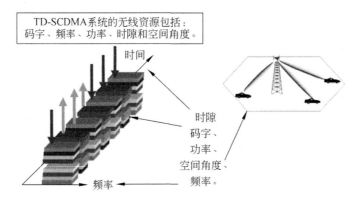

图 4-62　TD-SCDMA 系统的无线资源

TD-SCDMA 系统无线资源管理的目的如下。

(1) 确保用户申请业务的服务质量,包括 BLER、BER、时间延迟、业务优先级等。

(2) 确保系统规划的覆盖。

(3) 充分提高系统容量。

2) 动态信道分配

参见图 4-63,TD-SCDMA 系统综合了时分和码分复用技术。载波资源被分成多个时隙,上下行链路分别在不同的时隙内进行通信,实现时分双工,而每个时隙内的资源通过码分的方式供多个用户复用。

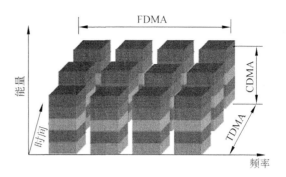

频域DCA(FDMA)
业务动态的分配到干扰最小的频率上

时域DCA(TDMA)
业务分配到干扰最小的时隙

空域DCA(SDMA)
自适应的智能天线技术选择最佳的解耦方向

图 4-63 频域、时域和空域动态信道分配

DCA 算法对实现系统最佳的频谱效率具有关键的作用。DCA 算法是 TD-SCDMA 系统实现灵活分配无线资源,高效管理和使用无线资源,在对称和非对称的 3G 业务环境中获得最佳的频谱效率的保证。TD-SCDMA 系统通常包括频域 DCA、时域 DCA 和空域 DCA。

(1) 时域 DCA:在当前使用的无线载波的原有时隙中干扰严重时,实现自动改变时隙而达到时域 DCA 功能。

(2) 频域 DCA:在当前使用的无线载波的所有时隙中干扰严重时,自动改变无线载波而达到频域 DCA 功能。

(3) 空域 DCA:通过选择用户间最有利的方向去耦,而达到空域 DCA 功能。空域 DCA 需要通过智能天线的定向性来实现,它的产生与时域和频域 DCA 有关。

根据 TD-SCDMA 系统干扰的特点,DCA 算法实现的一个重要方面就是降低系统的干扰与干扰对通信质量与系统容量的影响。DCA 算法从时隙、频率与空间 3 个方面实现。

对于单载频系统频域 DCA,由于频率的确定是网络规划时就已经确定了的,所以不考虑。

对于多载频系统将提供频域 DCA。

而空域 DCA 的实现,依赖于智能天线技术,尤其是 AOA 测量的可靠性与准确性,以及系统的复杂程度,这方面还正在研究,并且目前的时域 DCA 算法,通过下行时隙的发射功率和上行时隙的干扰水平从一定程度上已经避免了相同位置的 UE 分配到相同时隙。

根据 3GPP 标准,可将 DCA 划分为慢速 DCA 和快速 DCA。

(1) 慢速 DCA:小区载频优先级动态调整,载频上下行时隙分配与调整,各时隙优先级的动态调整。

(2) 快速 DCA:针对每个 UE 的信道资源的分配,主要是载频、时隙、信道码资源与 Midamble 码资源的分配管理。

习题

1. EV-DO Rev A 前向信道有哪些? 其作用分别是什么?

2. EV-DO Rev A 反向信道有哪些? 其作用分别是什么?

3. 简述 EV-DO 前向链路速率控制的步骤。

4. 简述 EV-DO 前向虚拟软切换的过程。

5. 简述 EV-DO 反向闭环功控的过程。

6. 什么是 EV-DO Rev A 的反向静默功能？

7. WCDMA 演进的版本有哪些？各版本的主要特点是什么？

8. WCDMA 的物理信道有哪些？其作用分别是什么？

9. WCDMA 使用哪些扰码和扩频码？

10. TD-SCDMA 的技术特点有哪些？

11. 什么是联合检测技术？它的作用是什么？

12. 智能天线有哪些优点？

13. TD-SCDMA 上行同步是如何建立和保持的？

14. 请说明 TD-SCDMA 系统中,接力切换的过程。

15. TD-SCDMA 系统中动态信道分配包括哪些方面的内容？

第5章 第四代移动通信系统

5.1 概述

随着人们对移动通信系统的各种需求与日俱增,第三代移动通信系统已经不能满足日益增长的高速多媒体数据业务需求,经过多年研究和开发,第四代移动通信系统(简称4G)已经基本成熟。

5.1.1 第四代移动通信系统的关键特性要求

2000年3月,ITU-RWP8F组在日内瓦正式成立,开始考虑IMT—2000的未来发展和后续演进问题(QUESTION ITU-R 229-1/8),随后开始了相关的工作。这些工作分为两部分:对IMT—2000的未来发展(Future Development of IMT—2000)及IMT—2000后续系统(System Beyond IMT—2000)的研究。

2003年,RWP8F完成了IMT.TREND技术报告和M.1645技术报告,对IMT—2000演进的技术趋势以及IMT—2000未来发展和后续演进的框架与目标进行了初步定义。在同年的WRC—03会议上,Resolution228决定WRC—07的工作项1.4为考虑IMT—2000的未来发展和后续演进相关的频率需求。

2003年后,RWP8F围绕WRC—07的1.4工作项,开始了E3G和B3G频率需求和候选频段的工作,并于2006年8月完成了提交CPM会议的频率相关工作报告。在2005年10月在赫尔辛基举行的第17次会议上,正式将System Beyond IMT—2000命名为IMT-Advanced,即通常所说的第四代移动通信系统。2007年11月,世界无线电大会(WRC—07)为IMT-Advanced分配了频谱,进一步加快了IMT-Advanced技术的研究进程。

IMT-Advanced是具有超过IMT—2000能力的新一代移动通信系统,能够提供广泛的电信业务,特别是日益发展的基于包传输的移动业务。该系统支持从低速到高速各种数据速率的移动性应用,满足多种用户环境下用户和业务的需求,还可以在广泛的服务和平台下提供高质量的多媒体应用。

IMT-Advanced的关键特性包括:在保持成本效率的条件下,在支持灵活广泛的服务和应用的基础上,达到世界范围内的高度通用性;支持IMT业务和固定网络业务的能力;高质量的移动服务;用户终端适合全球使用;友好的应用、服务和设备;世界范围内的漫游能力;增强的峰值速率以支持新的业务和应用,例如多媒体(在高移动性下支持100Mb/s,低移动性下支持1Gb/s)。

根据发展目标,IMT-Advanced提出了如下关键特性要求。

1. 频谱效率

频谱效率是最重要的指标。数据业务的小区频谱效率为每小区每单位带宽的数据传输速率(b/s/Hz/sector),具体要求如表 5-1 所示。话音业务(VoIP)的频谱效率为每 MHz 带宽每扇区同时工作的信道数(信道数/MHz/sector),具体要求如表 5-2 所示。此外,为了保证小区边缘用户的传输能力,小区边缘用户的频谱效率(b/s/Hz/sector)要求如表 5-3 所示。

表 5-1 数据业务的频谱效率/b/s/Hz/ sector

环　境	下 行 链 路	上 行 链 路	环　境	下 行 链 路	上 行 链 路
室内	3	2.25	城区	2.2	1.4
微蜂窝	2.6	1.8	高速移动	1.1	0.7

表 5-2 话音业务的频谱效率/信道数/MHz/sector

环　境	下 行 链 路	环　境	下 行 链 路
室内	50	城区	40
微蜂窝	40	高速移动	30

表 5-3 小区边缘用户的频谱效率/b/s/Hz/sector

环　境	下 行 链 路	上 行 链 路	环　境	下 行 链 路	上 行 链 路
室内	0.1	0.07	城区	0.06	0.03
微蜂窝	0.075	0.05	高速移动	0.04	0.015

2. 带宽

① 支持目前和未来分配 IMT/IMT-Advanced 的各种频段。

② 支持对称和非对称的频谱分配。

③ 弹性地支持不同的载波带宽,包括 1.25MHz、1.4MHz、2.5MHz、3MHz、5MHz、10MHz、15MHz、20MHz 和 40MHz 带宽。

④ 鼓励支持 100MHz 带宽。

3. 峰值速率

根据下行峰值频谱效率达到 15b/s/Hz/sector、上行峰值频谱效率达到 6.75b/s/Hz/sector 的要求,可以计算出峰值速率如下:

① 40MHz 带宽的下行峰值速率为 600Mb/s,上行峰值速率为 270Mb/s。

② 100MHz 带宽的下行峰值速率为 1500Mb/s,上行峰值速率为 675Mb/s。一般认为,在热点覆盖和低速移动场景下峰值速率为 1Gb/s,在高速移动和广域覆盖场景下 100Mb/s 即可。

4. 网络延迟

① 呼叫建立延迟小于 100ms(在空闲模式)或者 50ms(在休眠状态)。

② 无线接入网内延迟小于 10ms。

③ 同频切换延迟小于 27.5ms,异频切换延迟小于 40ms。

5.移动性

① 室内和步行:0~10km/h。

② 微蜂窝:10~30km/h。

③ 城区(一般车载速度):30~120km/h。

④ 高速移动(高速车载速度):120~350km/h。

当用户以上述环境的最大速度移动时,业务信道数据速率应达到表 5-4 的要求。

表 5-4　不同移动速度下的数据传输速率

环　境	速率/b/s/Hz/sector	速度/km/h	环　境	速率/b/s/Hz/sector	速度/km/h
室内	1.0	10	城区	0.55	120
微蜂窝	0.75	30	高速移动	0.25	350

5.1.2　第四代移动通信系统标准的确定

2008 年 3 月 ITU 发出征集 IMT-Advanced 标准的通知函,开始征集无线接入技术(RIT)标准。各国、各标准化组织、各公司和研究机构,基于 IMT-Advanced 的要求纷纷提出了自己的技术方案。截止到 2009 年 10 月,ITU 认定 6 个技术方案为有效候选提案,见表 5-5。

表 5-5　第四代移动通信系统的候选方案

编号	提交组织	技术方案	技术基础
1	IEEE	FDD 和 TDD,UL/DL based on OFDMA	基于 IEEE 802.16m
2	日本	FDD 和 TDD,UL/DL based on OFDMA	基于 IEEE 802.16m
3	韩国	FDD 和 TDD,UL/DL based on OFDMA	基于 IEEE 802.16m
4	3GPP	FDD 和 TDD,UL based on SC-FDMA(DFT-spread OFDM), DL based on OFDMA	基于 3GPP LTE Release 10 & beyond(LTE-Advanced)
5	日本	FDD 和 TDD,UL based on SC-FDMA(DFT-spread OFDM), DL based on OFDMA	基于 3GPP LTE Release 10 & beyond(LTE-Advanced)
6	中国	TDD,TD-LTE-ADVANCED,UL based on SC-FDMA(DFT-spread OFDM), DL based on OFDMA	基于 3GPP LTE Release 10 & beyond(LTE-Advanced)

实际上,提案 1~3 属于同一类型,提案 4~6 属于同一类型。因此,提案可以分为两大阵容,即 3GPP LTE-Advanced 和 IEEE 802.16m。前者主要由 3GPP、ARIB、ATIS、CCSA、ETSI、TTA、TTC 及其伙伴成员支持,包括了国际上主要的通信运营企业和制造企业;后者主要由 IEEE、ARIB、TTA、WiMAX 论坛及其伙伴成员支持,包括了 Intel 公司以及北美、日本、韩国、以色列等的主要通信运营企业和制造企业,但 Intel 公司于 2010 年退出了这一阵营。

2011 年 10 月,ITU 会议研究讨论了 6 个 4G 标准提案,并最终确定 LTE-Advanced(包括 FDD-LTE-A 和 TD-LTE-A)和 802.16m 为第四代移动通信国际标准。目前已经明确表态支持 LTE-Advanced 技术的运营商和企业有法国电信、德国电信、美国 AT&T、日本 NTT、韩国 KT、中国移动、爱立信、诺基亚、华为、中兴等。

LTE-Advanced 是在 LTE 技术基础上演进而来的。LTE 为 GSM(2G)、WCDMA(3G)标准家族的最新成员。2004 年底,3GPP 开始进行 LTE 的标准化工作。与 3G 以 CDMA 技术为基础不同,根据无线通信向宽带化方向发展的趋势,LTE 采用了 OFDM 技术为基础,结合多天线和快速分组调度等设计理念,形成了新的面向下一代移动通信系统的空中接口技术,称为长期演进系统(Long Term Evolution),简称 LTE。2008 年初,3GPP 完成了 LTE 技术规范的第一个版本,即 Release8。在此之后,3GPP 继续进行 LTE 技术的完善与增强,Release10 以及之后的技术版本称为 LTE-Advanced。

LTE-Advanced 包括 FDD 和 TDD 两种制式,其中 TD-LTE-Advanced(LTE-Advanced TDD 制式)是中国具有自主知识产权的新一代移动通信技术。它吸纳了 TD-SCDMA 的主要技术元素,体现了我国通信产业界在宽带无线移动通信领域的最新自主创新成果。2004 年,中国在标准化组织 3GPP 提出了第三代移动通信 TD-SCDMA 的后续演进技术 TD-LTE,主导完成了相关技术标准。2007 年,按照"新一代宽带无线移动通信网"重大专项的要求,中国政府面向国内组织开展了 4G 技术方案征集遴选。国内企事业单位积极响应,累计提交相关技术提案近 600 篇。经过 2 年多的攻关研究,对多种技术方案进行分析评估和试验验证,最终中国产业界达成共识,在 TD-LTE 基础上形成了 TD-LTE-Advanced 技术方案。TD-LTE-Advanced 获得了欧洲标准化组织 3GPP 和亚太地区通信企业的广泛认可和支持,并与 FDD-LTE-Advanced 一起作为 LTE-Advanced 技术中的一种制式成为 4G 标准。

802.16m 标准是由 IEEE(Institute of Electrical and Electronics Engineers,美国电气和电子工程师协会)制订的。802.16 系列标准在 IEEE 被称为 WirelessMAN,IEEE 802.16m 称为 WirelessMAN-Advanced,可以看做 WiMAX 的升级版。802.16m 最高可以提供 1Gb/s 无线传输速率。

3GPP2 也曾经计划提出一个 4G 候选标准,即 UMB。高通(Qualcomm)为 UMB 的主要推动者,摩托罗拉(Motorola)、阿尔卡特朗讯(Alcatel-Lucent)、Verizon Wireless 等企业也加入 UMB 技术阵营。但是,2008 年 11 月,美国高通宣布放弃 UMB 开发计划。

5.1.3 准 4G 网络在全球的应用情况

自从 LTE 标准发布以来,得到了众多设备制造商和网络运营商的支持,LTE 网络在全球得到了迅速的发展。截至 2012 年 6 月,全球 LTE 商用网络数量已达 95 个,包括 86 个 LTE FDD 商用网络,7 个 TD-LTE 商用网络以及 2 个 FDD/TDD 双模网络。全球 LTE 用户数已达 2393 万,其中,美国、日本、韩国是全球 LTE 用户发展最快的市场,用户数分别达到 1329 万、292 万、584 万,在全球 LTE 用户总数的占比达到 92%。而欧洲 LTE 起步较早,网络数量众多,但网络规模较小,用户数只有 96.3 万,仅占 4%。

瑞典的电信运营商 TeliaSonera 于 2009 年 12 月完成了 LTE 网络的建设,并宣布开始在瑞典首都斯德哥尔摩、挪威首都奥斯陆提供 LTE 服务,这是全球正式商用的第一个 LTE 网络。爱立信负责瑞典首都斯德哥尔摩当地 LTE 网络,华为负责挪威首都奥斯陆。

美国的 Verizon Wireless 早在 2007 年就宣布了 LTE 网络部署计划,以大约 100 亿美元向美国联邦通信委员会(Federal Communications Commission,FCC)投标购买 700MHz 频段,并在 2010 年底正式建成 LTE 网络。至 2012 年 6 月份,Verizon Wireless 的 LTE 网络已经覆盖了超过 2 亿人口的地区。

2011 年 7 月 1 日,韩国 SK 电讯与 LGU+同时在首尔推出 LTE 业务,正式开启韩国 LTE 商用。数据显示,2012 年 1 月份,SK 电讯的 LTE 用户突破 100 万用户大关;4 月 16 日,其 LTE 用户突破 200 万用户;而 5 月比 4 月用户数量增加了 60%;至 2012 年 6 月,SK 电讯的 LTE 注册用户数量已经突破 300 万,占 SK 电讯全部注册用户的 70%。作为较早规模部署 LTE 网络的电信运营商,SK 电讯在网络建设、用户的规模推广、业务终端的开拓等多个方面取得了显著成效。

在欧洲,和记黄埔丹麦电信公司 Hi3G Access Denmark 宣布,该运营商已经开始在 15 个大城市进行 LTE 网络部署。计划到 2012 年 9 月份,丹麦 Hi3G 将开始商用 LTE 服务,届时将覆盖丹麦 37% 的人口。到 2013 年底,将会有 800 个基站塔在 15 个城市部署完毕,可覆盖一半丹麦人口。

比利时电信(Belgacom)宣布预计将在 2012 年底前推出商用 LTE 服务。这家电信运营商同时透露,目前其移动子公司 Proximus 的 4G 网络试验增加了五个新试点城市:安特卫普(Antwerp)、根特(Ghent)、勒芬(Leuven)、日市(Liege)和那慕尔(Namur)。

西班牙电信德国公司 2012 年 7 月宣布已推出一张商用 LTE 移动宽带网络。该网络支持最高达 50Mb/s 的下载速度,最初覆盖城市为纽伦堡和德累斯顿。随后该网络将被扩张至慕尼黑和莱比锡城。西班牙电信预计到 2012 年底,其 LTE 网络覆盖范围将扩大至总计 200 个城镇和城市。

TD-LTE 网络也在全球范围内得到了发展。据中国移动统计的数据,至 2012 年上半年,全球已有 9 个商用的 TD-LTE 网络。

日本软银是 TD-LTE 的主要支持者,至 2011 年底软银移动已经部署了 10 000 个 TD-LTE 基站,由中国的两家设备供应商中兴与华为承建。

另外,丹麦、波兰的运营商已经签订 TD-LTE 商用网建设合同,印度多个运营商已经发布 TD-LTE 商用计划。

在中国国内,中国移动于 2011 年开始进行"TD-LTE 规模技术试验",在上海、杭州、南京、广州、深圳、厦门六城市建设 TD-LTE 核心网和无线网,参加试验的厂家有 11 个,分别是华为、中兴、大唐、诺西、上海贝尔、摩托罗拉、爱立信、普天、烽火、新邮通、三星,共建设 1100 个宏基站和 110 个微基站。至 2011 年 8 月份,大部分基站设备已安装并开通。2012 年下半年,中国移动计划扩大 TD-LTE 的试验规模,扩大试验将在全国 13 个城市展开,计划在 2012 年内部署超过 2 万个基站。

5.2 第四代移动通信系统的关键技术

5.2.1 OFDM 技术

OFDM 是一种多载波传输技术,N 个子载波把整个信道分割成 N 个子信道,N 个子信道并行传输信息。

OFDM 系统有许多非常引人注目的优点。

(1) OFDM 具有非常高的频谱利用率。

普通的 FDM 系统为了分离开各子信道的信号,需要在相邻的信道间设置一定的保护间隔,以便接收端能用带通滤波器分离出相应子信道的信号,这造成了频谱资源的浪费。OFDM 系统各子信道间不但没有保护频带,而且相邻信道间信号的频谱的主瓣还相互重叠,但各子信道信号的频谱在频域上是相互正交的,各子载波在时域上是正交的,OFDM 系统的各子信道信号的分离(解调)是靠这种正交性来完成的。另外,OFDM 的各子信道上还可以采用多进制调制(如频谱效率很高的 QAM),进一步提高了 OFDM 系统的频谱效率。

(2) 实现比较简单。

当子信道上采用 QAM 或 MPSK 调制方式时,调制过程可以用 IFFT 完成,解调过程可以用 FFT 完成,既不用多组振荡源,又不用带通滤波器组分离信号。

(3) 抗多径干扰能力强,抗衰落能力强。

由于一般的 OFDM 系统均采用循环前缀(Cyclic Prefix,CP)方式,使得它在一定条件下可以完全消除信号的多径传播造成的码间干扰,完全消除多径传播对载波间正交性的破坏,因此 OFDM 系统具有很好的抗多径干扰能力。OFDM 的子载波把整个信道划分成许多窄信道,尽管整个信道有可能是极不平坦的衰落信道,但在各子信道上的衰落却是近似平坦的,这使得 OFDM 系统子信道的均衡特别简单,往往只需一个抽头的均衡器即可。

OFDM 的基本原理是:高速信息数据流通过串并变换,分配到速率相对较低的若干子信道中传输,每个子信道中的符号周期相对增加,这样可减少因无线信道多径时延扩展所产生的时间弥散性对系统造成的码间干扰。另外,由于引入保护间隔,在保护间隔大于最大多径时延扩展的情况下,可以最大限度地消除多径带来的符号间干扰。如果用循环前缀作为保护间隔,还可避免多径带来的信道间干扰。OFDM 的基带传输系统如图 5-1 所示。

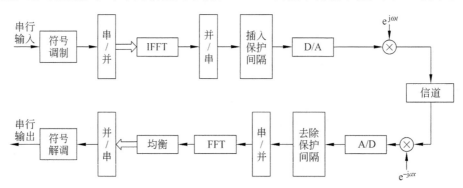

图 5-1　OFDM 的基带传输系统

在 OFDM 系统的发射端加入保护间隔,主要是为了消除多径所造成的 ISI(子载波之间的正交性遭到破坏而产生不同子载波之间的干扰)。其方法是在 OFDM 符号保护间隔内填入循环前缀,以保证在 FFT 周期内 OFDM 符号的时延副本内包含的波形周期个数也是整数。这样,时延小于保护间隔的信号就不会在解调过程中产生 ISI。

峰值平均功率(PAPR):由于 OFDM 信号在时域上为 N 个正交子载波信号的叠加,当这 N 个信号恰好都以峰值出现并相加时,OFDM 信号也将产生最大峰值,该峰值功率是平均功率的 N 倍。这样,为了不失真地传输这些高峰均值比的 OFDM 信号,对发送端和接收端的功率放大器和 A/D 变换器的线性度要求较高,且发送效率较低。解决方法一般有下述

三种途径:

(1) 采用峰值修剪技术和峰值窗口去除技术,使峰值振幅值简单地非线性去除;

(2) 采用编码方法将峰值功率控制和信道编码结合起来,选用合适的编码和解码方法,以避免出现较大的峰值信号;

(3) 采用扰码技术,对所产生 OFDM 信号的相位重新设置,使互相关性为 0,这样可以减少 OFDM 的 PAPR。

同步:与其他数字通信系统一样,OFDM 系统需要可靠的同步技术,包括定时同步、频率同步和相位同步,其中频率同步对系统的影响最大。移动无线信道存在时变性,在传输过程中会出现无线信号的频率偏移,这会使 OFDM 系统子载波间的正交性遭到破坏,使子信道间的信号相互干扰,因此频率同步是 OFDM 系统的一个重要问题。为了不破坏子载波间的正交性,在接收端进行 FFT 变换前,必须对频率偏差进行估计和补偿。

可采用循环前缀方法对频率进行估计,即通过在时域内把 OFDM 符号的后面部分插入到该符号的开始部分,形成循环前缀。利用这一特性,可将信号延迟后与原信号进行相关运算,这样循环前缀的相关输出就可以用来估计频率偏差。

信道编码和交织:为了对抗无线衰落信道中的随机错误和突发错误,通常采用信道编码和交织技术。OFDM 系统本身具有利用信道分集特性的能力,一般的信道特性信息已被OFDM 调整方式本身所利用,可以在子载波间进行编码,形成编码的 OFDM COFDM 即把OFDM 技术与信道编码、频率时间交织结合起来,提高系统的性能,其编码可以采用各种码(如分组码和卷积码)。

目前,OFDM 技术良好的性能使其在很多领域得到了广泛的应用,如 HDSL、ADSL、VDSL、DAB 和 DVB、IEEE 802.11 和 HIPERLAN2,以及 IEEE 802.16 等系统中。而在4G 通信技术中,一方面带宽作为移动通信中非常稀缺的资源,另一方面未来的移动通信对服务质量、服务的多样性及传输速率要求越来越高,因而也广泛地应用了 OFDM 技术。

5.2.2　MIMO 技术

MIMO 又称为多入多出(Multiple-Input Multiple-Output)系统,指在发射端和接收端同时使用多个天线的通信系统,能在不增加带宽的情况下成倍地提高通信系统的容量和频谱利用率,参见图 5-2。

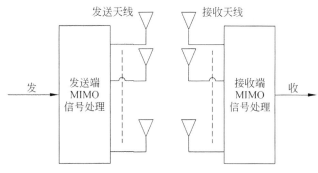

图 5-2　MIMO 系统

MIMO 技术最早是由马可尼(Marconi)于 1908 年提出的,利用多天线来抑制信道衰落。

在 20 世纪 70 年代有人提出将多入多出技术用于通信系统,但是对无线移动通信系统多入多出技术产生巨大推动的奠基工作则是在 20 世纪 90 年代由 Bell 实验室的学者完成的。1995 年 Telatar 给出了在衰落情况下的 MIMO 容量;1996 年 Foshinia 给出了 D-BLAST(Diagonal Bell Labs Layered Space-Time)算法;1998 年 Tarokh 等讨论了用于多入多出的空时码;1998 年 Wolniansky 等人采用 V-BLAST(Vertical Bell Labs Layered Space-Time)算法建立了一个 MIMO 实验系统,在室内试验中达到了 20b/s/Hz 以上的频谱利用率,这一频谱利用率在普通系统中极难实现。

MIMO 系统在发射端和接收端均采用多天线(或阵列天线)和多通道,MIMO 的多入多出是针对多径无线信道来说的。图 5-3 为 MIMO 系统的原理图。传输信息流 $s(k)$ 经过空时编码形成 N 个信息子流 $C_i(k)$,$i=1,\cdots,N$。这 N 个子流由 N 个天线发射出去,经空间信道后由 M 个接收天线接收。多天线接收机利用先进的空时编码处理能够分开并解码这些数据子流。

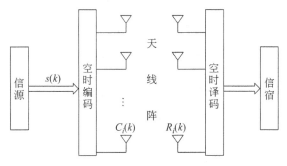

图 5-3 MIMO 系统的原理图

对于发射天线数为 N,接收天线数为 M 的多入多出(MIMO)系统,假定信道为独立的瑞利衰落信道,并设 N、M 很大,则信道容量 C 近似为

$$C=[\min(M,N)]B\log_2(\rho/2)$$

其中,B 为信号带宽,ρ 为接收端平均信噪比,$\min(M,N)$ 为 M、N 的较小者。上式表明,功率和带宽固定时,多入多出系统的最大容量或容量上限随最小天线数的增加而线性增加。

MIMO 技术主要有三种应用形式。

(1) 空间复用(Spatial Multiplexing):系统将数据分割成多份,分别在发射端的多根天线上发射出去,接收端接收到多个数据的混合信号后,利用不同空间信道间独立的衰落特性,区分出这些并行的数据流。从而达到在相同的频率资源内获取更高数据速率的目的。

(2) 传输分集技术,以空时编码(Space Time Coding)为代表:在发射端对数据流进行联合编码以减小由于信道衰落和噪声所导致的符号错误率。空时编码通过在发射端增加信号的冗余度,使信号在接收端获得分集增益。

(3) 波束成型(Beam Forming):系统通过多根天线产生一个具有指向性的波束,将信号能量集中在欲传输的方向,从而提升信号质量,并减少对其他用户的干扰。

MIMO 技术已经成为无线通信领域的关键技术之一,通过近几年的持续发展,MIMO 技术将越来越多地应用于各种无线通信系统。在无线宽带移动通信系统方面,第 3 代移动通信合作计划(3GPP)已经在标准中加入了 MIMO 技术相关的内容,B3G 和 4G 的系统中也应用了 MIMO 技术。在无线宽带接入系统中,802.16e、802.11n 和 802.20 等标准也采用了

MIMO 技术。

5.3　LTE 系统

5.3.1　LTE 的技术特点

　　LTE 项目是近几年来 3GPP 启动的最大的新技术研发项目,该技术以 OFDM/MIMO 为核心技术,目标瞄准 4G 移动通信系统的需求。LTE 的主要技术特点如下所示。

　　(1) 下行链路的立即峰值数据速率在 20MHz 下行链路频谱分配的条件下,可以达到 100Mb/s(5b/s/Hz)(网络侧 2 发射天线,UE 侧 2 接收天线条件下)。

　　(2) 上行链路的立即峰值数据速率在 20MHz 上行链路频谱分配的条件下,可以达到 50Mb/s(2.5b/s/Hz)(UE 侧一发射天线情况下)。

　　(3) 从驻留状态到激活状态,也就是类似于从 Release 6 的空闲模式到 CELL_DCH 状态,控制面的传输延迟时间小于 100ms,这个时间不包括寻呼延迟时间和 NAS 延迟时间。

　　(4) 从睡眠状态到激活状态,也就是类似于从 Release 6 的 CELL_PCH 状态到 Release 6 的 CELL_DCH 状态,控制面传输延迟时间小于 50ms。

　　(5) 频谱分配是 5MHz 的情况下,每小区至少支持 200 个用户处于激活状态。

　　(6) 空载条件即单用户单个数据流情况下,小的 IP 包传输时间延迟小于 5ms。

　　(7) 下行链路:与 Release 6 HSDPA 的用户流量相比,每 MHz 的下行链路平均用户流量要提升 3～4 倍。此时 HSDPA 是指 1 发 1 收,而 LTE 是 2 发 2 收。

　　(8) 上行链路:与 Release 6 增强的上行链路用户流量相比,每 MHz 的上行链路平均用户流量要提升 2～3 倍。此时增强的上行链路 UE 侧是 1 发 1 收,LTE 是 1 发 2 收。

　　(9) 下行链路:在满负荷的网络中,LTE 频谱效率(用每站址、每 Hz、每秒的比特数衡量)的目标是 Release 6 HSDPA 的 3～4 倍。

　　(10) 上行链路:在满负荷的网络中,LTE 频谱效率(用每站址、每 Hz、每秒的比特数衡量)的目标是 Release 6 增强上行链路的 2～3 倍。

　　(11) E-UTRAN 可以优化 15km/h 以及以下速率的低移动速率时移动用户的系统特性。

　　(12) 能为 15～120km/h 的移动用户提供高性能的服务。

　　(13) 可以支持蜂窝网络之间以 120～350km/h(甚至在某些频带下,可以达到 500km/h)速率移动的移动用户的服务。

　　(14) 对高于 350km/h 的情况,系统要能尽量实现保持用户不掉网。

　　(15) 吞吐量、频谱效率和 LTE 要求的移动性指标在 5 公里半径覆盖的小区内将得到充分保证,当小区半径增大到 30 公里时,只对以上指标带来轻微的弱化。同时需要支持小区覆盖在 100 公里以上的移动用户业务。

　　(16) 与单播业务比较,可以使用同样的调制、编码和多址接入方法和用户带宽,同时可以降低终端复杂性。

　　(17) 可以同时提供专用语音业务和 MBMS 业务给用户。

　　(18) 可利用成对或非成对的频谱分配。

（19）进一步增强 MBMS 功能，支持专用载波的 MBMS 业务。

（20）E-UTRA 可以应用不同大小的频谱分配，上下行链路上，可以包括 1.25MHz、1.6MHz、2.5MHz、5MHz、10MHz、15MHz 以及 20MHz。支持成对或非成对的频谱分配情况。

（21）尽量保持和 3GPP Release 6 的兼容，但是要注重平衡整个系统的性能和容量。

（22）可接受的系统和终端的复杂性、价格和功率消耗；降低空中接口和网络架构的成本。

（23）在 Release 6 中使用 CS 域支持的一些实时业务，如语音业务，在 LTE 里应该能在 PS 域里实现（整个速度区间），且质量不能下降。

（24）E-UTRAN 和 UTRAN（或者 GERAN）之间实时业务在切换时，中断时间不超过 300ms。

（25）无线资源管理需求：

① 增强的支持端到端服务质量。

② 有效支持高层传输。

③ 支持负荷共享和不同无线接入技术之间的策略管理。

（26）减小 CAPEX 和 OPEX，体系结构的扁平化和中间节点的减少使得设备成本和维护成本得以显著降低。

LTE 系统支持 FDD 和 TDD 两种双工方式。在这两种双工方式下，系统的大部分设计，尤其是高层协议方面是一致的。另一方面，在系统底层设计，尤其是物理层的设计上，由于 FDD 和 TDD 两种双工方式在物理特性上所固有的不同，LTE 系统为 TDD 的工作方式进行了一系列专门的设计，这些设计在一定程度上参考和继承了 TD-SCDMA 的设计思想。

5.3.2　LTE 的网络结构

1. 网络结构概述

系统架构演进（System Architecture Evolution，SAE）是 3GPP 对于 LTE 无线通信标准的核心网络架构的升级计划。

SAE 是基于 GPRS 核心网络的演进方案，其重要的改进在于：

（1）简化架构；

（2）全 IP 网络（AIPN）；

（3）支持更高的吞吐量和延迟更小的无线接入网络；

（4）支持多个异构接入网络，包括 E-UTRA（LTE 和 LTE-A 的无线接入网），3GPP 遗留系统（例如，GPRS 和 UMTS 空中接口的 GERAN 或 UTRAN），也支持与非 3GPP 系统之间的数据传输（例如 WiMAX 或 CDMA 2000）。

SAE 是一个基于全 IP 网络的平坦架构，以支持系统的控制平面和用户平面以数据包的形式传输数据。

SAE 体系结构的主要组成部分是演进后的分组核心网（Evolved Packet Core，EPC）和演进后的接入网 E-UTRAN。系统中仅存在分组交换域。

EPC 包括移动性管理组件（Mobility Management Entity，MME）、服务网关（Service

Gateway,SGW)组件。

接入网 E-UTRAN 仅包括单一的网元 eNB(evolved NodeB),eNB 具有 3GPP R5/R6/R7 的 Node B 功能和大部分的 RNC 功能,包括物理层功能(HARQ 等)、MAC、RRC、调度、无线接入控制、移动性管理等等。eNB 之间通过 X2 接口进行连接,并且在需要通信的两个不同 eNB 之间总是会存在 X2 接口。LTE 接入网与核心网之间通过 S1 接口进行连接,S1 接口支持多到多联系方式。

与 3G 网络架构相比,接入网仅包括 eNB 一种逻辑节点,网络架构中节点数量减少,网络架构更加趋于扁平化。扁平化网络架构降低了呼叫建立时延以及用户数据的传输时延。

由于 eNB 与 EPC 之间具有灵活的连接(S1-flex),UE 在移动过程中仍然可以驻留在相同的 MME/S-GW 上,有助于减少接口信令交互数量以及 MME/S-GW 的处理负荷。当 MME/S-GW 与 eNB 之间的连接路径相当长或进行新的资源分配时,与 UE 连接的 MME/S-GW 也可能会改变。

图 5-4 为 LTE 的网络结构示意图。

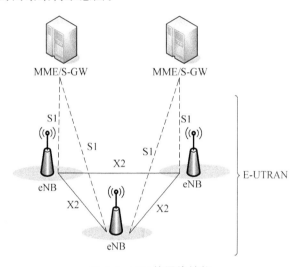

图 5-4　LTE 的网络结构

2. EPC 与 E-UTRAN 功能划分

与 3G 系统相比,由于重新定义了系统网络架构,核心网和接入网之间的功能划分也有所变化,需要重新明确以适应新的架构和 LTE 的系统需求。针对 LTE 的系统架构,网络功能划分如图 5-5 所示。

eNB 的功能包括:

(1) 无线资源管理相关的功能。包括无线承载控制、接纳控制、连接移动性管理、上/下行动态资源分配/调度等;

(2) IP 头压缩与用户数据流加密;

(3) UE 附着时的 MME 选择;

(4) 提供到 S-GW 的用户面数据的路由;

(5) 寻呼消息的调度与传输;

(6) 系统广播信息的调度与传输;

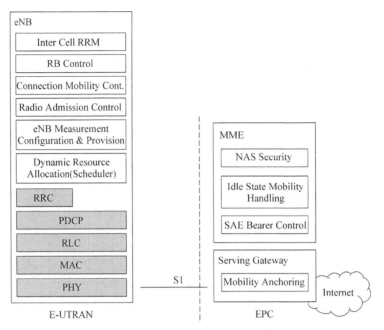

图 5-5　E-UTRAN 和 EPC 之间的功能划分图

（7）测量与测量报告的配置。

MME 的功能包括：

（1）NAS 信令以及安全性功能；

（2）3GPP 接入网络移动性导致的 CN 节点间信令；

（3）空闲模式下 UE 跟踪和可达性；

（4）漫游；

（5）鉴权；

（6）承载管理功能（包括专用承载的建立）。

Serving GW 的功能包括：

（1）支持 UE 的移动性切换用户面数据的功能；

（2）E-UTRAN 空闲模式下行分组数据缓存和寻呼支持。

5.3.3　E-UTRAN 接口的通用协议模型

E-UTRAN 接口的通用协议模型如图 5-6 所示，适用于 E-UTRAN 相关的所有接口，即 S1 和 X2 接口。E-UTRAN 接口的通用协议模型继承了 UTRAN 接口的定义原则，即控制面和用户面相分离，无线网络层与传输网络层相分离。继续保持控制平面与用户平面、无线网络层与传输网络层技术的独立演进，同时减少了 LTE 系统接口标准化工作的代价。

1. S1 接口

S1 接口是 MME/S-GW 网关与 eNB 之间的接口。S1 接口与 3G UMTS 系统 Iu 接口的不同之处在于，Iu 接口连接包括 3G 核心网的 PS 域和 CS 域，S1 接口只支持 PS 域。

1）S1 接口的用户平面

用户平面接口位于 E-NodeB 和 S-GW 之间，S1 接口用户平面（S1-UP）的协议栈如

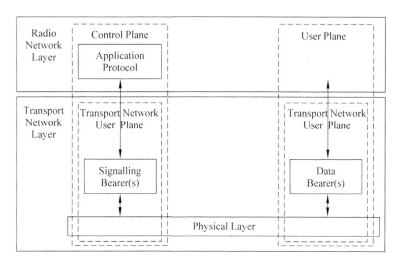

图 5-6 E-UTRAN 接口的通用协议模型

图 5-7 所示。S1-UP 的传输网络层基于 IP 传输,UDP/IP 之上的 GTP-U 用来传输 S-GW 与 eNB 之间的用户平面 PDU。

GTP-U 协议具备以下特点:

(1) GTP-U 协议既可以基于 IPv4/UDP 传输,也可以基于 IPv6/UDP 传输;

(2) 隧道端点之间的数据通过 IP 地址和 UDP 端口号进行路由;

(3) UDP 头与使用的 IP 版本无关,两者独立。

S1 用户面无线网络层协议功能:

(1) 在 S1 接口目标节点中指示数据分组所属的 SAE 接入承载;

(2) 移动性过程中尽量减少数据的丢失;

(3) 错误处理机制;

(4) MBMS 支持功能;

(5) 分组丢失检测机制。

2) S1 接口控制面

S1 控制平面接口位于 E-NodeB 和 MME 之间,传输网络层采用 IP 传输,这点类似于用户平面。为了可靠地传输信令消息,在 IP 层之上添加了 SCTP。应用层的信令协议为 S1-AP。S1 接口控制面协议栈如图 5-8 所示。

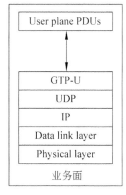

图 5-7 S1 接口用户平面的协议栈

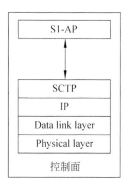

图 5-8 S1 接口控制面协议栈

S1 控制面功能：

（1）SAE 承载服务管理功能（包括 SAE 承载建立、修改和释放）；

（2）S1 接口 UE 上下文释放功能；

（3）LTE_ACTIVE 状态下 UE 的移动性管理功能（包括 Intra-LTE 切换和 Inter-3GPP-RAT 切换）；

（4）S1 接口的寻呼；

（5）NAS 信令传输功能；

（6）S1 接口管理功能（包括复位、错误指示以及过载指示等）；

（7）网络共享功能；

（8）漫游与区域限制支持功能；

（9）NAS 节点选择功能；

（10）初始上下文建立过程；

（11）S1 接口的无线网络层不提供流量控制和拥塞控制功能。

2. X2 接口

X2 接口是 eNB 与 eNB 之间的接口。X2 接口的定义采用了与 S1 接口一致的原则,体现在 X2 接口的用户平面协议结构与控制平面协议结构均与 S1 接口类似。

1）X2 接口用户平面

X2 接口用户平面提供 eNB 之间的用户数据传输功能。X2-UP 的协议栈结构如图 5-9 所示,X2-UP 的传输网络层基于 IP 传输,UDP/IP 协议之上采用 GTP-U 来传输 eNB 之间的用户面 PDU。

2）X2 接口控制平面

X2 接口控制平面协议栈如图 5-10 所示。LTE 系统 X2 接口的定义采用了与 S1 接口一致的原则,其传输网络层控制平面 IP 层的上面也采用了 SCTP,为信令提供可靠的传输。应用层信令协议表示为 X2-AP。

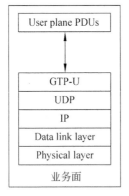

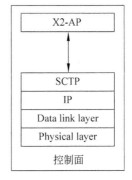

图 5-9 X2 接口用户平面的协议栈　　　　图 5-10 X2 接口控制平面的协议栈

X2 接口应用层协议功能：

（1）支持 LTE_ACTIVE 状态下 UE 的 LTE 接入系统内的移动性管理功能。

（2）X2 接口自身的管理功能,如错误指示等。

（3）上行负荷管理功能。

5.3.4　LTE 的无线信道

LTE 的无线信道分为逻辑信道、传输信道和物理信道。

1. 逻辑信道

信息以逻辑信道的形式从 RLC 层传输到 MAC 层。每个小区都有一个 MAC 实体,而 MAC 通常包含几个功能块(发射调度功能块、每个用户设备功能块、MBMS 功能块、MAC 控制功能块等)。

MAC 层的业务和功能主要包括:逻辑信道和传送信道之间的映射,完成通信容量测量报告,通过 HARQ 进行差错修正,并且进行同一用户设备中逻辑信道之间的优先级处理,通过动态调度的方式进行不同用户设备之间的优先级处理,以及完成传输格式选择等。

MAC 层通过逻辑信道提供数据传输。按照 MAC 所提供的数据传输业务种类,3GPP LTE 根据所传送的信息类别定义了不同类型的逻辑信道。按照通用的分类方式来说,逻辑信道被分为两类:用于控制面信息传送的控制信道以及用于用户面信息传送的业务信道。

1) 控制信道

① 广播控制信道(BCCH):用于广播系统控制信息的下行信道。

② 寻呼控制信道(PCCH):用于传输寻呼信息的下行信道,当网络不知道用户设备所处位置小区时启用该信道。

③ 公共控制信道(CCCH):该信道是在用户设备与网络之间传输控制信息的上行信道,它一般在用户设备和网络之间没有 RRC 链接时使用。此外,随着业务的发展,必要时该信道也可以用于下行链路。

④ 多播控制信道(MCCH):当用户设备收到 MBMS 时,启用该信道从网络到用户设备传送 MBMS 控制信息,该信道是一个点对多点下行信道。

⑤ 专用控制信道(DCCH):是双向的点对点上下行信道,当用户设备建立了 RRC 链接后,用于传送专用控制信息。

2) 业务信道

① 专用业务信道(DTCH):是一个点对点的上下行信道,专用于一个用户设备以传送用户信息。

② 多播业务信道(MTCH):该信道仅用于用户设备收到 MBMS 时,从网络发送业务数据到用户设备,它是一个下行信道。

2. 传输信道

信息以传输信道的形式从 MAC 层传送到物理层。传输信道包括上行和下行传输信道。

1) 下行传输信道

① 广播信道(BCH):已固定的预先定义好的传输格式,并要求覆盖整个小区。

② 下行共享信道(DL-SCH):支持 HARQ;通过改变调制、编码和传输功率来支持动态链路适配;可在整个小区广播;可支持动态或半静态资源分配;为节省 UE 功耗,可支持 UE

不连续接收;支持 MBMS 传输。

③ 寻呼信道(PCH):要求在整个小区广播;为节省 UE 功耗,可支持 UE 不连续接收。

④ 多播信道(MCH):要求在整个小区广播;支持在多小区上的 MBMS 的混合传输;可支持半静态资源分配。

2) 上行传输信道

① 上行共享信道(UL-SCH):可以使用聚束方式而对规范没有限制;通过改变调制、编码和传输功率来支持动态链路适配;支持 HARQ;可支持动态或半静态资源分配。

② 随机接入信道(RACH):具有有限控制信息和冲突风险的特征。

3. 物理信道

物理信道是各种信息在无线接口传输时的最终表现形式。

1) 下行物理信道

① 广播信道(Physical Broadcast Channel,PBCH):用于承载系统广播消息。

② 下行共享数据信道(Physical Downlink Shared Channel,PDSCH):用于承载下行用户数据。

③ 控制格式指示信道(Physical Control Format Indicator Channel,PCFICH):用于指示下行控制信道使用的资源。

④ 下行控制信道(Physical Downlink Control Channel,PDCCH):用于上下行调度、功控等控制信令的传输。

⑤ HARQ 指示信道(Physical Hybrid ARQ Indicator Channel,PHICH):用于上行数据传输 ACK/NACK 信息的反馈。

⑥ 多播信道(Physical Multicast Channel,PMCH):用于传输广播多播业务。

⑦ 同步信道(Synchronization Channel,SCH):用于时频同步和小区搜索。

2) 上行物理信道

① 随机接入信道(Physical Random Access Channel,PRACH):用于用户随机接入请求信息。

② 上行共享数据信道(Physical Uplink Shared Channel,PUSCH):用于承载上行用户数据。

③ 上行公共控制信道(Physical Uplink Control Channel,PUCCH):用于 HARQ 反馈、CQI 反馈、调度请求指示等 L1/L2 控制信令。

4. 逻辑信道与传输信道之间的映射

下行链路中逻辑信道和传输信道之间的映射关系如图 5-11 所示。BCCH 映射到 BCH 和 DL-SCH,PCCH 映射到 PCH、CCCH、DCCH 和 DTCH 映射到 DL-SCH,MCCH 映射到 DL-SCH 和 MCH,MTCH 映射到 DL-SCH 和 MCH。

上行链路中,CCCH、DCCH 和 DTCH 都同时映射到 UL-SCH,如图 5-12 所示。

5. 传输信道与物理信道之间的映射

如图 5-13 所示,下行链路中,BCH 映射到 CCPCH 和 PDSCH,PCH 和 DL-SCH、MCH 映射到 PDSCH。

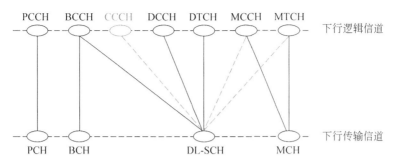

图 5-11　下行逻辑信道和下行传输信道之间的映射关系

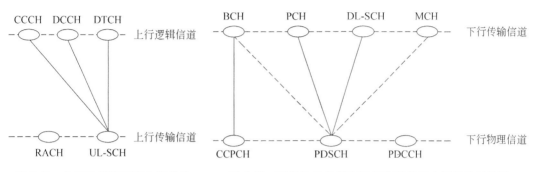

图 5-12　上行逻辑信道和上行传输
　　　　信道之间的映射关系

图 5-13　下行传输信道和下行物理信道之间的映射关系

如图 5-14 所示,上行链路中,RACH 映射到 PRACH,UL-SCH 映射到 PUSCH。

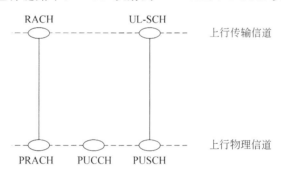

图 5-14　上行传输信道和上行物理信道之间的映射关系

5.3.5　无线资源管理

1. LTE 无线资源管理的特点

无线资源管理(RRM)就是对移动通信系统中的有限无线资源进行分配和管理,使系统性能和容量达到最佳状态。无线资源管理的目的是在保证网络服务质量(QoS)的前提下,最大限度地提高频谱利用率和系统容量。

与 3G 移动通信系统相比,LTE 系统的无线资源管理具有如下特点。

(1) E-UTRAN 侧仅包括 eNB 一种网络节点。由于目前的网络架构中没有引入进行多小区 RRM 功能的网元(如 RRM Server),RRM 功能只能位于 eNB 中,属于完全分布式的处理方式。

（2）UMTS 系统采用 CDMA 多址技术。在 CDMA 系统中，多个用户在同一频率上进行通信，任何一个用户的信号对其他用户来说都是干扰，因此 CDMA 系统是一个干扰受限的自干扰系统，干扰既来自小区内部，也来自小区间。E-UTRAN 采用 OFDMA 的多址技术。与 CDMA 相比，OFDMA 能够提高频谱效率。同时由于同一小区的不同用户之间资源以频分方式复用，不存在小区内干扰，干扰仅来自小区间。由于多址技术的差异，UMTS 系统中的 RRM 与 E-UTRAN 系统中的 RRM 存在很多不同之处，如资源计算方法、干扰计算方法等。

（3）LTE 系统采用 MIMO 技术，改变了单天线情况下的物理资源组织形式，引入了资源的"空间维度"。LTE 支持多种 MIMO 模式，并支持在多种模式之间的动态切换。在每种 MIMO 模式下，资源的空间组织形式都是不同的，物理资源在空间维度的变化必然会导致 RRM 算法的不同。

（4）与 UMTS 既支持 CS 域，也支持 PS 域不同，在 E-UTRAN 中仅针对 PS 域中的业务进行优化设计。PS 域中的业务具有分组大小不固定、突发性到达的特点，业务参数的定义与 CS 域业务不同。由于业务参数是多种 RRM 过程的输入，所以也将导致 E-UTRAN RRM 过程与 UMTS RRM 的不同。

（5）LTE 抛弃了 UMTS 所采用的专用信道机制，而采用了共享信道机制。在共享信道中，多业务共享同样的资源，并通过分组调度的方式在业务之间进行分配。具体来讲，eNB 通过控制信令为每一个 TB 动态分配所需的传输资源；传输完成后，所使用的资源立即被回收，继续用于其他 TB 的传输。UMTS 主要基于专用信道设计，虽然也引入分组调度功能，但受专用信道的限制，分组调度功能具有很大的局限性。

（6）E-UTRAN 是一个宽带系统，为支持更高的峰值传输速率，其系统带宽配置最大可以达到 20MHz。同时 E-UTRAN 系统也允许灵活的系统带宽配置，如同时支持 1.4/3/5/10/20MHz。系统带宽的不同将导致资源数量、频率选择性调度性能和 MIMO 模式中 Precoding 性能等方面的差异，从而影响 RRM 的过程。E-UTRAN 中的 RRM 算法必须适应灵活的系统带宽配置。

2. LTE 中的无线资源管理过程

LTE 中的无线资源管理包括以下 7 个功能模块：无线接纳控制（RAC）、连接移动性管理（CMC）、动态资源分配（DRA）、小区间干扰协调（ICIC）、负载均衡（LB）、无线承载控制（RBC）、系统间无线资源管理（Inter-RAT RRM）。

（1）无线承载控制（RBC）：RBC 负责与 RB 的建立、维持和释放相关的资源配置。当为一个业务建立 RB 时，RBC 功能需要考虑 E-UTRAN 中资源的整体情况、已经建立业务的 QoS 需求和新业务的 QoS 需求。在发生切换或其他原因导致无线资源情况发生变化时，RBC 需要维护已经建立的 RB。在出现 RB 终止、切换等事件时，RBC 需要释放与之相关的无线资源。

（2）无线接纳控制（RAC）：RAC 的任务是准许或拒绝新的 RB 的建立请求。RAC 需要考虑 E-UTRAN 中资源的整体情况、QoS 需求、优先级水平和已建立 RB 的 QoS 需求，以及请求建立的 RB 的 QoS 需求。RAC 的目标是确保较高的资源利用效率（当存在有效资源时，接纳 RB 建立请求），并且同时保证已经建立的 RB 的 QoS（当无法提供有效资源时，拒绝新 RB 的建立请求)。RAC 与 RRM 其他模块的关系如图 5-15 所示。

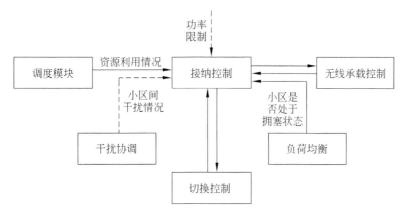

图 5-15 RAC 与 RRM 其他模块的关系

(3) 连接移动性管理(CMC):CMC 负责管理与 UE 移动性相关(Idle 或 Connected)的无线资源。在 Idle 模式下,CMC 通过参数设置(如门限等)来控制小区重选算法,这些参数定义了最好的小区或者决定 UE 应该何时选择一个新的小区。同时,E-UTRAN 通过广播一些参数来配置 UE 测量上报的过程。在 Connected 模式下,CMC 必须支持无线连接的移动性。切换判决可以基于 UE 或 eNB 的测量。此外,切换判决也可以考虑其他输入,例如邻小区负荷,业务分布、传输和硬件资源,以及运营商策略等。CMC 模块与 RRM 其他模块间的关系如图 5-16 所示。

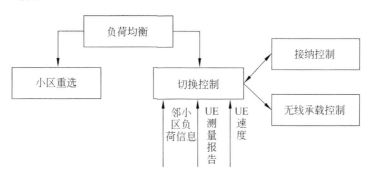

图 5-16 CMC 模块与 RRM 其他模块间的关系

(4) 动态资源分配(DRA):资源调度的目标在于实现有限的共享资源在多用户之间的分配。位于 eNB 的 UL 调度器和 DL 调度器分别为 UL_SCH 和 DL_SCH 分配物理层共享资源调度。可以分配的资源包括:时间资源、频率资源、功率资源和空间资源。

调度的原则:对于下行,eNB 可以准确知道每个 RB 的 buffer 状态,因此下行调度可以基于 RB,但是每个 TTI 对于一个 UE 只发送一条 PDCCH,不存在 per UE per RB grant;对于上行,BSR 上报机制是基于 RBG 的,eNB 可能不能准确知道 UE 每个 RB 的具体信息,因此 LTE 系统上行调度基于 UE。

调度的时间粒度指的是资源分配持续时间。在 LTE 系统中一次资源分配可以分配一个 TTI 的资源也可以一次分配多个 TTI 的资源,时域资源分配的最小粒度为 1ms。

调度的频域粒度是指一次资源分配在频域分配的最小带宽。对于 LTE 系统,资源分配的频域最小粒度为 180kHz 的带宽。

LTE 的调度方式有三种：动态调度、持续调度和半持续调度。

动态调度采用按需分配的方式，最灵活，但调度开销最大。

持续调度是根据 VoIP 数据包到达的周期性和数据包大小基本相同的特点，在每个状态转换点上为后续数据包的初始传输和重传预先分配资源。

半持续调度则是动态调度和持续调度的结合。对 VoIP 激活期的初传语音包使用持续调度，大于静默期的 SID 包和重传包使用动态调度。

(5) 小区间干扰协调(ICIC)：LTE 的下行和上行都采用正交频分多址方式，不存在扩频，因此小区间干扰成为主要的干扰。如何降低小区间干扰，实现同频组网成为 LTE 的一个主要问题，也是小区间干扰协调(ICIC)引入的目的。小区间干扰协调的基本思想就是通过小区间协调的方式对边缘用户资源的使用进行限制，包括限制哪些时频资源可用，或者在一定的时频资源上限制其发射功率，来达到避免和降低干扰，保证边缘覆盖速率的目的。

(6) 负载均衡(LB)：LB 用于多小区间的业务负荷分布不均衡的情况，其目标是通过某种方式改变业务负荷分布，使无线资源保持较高的利用效率，同时保证已建立的业务的 QoS。

负载均衡模块根据拥塞判决准则周期性检测小区是否负载过重，如果小区处于拥塞状态，LB 触发修改小区重选参数、切换门限值并发送拥塞指示给接纳算法。RAC 根据 LB 的拥塞状态指示来判断是否进行接纳判决过程，当小区处于拥塞时不进行接纳判决，可以直接拒绝接纳请求。当采取上述措施后，小区负荷下降到正常水平时，负载均衡模块触发更新小区重选参数、切换门限值并发送拥塞解除指示给接纳算法。

(7) 系统间无线资源管理(Inter-RAT RRM)：Inter-RAT RRM 主要用于不同接入技术之间的无线资源管理，特别是系统间切换的场景。在发生系统间切换时，切换判决的做出需要考虑不同 RAT 内的资源情况、UE 能力以及运营商策略等因素。

Inter-RAT 的重要性程度依赖于 E-UTRAN 的部署情况，可能还包括 Inter-RAT 的负载均衡过程，既涉及 Idle 状态的 UE，也涉及 Connected 状态的 UE。系统间的移动性过程——Idle 状态 UE 的小区重选、Connected 状态的 UE 的切换，都将触发 Inter-RAT RRM 功能。

5.3.6 移动性管理

1. LTE 中的用户状态

LTE 协议模型分为两部分，即接入层(Access Stratum，AS)和非接入层(Non Access Stratum，NAS)。其中 NAS 主要包括会话管理(Session Management，SM)和移动性管理(Mobility Management，MM)。移动性管理是移动通信网络中必不可少的逻辑功能，主要体现在对用户状态和位置数据的管理，并通过对用户状态和位置数据的管理来支持用户的移动性。

NAS 主要包括 3 种协议状态。

(1) LTE_DETACHE：网络和 UE 侧都没有 RRC 实体，此时 UE 通常处于关机、去附着等状态。

(2) LTE_IDLE：对应 RRC 的 DLE 状态，UE 和网络侧存储的信息包括：给 UE 分配的 IP 地址、安全相关的参数(密钥等)、UE 的能力信息和无线承载,此时,UE 的状态转移由基站或 AGW 决定。

(3) LTE_ACTIVE:对应 RRC 连接状态,状态转移由基站或 AGW 决定。

图 5-17 给出了 NAS 状态与 RRC 状态的关系以及状态之间的跃迁。终端开机时进入 LTE_DETACHED 状态。而后,终端执行注册过程,进入 LTE_ACTIVE 状态。通过此过程,终端可以获得 C-RNTI、TA(跟踪区,Tracking Area)-ID、IP 地址等,并通过鉴权过程建立安全方面的联系。如果没有其他业务,终端可以释放 C-RNTI,获得分配给该用户的用于接收寻呼信道的非连续接收周期后,进入 LTE_IDLE 状态。

图 5-17　NAS 状态与 RRC 状态的关系以及状态之间的跃迁

当用户有了新的业务需求时,可以通过 RRC 连接请求(随机接入过程)获得 C-RNTI,此时终端就从 LTE_IDLE 状态跃迁到 LTE_ACTIVE 状态。在该状态下,终端如果移动到不认识的 PLMN 区域或者执行了注销过程,用户的 C-RNTI、TA-ID 和 IP 地址被收回,终端就会进入 LTE_DETACHED 状态。

对于处于 LTE_IDLE 状态的用户,如果用户执行周期性的 TA 更新过程超时,TA-ID 和 IP 地址就会被收回,用户也会跃迁到 LTE_DETACHED 状态。

移动性包括空闲状态下的移动性和连接状态下的移动性。

小区选择、重选属于空闲状态下的移动性,基本沿用 UMTS 系统的原则,仅修改了测量属性、小区选择/重选的准则等。PLMN 选择的原则基于 UMTS 的 PLMN 选择原则。

切换属于连接状态下的移动性。LTE 系统内的切换采用网络控制、UE 协助的方式。LTE 的切换属于后向切换:由源基站发起切换过程,其特征是源基站主动将 UE 上下文发送给目标基站。

2. LTE 小区选择/重选

1) 小区选择

小区选择是在空闲状态下发生的。空闲状态的主要特征如下。

(1) UE 和网络之间没有信令连接,在 E-UTRAN 中不为 UE 分配无线资源并且没有建立 UE 上下文。

(2) UE 和网络之间没有 S1-MME 和 S1-U 连接。

(3) UE 在有下行数据到达时,数据应终止在 S-GW,并由 MME 发起寻呼。

(4) 网络对 UE 位置所知的精度为 TA 级别。

(5) 当 UE 进入未注册的新 TA 时,应执行 TA 更新。

(6) 应使用 DRX 等具有节省电力的功能。

发生小区选择一般有以下几种情况:UE 开机、从 RRC_CONNECTED 返回到 RRC_IDLE 模式、重新进入服务区。空闲模式下的状态和状态迁移如图 5-18 所示。

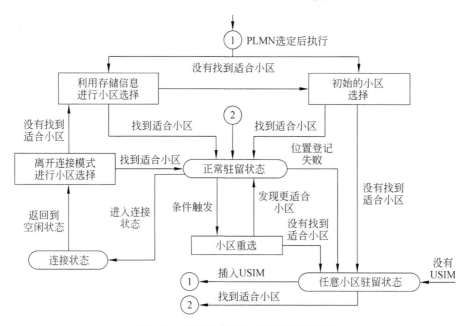

图 5-18　空闲模式下的状态和状态迁移

小区选择遵从如下的准则:

$$S_{\mathrm{rxlev}} = Q_{\mathrm{rxlevmeas}} - (Q_{\mathrm{rxlevmin}} + Q_{\mathrm{rxlevminoffset}}) - P_{\mathrm{compensation}} > 0$$

其中,S_{rxlev}:小区选择接收电平值(dB)。

$Q_{rxlevmeas}$:测量小区接收电平值(RSRP)。

$Q_{rxlevmin}$:小区要求的最小接收电平值(dBm)。

$Q_{rxlevminoffset}$:相对于 Qrxlevmin 的偏移量,防止"乒乓"选择。

$P_{compensation}$:相对于 Qrxlevmin 的偏移量,防止"乒乓"选择。

2)小区重选

小区重选一般发生在下面两种情况:开机驻留到合适小区(即开始小区重选)和处于 RRC_IDLE 状态下 UE 移动。

小区重选遵循的原则如下:

(1)UE 通过测量服务小区和邻小区的属性来进行小区重选。

(2)服务小区的系统信息指示 UE 搜索和测量邻小区的信息。

(3)小区重选准则涉及服务小区和邻小区的测量。

(4)小区重选参数可以适用于小区中的所有 UE,但有可能对某个 UE 或 UE 组配置特定的重选参数。

小区重选的过程如下:

(1)UE 评估基于优先级的所有 RAT 频率。

(2)UE 用排序的准则并基于无线链路质量来比较所有相关频率上的小区。

(3)一旦重选目标小区,UE 验证该小区的可接入性。

(4)无接入受限,重选到目标小区。

3. LTE 的切换

切换发生在连接状态。连接状态的主要特征如下:

(1)UE 和网络之间有信令连接,这个信令连接包括 RRC 连接和 S1-MME 连接两部分。

(2)网络对 UE 位置所知精度为小区级。

(3)UE 移动性管理由切换过程控制。

(4)S1 释放过程将使 UE 从 ECM-CONNECTED 状态迁移到 ECM-IDLE 状态。

按切换发生的原因,可分为以下三种切换类型:

(1)基于当前网络服务质量的切换。其作用是指示 UE 可与比当前服务小区信道质量更好的小区通信,为 UE 提供连续的无中断的通信服务。

(2)基于当前网络覆盖的切换。其作用是当 UE 失去当前 RAT 的覆盖时,进行异系统间的切换。

(3)基于当前网络负荷的切换。其作用是覆盖当前区域的小区负载不平衡时,进行小区间的负荷平衡。

切换一般分为以下三个步骤:

(1)源侧的 eNodeB 控制并评估 UE 和 eNodeB 的测量结果,并考虑 UE 的区域限制情况,判定是否发起切换。

(2)在目标系统中预留切换后所需的资源,待切换命令执行后再为 UE 分配这些预留的资源。

(3)当 UE 同步到目标系统后,网络控制释放源系统中的资源。

具体的切换流程如图 5-19 所示。

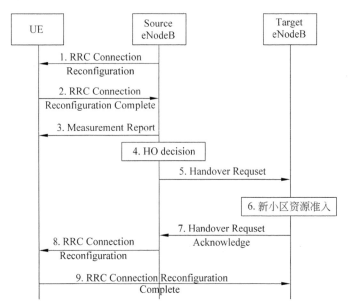

图 5-19　MME 内部切换流程

MME 内部切换的流程可描述如下。

（1）Source eNodeB 根据区域限制信息配置 UE 的测量过程，并通过 RRC 重配置消息发送测量控制信息给 UE。

（2）UE 按照 eNodeB 下发的测量控制信息在 UE 的 RRC 协议端进行测量配置，并向 eNodeB 发送 RRC Connection Reconfiguration Complete 消息表示测量配置完成。

（3）UE 按照测量配置向 eNodeB 上报测量报告。

（4）Source eNodeB 基于测量报告和无线资源管理信息作出 UE 切换的判决。当 Source eNodeB 认为切换有必要，就确定一个合适的目标小区，请求接入控制目标小区的 Source eNodeB。

（5）为了在目标侧准备切换，Source eNodeB 向 Target eNodeB 发送 Handover Request 信息，并传送必要的信息。

（6）目标小区进行资源准入，为 UE 的接入分配空口资源和业务的 SAE（System Architecture Evolution）承载资源。

（7）目标小区资源准入成功后，向 Source eNodeB 发送 Handover Request Acknowledge 消息，指示切换准备工作完成。

（8）Target eNodeB 接收切换请求，并向 Source eNodeB 提供切换执行时 UE 接入目标小区所需的参数，这些参数包括小区 ID、载波频率和分配的上下行资源。Source eNodeB 生成 RRC 信息执行切换 RRC Connection Reconfiguration 消息包含的 MobilityControlInfo 由 Source eNodeB 发送到 UE。

（9）UE 接收到包含 MobilityControlInfo 的 RRC 重配置消息后，中断与 Source eNodeB 的无线连接，并开始同 Target eNodeB 建立新的无线连接，在这段时间内，数据传输被中断。这其中包括下行同步建立、定时提前、数据发送等步骤。当 UE 成功接入到目标小区，UE 发送 RRC 连接重配置完成信息到 Target eNodeB 以指示切换进程对于 UE 已完成。

5.3.7　LTE-A 的性能增强

为了满足 4G 标准 IMT-Advanced 的要求,3GPP 在 LTE 的基础上开发了 LTE-A 技术。LTE-A 能够保持与 LTE 良好的兼容性,可以提供更高的峰值速率和吞吐量,下行的峰值速率为 1Gb/s,上行峰值速率为 500Mb/s;并且具有更高的频谱效率,下行提高到 30b/s/Hz,上行提高到 15b/s/Hz;支持多种应用场景,提供从宏蜂窝到室内场景的无缝覆盖。

为满足上述要求,LTE-A 引入了载波聚合(Carrier Aggregation,CA)、多天线增强(Enhanced MIMO)、中继技术(Relay)和多点协作传输(Coordinated Multi-point Tx/Rx,CoMP)等关键技术。

1. 载波聚合

为了达到 IMT-Advanced 的峰值速率要求,LTE-A 当前支持最大 100MHz 带宽,然而在现有的可用频谱资源中很难找到如此大的带宽,而且大带宽对于基站和终端的硬件设计带来很大困难。此外,对于分散在多个频段上的频谱资源,迫切需要一种技术把它们充分利用起来。

基于上述考虑,LTE-A 引入了载波聚合技术,通过对多个连续或者非连续的分量载波的聚合以获取更大的带宽,从而提高峰值数据速率和系统吞吐量,同时也解决了运营商频谱不连续的问题。此外,考虑到未来通信中上下行业务的非对称性,LTE-A 支持非对称载波聚合,典型场景为下行带宽大于上行带宽,如图 5-20 所示。

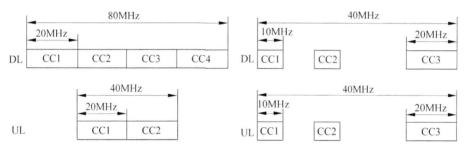

图 5-20　载波聚合原理示意图

为了保持与 LTE 良好的兼容性,Release 10 版本规定进行聚合的每个分量载波采用 LTE 现有带宽,并能够兼容 LTE,后续可以考虑引入其他类型的非兼容载波。在实际的载波聚合场景中,根据不同的传输需求和能力,UE 可以同时调度一个或者多个分量载波。

2. 增强多天线技术

在 LTE Release 8 中,上行仅支持单天线的发送,LTE-A 则增强为上行最大支持 4 天线发送。物理上行共享信道(Physical Uplink Shared Channel,PUSCH)引入单用户 MIMO,可以支持最大两个码字流和 4 层传输;而物理层上行控制信道(Physical Uplink Control Channel,PUCCH)也可以通过发射分集的方式提高上行控制信息的传输质量,提高覆盖。

LTE-A 下行传输由 LTE Release 8 的 4 天线扩展到 8 天线,最大支持 8 层和两个码字流的传输,从而进一步提高了下行传输的吞吐量和频谱效率。此外,LTE-A下行支持单用户 MIMO 和多用户 MIMO 的动态切换,并通过增强型信道状态信息反馈和新的码本设计进一步增强了下行多用户 MIMO 的性能,参见图 5-21。

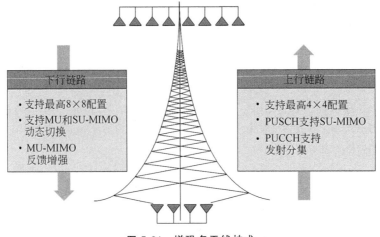

图 5-21 增强多天线技术

3. 中继技术

中继技术是在原有站点的基础上,引入 Relay 节点(或称中继站),Relay 节点和基站通过无线连接,下行数据先由基站发送到中继节点,再由中继节点传输至终端用户,上行则反之,如图 5-22 所示。通过 Relay 技术能够增强覆盖,支持临时性网络部署和群移动,同时也能降低网络部署成本。

根据功能和特点的不同,Relay 可分为两类:Type 1 和 Type 2。Type 1 Relay 具有独立的小区标识,具有资源调度和混合自动重传请求功能,对于 Release 8 终端类似于基站,而对于 LTE-A 终端可以具有比基站更强的功能。Type 2 Relay 不具有独立的小区标识,对 Release 8 终端透明,只能发送业务信息而不能发送控制。当前,Release 10 版本主要考虑 Type 1 Relay。

图 5-22 Relay 原理示意图

4. 多点协作传输技术

多点协作传输技术利用多个小区间的协作传输,有效解决小区边缘干扰问题,从而提高小区边缘和系统吞吐量,扩大高速传输覆盖。

CoMP 包括下行 CoMP 发射和上行 CoMP 接收。上行 CoMP 接收通过多个小区对用户数据的联合接收来提高小区边缘用户吞吐量,其对 RAN1 协议影响比较小。下行 CoMP 发射根据业务数据能否在多个协调点上获取可分为联合处理(Joint Processing,JP)和协作调度/波束赋形(Coordinated Scheduling/Beamforming,CS/CB)。前者主要利用联合处理的方式获取传输增益,而后者通过协作减小小区间干扰,如图 5-23 所示。

为了支持不同的 CoMP 传输方式,UE 需要反馈各种不同形式的信道状态信息,对于

JP   CS/CB

图 5-23 CoMP 原理示意图

CoMP 的反馈,定义了 3 种类型:显式反馈、隐式反馈和基于探测参考符号(Sounding Reference Symbol,SRS)的反馈。显式反馈是指终端不对信道状态信息进行预处理,反馈诸如信道系数和信道秩等信息;隐式反馈是指终端在一定假设的前提下对信道状态信息进行一定的预处理后反馈给基站,如编码矩阵指示信息和信道质量指示信息等;基于 SRS 的反馈是指利用信道的互易性,eNB 根据终端发送的 SRS 获取等效的下行信道状态信息,这种方法在 TDD 系统中尤为适用。

5.3.8 TD-LTE 与 LTE FDD 的对比

1. 差异

TD-LTE 与 LTE FDD 的核心网技术是完全相同的,其不同点主要是在空中接口部分。在空中接口所采用的核心技术方面,TD-LTE 与 LTE FDD 也是基本相同的,如多址技术都采用 OFDMA,都采用 MIMO 技术,信道编码都采用卷积码和 Turbo 码,调制技术都采用 QPSK/16QAM/64QAM 等。技术上的差异主要体现在以下几个方面。

1) 双工方式不同

TD-LTE 采用时分双工方式,用时间来分离接收和发送信道,时间资源在两个方向上进行分配,基站和移动台之间须协同一致才能顺利工作。

TD-LTE 可以根据不同的业务类型调整上下行时间配比,以满足上下行非对称业务需求,见表 5-6。

表 5-6　TD-LTE 的上下行时隙配比

周　　期	上下行配比
5ms	1DL：3UL,2DL：2UL,3DL：1UL
10ms	6DL：3UL,7DL：2UL,8DL：1UL,3DL：5UL

LTE FDD 则采用频分双工方式,在支持对称业务时,能充分利用上下行的频谱,但在支持非对称业务时,频谱利用率将大大降低。

FDD 仅支持 1：1 上下行资源配比,在支持非对称业务时,频谱利用率将大大降低。

2) HARQ 技术的差异

TD-LTE:个数与延时随上下行配置方式不同而不同。当下行时隙配置多于上行时,存在一个上行子帧反馈多个下行子帧的情况。TD-LTE 提出的解决方案有 multi-ACK/NAK,ACK/NAK 捆绑(bundling)等。当上行配置多于下行时,存在一个下行子帧调度多个上行子帧(多子帧调度)的情况。

LTE FDD:个数与延时固定。

3）同步信号设计的差异

LTE 同步信号的周期是 5ms,分为主同步信号(PSS)和辅同步信号(SSS)。TD-LTE 和 LTE FDD 帧结构中,同步信号的相对位置不同,如图 5-24 所示。

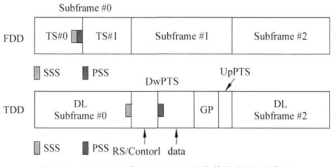

图 5-24　TD-LTE 和 LTE FDD 同步信号的相对位置

利用主、辅同步信号相对位置的不同,终端可以在小区搜索的初始阶段识别系统是 TDD 还是 FDD。

4）设备上的差异

核心网设备二者是完全相同的。无线网络方面 LTE 仅 eNB 一个网元,二者都采用分布式基站(BBU+RRU)方式。

TD-LTE 与 LTE FDD 可完全共用 BBU 硬件,通过软件可配置成不同系统。

由于双工方式、频段、通道数等差异,TD-LTE 与 LTE FDD 无法共用 RRU。TD-LTE 存在 8 和 2 通道 2 种 RRU,FDD 以 2 通道 RRU 为主。

2. 优点

与 LTE FDD 相比,TD-LTE 的优势主要体现在如下几个方面。

1）频谱配置更具优势

TD-LTE 由于采用时分双工方式,各个国家在进行频谱分配时,可以不必对称地分配频谱。这对于频率资源非常紧张的现状是非常适合的。而 LTE FDD 则不具备这种优势。

2）适合提供非对称业务

由于 TD-LTE 系统可以灵活地分配上下行信道资源,适合非对称业务的需要,有利于提高资源利用率。

3）利于使用智能天线

在使用智能天线时,TD-LTE 系统能有效地降低终端的处理复杂性。TD-LTE 具有上下行信道互易性(reciprocity),能够更好地采用发射端预处理技术,如预 RAKE 技术、联合传输(Joint Transmission)技术、智能天线技术等,能有效地降低终端接收机的处理复杂性。

3. 缺点

当然,TD-LTE 的不足之处也是明显的。

1）更复杂

使用 HARQ 技术时,TD-LTE 使用的控制信令比 LTE FDD 更复杂,且平均 RTT 稍长于 LTE FDD 的 8ms。

2）同步要求高

由于上下行信道占用同一频段的不同时隙，为了保证上下行帧的准确接收，系统对终端和基站的同步要求很高。

3）要求全网同步

为了补偿 TD-LTE 系统的不足，TD-LTE 系统采用了一些新技术，如 TDD 支持在微小区使用更短的 PRACH 以提高频谱利用率；采用 multi-ACK/NACK 的方式反馈多个子帧，节约信令开销等。

5.4　WiMAX 系统

5.4.1　WiMAX 的产生和发展

20 世纪 90 年代宽带无线接入技术发展迅速，为了满足中小企业、城市商业中心等用户的无线数据业务需求，以本地多点分配系统（LMDS）为代表的无线接入技术得到了一定的应用。但是这一产业并没有像人们预期的那样进一步繁荣壮大，一个重要的原因就是没有统一的全球性宽带无线接入标准。

1999 年，IEEE 成立了 802.16 工作组来专门研究宽带无线接入技术规范，目标是要建立一个全球统一的宽带无线接入标准。IEEE 802.16 又称为 IEEE Wireless MAN 空中接口标准，适用于 2～66GHz 的频率范围。

IEEE 802.16 工作组主要针对 Wireless MAN 的物理层和 MAC 层制定规范和标准。为了形成一个可运营的网络，IEEE 802.16 技术必然需要其他部分的支撑，所以 WiMAX 论坛应运而生。

WiMAX 论坛成立于 2001 年 4 月，最初该组织旨在对基于 IEEE 802.16 标准和 ETSI HiperMAN 标准的宽带无线接入产品进行一致性和互操作性认证，通过 WiMAX 认证的产品会拥有"WiMAX(r) CERTIFIED"标识。随着 802.16e 技术和规范的进展，该组织的目标也逐步扩展，不仅要建立一整套基于 IEEE 802.16 标准和 ETSI HiperMAN 标准的认证体系，同时还致力于可运营的宽带无线接入系统的研究、需求的分析、应用模式的探索、市场的拓展等一系列大力促进宽带无线接入市场发展的工作。通常认为，IEEE 802.16 工作组是 IEEE 802.16 WiMAX 空中接口规范的制定者，而 WiMAX 论坛是技术和产业链的推动者。

2001 年 12 月颁布的 802.16 对使用 10～66GHz 频段的固定宽带无线接入系统的空中接口物理层和 MAC 层进行了规范，由于其使用的频段较高，因此仅能应用于视距范围内。

2003 年 1 月颁布的 802.16a 对 802.16 进行了扩展，对使用 2～11GHz 许可和免许可频段的固定宽带无线接入系统的空中接口物理层和 MAC 层进行了规范，该频段具有非视距传输的特点，覆盖范围最远可达 50km，通常小区半径为 6～10km。另外，802.16a 的 MAC 层提供 QoS 保证机制，可支持语音和视频等实时性业务。这些特点使得 802.16a 与 802.16 相比更具有市场应用价值，真正成为用于城域网的无线接入手段。

2002 年正式发布的 802.16c 是对 802.16 的增补文件，是使用 10～66GHz 频段 802.16 系统的兼容性标准，它详细规定了 10～66GHz 频段 802.16 系统在实现上的一系列特性和功能。

802.16d 是 802.16 的一个修订版本,也是相对比较成熟并且较具实用性的一个标准版本。802.16d 对 2～66GHz 频段的空中接口物理层和 MAC 层做了详细规定,定义了支持多种业务类型的固定宽带无线接入系统的 MAC 层和相对应的多个物理层。该标准对前几个标准进行了整合和修订,但仍属于固定宽带无线接入规范。它保持了 802.16、802.16a 等标准中的所有模式和主要特性,增加或修改的内容用来提高系统性能和简化部署,或者用来更正错误、补充不明确或不完整的描述,包括对部分系统信息的增补和修订。同时,为了能够后向平滑过渡到 802.16,802.16d 增加了部分功能以支持用户的移动性。

802.16e 是 802.16 的增强版本,该标准规定了可同时支持固定和移动宽带无线接入的系统,工作在 2～6GHz 适于移动性的许可频段,可支持用户站以车辆速度移动,同时 802.16a 规定的固定无线接入用户能力并不因此受到影响。该标准还规定了支持基站或扇区间高层切换的功能。

为了满足 4G 标准 IMT-Advanced 的要求,IEEE 802.16 委员会设立了 802.16m 项目,并于 2006 年 12 月批准了 802.16m 的立项申请,正式启动了 IEEE 802.16m 标准的制订工作。

IEEE 802.16m 项目的主要目标有两个。一是满足 IMT-Advanced 的技术要求;二是保证与 802.16e 兼容。

5.4.2 移动 WiMAX——IEEE 802.16e

IEEE 802.16e 协议作为固定接入技术的扩展,增加了终端用户的移动性功能,从而使移动终端能够在不同基站间进行切换和漫游,因而 802.16e 又被称为移动 WiMAX。802.16e 也能够向下兼容 IEEE 802.16d。

802.16e 的主要技术特点如下所示。

(1) 在物理层采用正交频分复用,实现高效的频谱利用率。

在 WiMAX 系统中,OFDM 技术为物理层技术,主要应用的方式有两种:OFDM 物理层和 OFDMA 物理层。无线城域网 OFDM 物理层采用 OFDM 调制方式,OFDM 正交载波集由单一用户产生,为单一用户并行传送数据流。上行链路采用 TDMA 多址方式,下行链路采用 TDM 复用方式,可以采用 STC 发射分集以及 AAS 自适应天线系统。无线城域网 OFDMA 物理层采用 OFDMA 多址接入方式,支持 TDD 和 FDD 双工方式,可以采用 STC 发射分集以及 AAS。

OFDMA 系统可以支持长度为 2048、1024、512 和 128 的 FFT 点数,通常下行数据流被分为逻辑数据流。这些数据流可以采用不同的调制及编码方式以及以不同信号功率接入不同信道特征的用户端。上行数据流子信道采用多址方式接入,通过下行发送的媒质接入协议(MAP)分配子信道传输上行数据流。虽然 OFDM 技术对相位噪声非常敏感,但是标准定义了 ScalableFFT,可以根据不同的无线环境选择不同的调制方式,以保证系统能够以高性能的方式工作。

(2) 双工方式:支持时分双工(TDD)、频分双工(FDD),同时也支持半双工频分双工(HFDD)。FDD 需要成对的频率,TDD 则不需要,而且可以实现灵活的上下行带宽动态分配。半双工频分双工方式降低了对终端收发器的要求。

(3) 可支持移动和固定的情况,移动速度最高可达 120km/h。

（4）带宽划分灵活，系统的带宽范围为 1.25～20MHz。WiMAX 规定了几个系列的带宽：1.25MHz 的倍数系列、1.75MHz 的倍数系列。其中 1.25MHz 倍数系列包括 1.25MHz、2.5MHz、5MHz、10MHz、20MHz 等；1.75MHz 倍数系列包括 1.75MHz、3.5MHz、7MHz、14MHz 等。

（5）使用先进的多天线技术提高系统容量和覆盖范围。

总的来说，移动 WiMAX 中的多天线技术可以分为 3 类，分别是波束赋形、空时编码和空间复用。波束赋形是智能天线的关键技术，通过将主要能量对准期望用户从而提高信噪比，有效抑制共道干扰。空时编码分为空时格码和空时块码，空时格码可以使系统同时获得编码增益和分集增益。空时块码降低了译码复杂度，同时可以获得 2 倍于接收天线数目的分集增益。空间复用在发射端发射相互独立的信号，可以最大化 MIMO 系统的平均发射速率。

在 IEEE 802.16e 中，虽然 MIMO 只是一个可选方案，但是空时编码和空间复用技术都得到了应用，从而有效地提高了系统的容量和覆盖，并且协议还给出了同时使用两种技术的形式，同时对 MIMO 给出了相当完备的定义。

移动 WiMAX 支持 2 根天线、3 根天线或 4 根天线。多天线系统可选用分集增益以提高信噪比和信道质量，也可选用复用增益以提高吞吐量。

为了配合多天线的配置和提高 WiMAX 对移动性的支持，移动 WiMAX 在 IEEE 802.16e 协议中对用作估计信道的导频进行了完善。多天线系统如果依然使用单天线中的导频，导频信号将产生严重的天线间干扰，所以协议在时频资源上将不同天线正交，以减小干扰。图 5-25 显示了 2 根天线时正交导频位置。需要注意的是，为了提高移动性能，移动 WiMAX 协议将占用部分数据载频以加强导频的密集度，克服高速移动带来的多普勒频移和快衰影响。

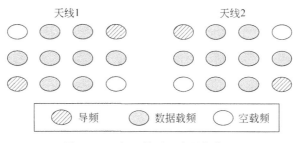

图 5-25 2 根天线时正交导频位置

（6）采用混合自动重传（HARQ）技术。

HARQ 作为物理层前向纠错和链路层自动重传相结合的差错控制技术，提高了频谱效率，明显提高系统吞吐量。同时因为重传可以带来合并增益，所以间接扩大系统的覆盖范围。在 16e 的协议中虽然规定了信道编码方式有卷积码（CC）、卷积 Turbo 码（CTC）和低密度校验码（LDPC）编码，但是对于 HARQ 方式，根据目前的协议，16e 只支持 CC 和 CTC 的 HARQ 方式。

（7）采用自适应调制编解码（AMC）技术。

AMC 根据接收信号的质量，随时调整分组包的调制、编码方式、编码速率，使得系统在能够达到足够的可靠性的基础上，使用尽可能高的数据传输速率。

AMC 在 WiMAX 的应用中有其特有的技术要求。由于 AMC 技术需要根据信道条件来判断将要采用的编码方案和调制方案，所以 AMC 技术必须根据 WiMAX 的技术特征来实现 AMC 功能。由于 WiMAX 物理层采用的是 OFDM 技术,所以时延扩展、多普勒频移、PAPR 值、小区的干扰等对于 OFDM 解调性能有重要影响的信道因素必须被考虑到 AMC 算法中,用于调整系统编码调制方式,达到系统瞬时最优性能。

WiMAX 标准定义了多种编码调制模式,包括卷积编码、分组 Turbo 编码(可选)、卷积 Turbo 码(可选)、零咬尾卷积码(Zero Tailbaiting CC)(可选)和 LDPC(可选),并对应不同的码率,主要有 1/2、3/5、5/8、2/3、3/4、4/5、5/6 等码率。

(8) 采用功率控制技术,目标是最大化频谱效率,而同时满足其他系统指标。

(9) 切换技术。802.16e 标准规定了一种必选的切换模式,在协议中简称为 HO(handover),实际上就是我们通常所说的硬切换。除此以外还提供了两种可选的切换模式:MDHO(宏分集切换)和 FBSS(快速 BS 切换)。802.16e 中规定必须支持的是硬切换,协议中称为 HO。移动台可以通过当前的服务 BS 广播的消息获得相邻小区的信息,或者通过请求分配扫描间隔或者是睡眠间隔来对邻近的基站进行扫描和测距的方式获得相邻小区信息,对其评估,寻找潜在的目标小区。

切换既可以由 MS 决策发起也可以由 BS 决策发起。在进行快速基站切换(FBSS)时,MS 只与 AnchorBS 进行通信。所谓快速是指不用执行 HO 过程中的步骤就可以完成从一个 AnchorBS 到另一个 AnchorBS 的切换。支持 FBSS 对于 MS 和 BS 来说是可选的。进行宏分集切换(MDHO)时,MS 可以同时在多个 BS 之间发送和接收数据,这样可以获得分集合并增益以改善信号质量。支持 MDHO 对于 MS 和 BS 来说是可选的。

(10) 睡眠模式。802.16e 协议为了适应移动通信系统的特点,增加了终端睡眠模式:Sleep 模式和 Idle 模式。Sleep 模式的目的在于减少 MS 的能量消耗并降低对 ServingBS 空中资源的使用。Sleep 模式是 MS 在预先协商的指定周期内暂时中止 ServingBS 服务的一种状态。从 ServingBS 的角度观察,处于这种状态下的 MS 处于不可用(unavailability)状态。Idle 模式为 MS 提供了一种比 Sleep 模式更为省电的工作模式,在进入 Idle 模式后,MS 只是在离散的间隔,周期性地接收下行广播数据(包括寻呼消息和 MBS 业务),并且在穿越多个 BS 的移动过程中,不需要进行切换和网络重新进入的过程。

Idle 模式与 Sleep 模式的区别在于:Idle 模式下 MS 没有任何连接,包括管理连接,而 Sleep 模式下 MS 有管理连接,也可能存在业务连接;Idle 模式下 MS 跨越 BS 时不需要进行切换,Sleep 模式下 MS 跨越 BS 需要进行切换,所以 Idle 模式下 MS 和基站的开销都比 Sleep 小;Idle 模式下 MS 定期向系统登记位置,Sleep 模式下 MS 始终和基站保持联系,不用登记。

目前的 IEEE 802.16e 中最高的物理层速率是 75Mb/s,为了能够在保证通信质量的同时达到更高的数据速率,必须对物理层的关键技术进行有效的演进。

5.4.3 4G 技术——IEEE 802.16m

移动 WiMAX 的下一步演进是迈向 IMT-Advanced,成为 IMT-Advanced 家族成员之一。这一步演进,是通过 IEEE 802.16m 标准的制订来实现的。

为了满足 IMT-Advanced 所提出的技术要求,IEEE 802.16m 在低速移动、热点覆盖场景下传输速率达到 1Gb/s 以上,高速移动、广域覆盖场景下传输速率达到 100Mb/s。

为了兼容 802.16e,IEEE 802.16m 标准是在 IEEE 802.16 WirelessMAN-OFDMA 的

基础上进行修改来实现的。通过对 IEEE 802.16 WirelessMAN-OFDMA 进行增补,进一步提高系统吞吐量和传输速率。

与 802.16e 相比,802.16m 无论从物理层技术、MAC 层技术还是从总体性能上都有所增强。

(1) 从物理层上看,802.16m 将支持 OFDMA 技术以及包括 MIMO、波束赋形在内的先进天线技术,这些技术将在 802.16e 的基础上进一步增强。从天线配置上看,802.16m 中要求下行至少能够支持 2 发 2 收,上行至少能够支持 1 发 2 收。而 OFDMA 技术则应该支持更加细化的频率分配技术,例如对子信道边缘的子载波进行转换分配等。

至于带宽方面,802.16m 将支持从 5MHz 到 20MHz 的可变带宽,在某些特殊情况下可以支持高达 100MHz 的带宽。对于终端来说,带宽超过 20MHz 的方案将采用可选的形式。

802.16m 中对于双工模式的支持仍将采用与 802.16e 中一样的方案,即全双工 TDD、全双工 FDD 和半双工 FDD 等。

(2) 从 MAC 层上看,进一步改善了业务安全保障、QoS 和无线资源管理等功能,以便降低传输时延,减少系统开销,从而实现更高的传输速率、系统吞吐量以及支持更高的终端移动速度。

安全保障方面不仅提供强健有效的用户设备认证方案,而且提供灵活可靠的业务隐私安全保障。QoS 则要求对更多不同类型业务的通信质量进行保障。无线资源管理虽不属于 802.16m 标准的制订范围,但是其相关技术对应的信令和参数必须得到 MAC 层的支持。

(3) 系统性能方面,802.16m 也提出了较多的比 802.16e 更高的要求。速率方面除了满足 IMT-Advanced 的基本要求外,802.16m 还提出了归一化峰值速率要求,即下行大于 6.5b/(s·Hz),上行大于 2.8b/(s·Hz)。

业务时延方面的要求则要视具体业务而言,但是 MAC PDU 传输处理的时延要控制在 10ms 以内。在状态转换中,如从 IDLE_STATE 到 ACTIVE_STATE 转换时,其时延要控制在 100ms 以内。切换中断时延则要求同频切换小于 50ms,异频切换小于 100ms。

从总体上看,802.16m 的平均用户吞吐量比 802.16e 的平均用户吞吐量要大很多,在只承载数据业务时,802.16m 的上下行平均用户吞吐量要比 802.16e 大两倍以上。

对终端移动性的支持方面,802.16m 也比 802.16e 有很大的增强,系统将支持移动速率高达 350km/h 的终端用户的接入并保持正常通信。

习题

1. IMT-Advanced 的关键特性要求有哪些?
2. 最终确定的第四代移动通信标准有哪几种? 分别是由哪些组织为主提出来的?
3. LTE 系统中 eNB 的功能有哪些?
4. LTE 的物理信道有哪些?
5. LTE 的无线资源管理包括哪些模块?
6. 说明 LTE 系统中小区重选的原则和过程。
7. LTE-A 采用了哪些新技术以提升系统性能?
8. 802.16e 的主要技术特点有哪些?
9. 与 802.16e 相比,802.16m 在哪些方面进行了性能增强?

第6章 移动通信业务

6.1 2G 移动通信业务

第二代移动通信系统以语音业务为主,其中 GSM 的业务规范比较完备,IS95-CDMA 的业务规范的制订则基本参照 GSM。下面以 GSM 系统的业务规范为例进行 2G 移动通信业务的说明。

GSM 系统的业务分为两大类:基本业务和补充业务。

6.1.1 基本业务

GSM 系统提供以下基本电信业务:

(1) 语音业务。

语音业务包括基本电话业务和紧急呼叫业务。

基本电话业务:系统为移动用户提供话音信息的传送,以满足用户的语音通话业务要求,同时完成 PSTN/ISDN 网络的信号音传送。

紧急呼叫业务:系统为移动用户提供紧急特服业务。当移动用户在 MSC/VLR 所属的区域内呼叫移动紧急特服电话时,呼叫应能够被接通。

(2) 短消息业务(SMS)。

短消息业务分为点对点的短消息业务和广播式短消息业务。

点对点的短消息业务是为 GSM PLMN 的移动台和短消息实体(SME)之间通过业务中心(SC)传送长度有限的消息提供服务。业务中心(SC)能够存储和前转消息,是集存储、交互和中继功能于一体的短消息处理实体。而 GSM PLMN 的功能是支持业务中心与移动台之间的短消息传送。

点对点短消息业务定义了移动发起短消息(SM MO)和移动终止短消息(SM MT)两类业务。移动发起短消息是由移动台发送给业务中心的短消息,这些消息可能发送给别的移动台也可能发送给固定网的用户。而移动终止短消息是由业务中心转发给移动台的短消息,这些消息有可能来自移动台(移动发起短消息),也可能是来自话路、电报或传真。

(3) 各类传真业务。

GSM 能提供以下承载业务。

① 数据 CDA 业务:异步双工电路型数据业务(0.3～9.6kb/s)。

② 数据 CDS 业务:同步双工电路型数据业务(1.2～9.6kb/s)。

③ PADAccessCA:异步 PAD 接入电路型业务(0.3～9.6kb/s)。

④ 数据 PDS 业务:同步 PDS 接入电路型业务(2.4～9.6kb/s)。

⑤ 可交替话音/非限制、话音伴随数据。

从业务收入来看,语音业务收入仍然占移动业务总收入的大部分。以我国 2011 年的情况为例,2011 年我国移动通信业务总收入为 7162 亿元,其中移动语音业务收入 4591 亿元,占总收入的 64.1%。

随着移动用户的迅速增长,移动语音业务也呈逐年增长的趋势(参见图 6-1)。2011 年,全国移动电话去话通话时长累计达到 24 556 亿分钟,同比增长 16.2%。其中,非漫游通话时长 22 615 亿分钟,增长 14.4%;国内漫游通话时长 1936 亿分钟,增长 42.0%;国际漫游通话时长 2.6 亿分钟,增长 45.6%;港澳台漫游通话时长 2.8 亿分钟,增长 21.4%。

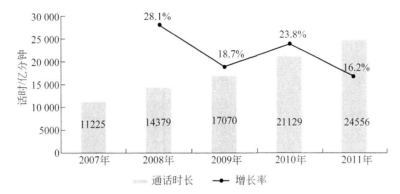

图 6-1　2007—2011 年移动电话去话通话时长

近年来短信业务发展非常迅速,我国 2011 年的移动短信业务用户达到 77 672 万户,渗透率达到 78.2%,全国移动短信发送量累计达到 8788 亿条,比 2010 年增长 6.5%,详见图 6-2。

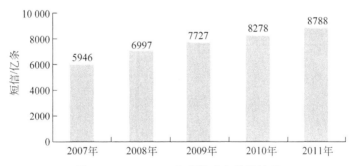

图 6-2　2007—2011 年短信业务发展情况

6.1.2　补充业务

GSM 的补充业务包括 9 大类共 21 种,参见表 6-1。

表 6-1　GSM 补充业务

编　　号	类　　别	补充业务名称	英文缩写
1	号码识别类	主叫号码显示	CLIP
2		主叫号码显示限制	CLIR
3		被连号码显示	COLP
4		被连号码显示限制	COLR

编　号	类　别	补充业务名称	英文缩写
5	呼叫前转类	无条件前转	CFU
6		遇忙前转	CFB
7		无应答前转	CFNRy
8		不可及前转	CFNRc
9	呼叫完成类	呼叫等待	CW
10		呼叫保持	HOLD
11	多方通话类	多方通话	MPTY
12	闭合用户群类	闭合用户群	CUG
13	计费提示类	计费提示(信息)	AOCI
14		计费提示(账单)	AOCC
15	呼叫限制类	所有呼出限制	BAOC
16		国际呼出限制	BOIC
17		除归属 PLMN 以外的国际呼出限制	BOIC-Exhc
18		所有呼入限制	BAIC
19		漫游到国外的呼入限制	BIC-Roam
20	呼叫转移类	呼叫显式转接	ECT
21	非结构化补充业务	非结构化补充业务	USSD

1. 号码识别类补充业务

号码识别类补充业务分以下四类。

(1) 主叫号码显示(CLIP)：该业务属被叫发起类业务,如果一个用户预约了主叫号码显示业务,那么该用户在收到入呼叫的同时会收到主叫号码。

(2) 主叫号码显示限制(CLIR)：该业务是主叫发起类业务,使主叫可以避免给被叫用户显示主叫号码。

(3) 被连号码显示(COLP)：该业务为主叫发起类业务,移动用户作为主叫时,由于被叫用户未激活而转补充业务,结果使实际与主叫通信的已经不是主叫呼叫的用户,这时网络向移动用户提供被连号码。

(4) 被连号码显示限制(COLR)：此业务是指被连用户被前转呼叫时,不允许网络向主叫提供被连用户的号码。各处理过程相似,主叫号码显示限制(CLIR)的信息处理流程如图 6-3 所示。

MSC/VLR 建立呼叫时查询主叫信息和被叫信息,MSC/VLR 根据信息内容发起相应的呼叫(主叫号码是否显示)。主叫号码显示禁止时,初始消息 IAM 中带有禁止显示主叫号码的信息。如果主叫没有禁止显示主叫号码,而被叫签约了主叫号码显示 CLIP 业务,初始消息 IAM 中带有显示主叫号码的信息。

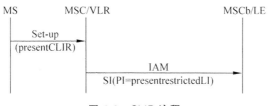

图 6-3　CLIR 流程

2. 呼叫前转类补充业务

呼叫前转类补充业务分以下四类。

（1）无条件前转（CFU）：移动用户的该补充业务激活时,该用户的所有入呼叫将被无条件前转到该用户所登记的第三方用户。第三方用户可以是移动网、公网、专网的用户,也可以是语音邮箱等实体。

（2）遇忙前转（CFB）：移动用户的该业务被激活后,该用户的入呼叫在用户忙时被前转到用户所登记的第三方用户。

（3）无应答前转（CFNRy）：无应答是指被叫移动用户在移动台振铃后长时间不摘机应答。

移动用户的该业务被激活后,该用户的入呼叫在该移动用户无应答情况下,将被呼叫前转到第三方用户。

（4）不可及前转（CFNRc）：不可及呼叫前转是指该移动用户处于不可及状态（位于盲区等）时,将该用户的入呼叫前转到第三方用户。

不同的前转业务可以使用不同的前转号码,除了短消息业务及紧急呼叫业务,前转业务可用于其他所有的电信业务。移动用户必须先签约、登记此项业务,签约时决定是否把前转通知主叫、通知前转用户。登记时需提供前转号码,如果前转号码在网络允许范围内,移动用户会收到网络的登记成功信息。

3. 呼叫完成类补充业务

呼叫等待（CW）和呼叫保持业务统称为呼叫完成类业务,这两种业务往往结合在一起使用。

1）呼叫等待

呼叫等待业务是指当入呼叫得不到信道时,通知受话用户并等待,受话用户可以接受,拒绝或不理会这个入呼叫。每次呼叫最多只能接受一个等待呼叫。

呼叫等待业务可应用于除紧急呼叫之外的所有的基本业务。

呼叫等待业务包含三个通话方。

用户 B：申请了呼叫等待业务的用户,是该业务的控制方。

用户 C：向用户 B 发起呼叫,引发呼叫等待。

用户 A：与用户 B 通话的用户,可以是主叫,也可以是被叫。

CW 业务被调用后,用户 B 会收到一个呼叫等待提示音,用户 C 同时也会收到提示,表明此呼叫已被接受。

CW 业务被调用后,如果用户 A 或 B 终止当前呼叫,用户 B 会被提示有一个新的呼叫,同时网络会继续向用户 C 发回铃音,直到网络规定的时间 T2 超时。用户 B 也可利用呼叫保持业务保持原呼叫,在 T2 超时之前接入等待呼叫。

2)呼叫保持

呼叫保持业务允许用户暂时中断一个呼叫,如果需要的话,可以另外建立一个连接,该呼叫被中断后,其传输通道仍被保留。网络只能为每个移动用户保留一个传输通道。

该补充业务只能应用于电话业务。

4.多方通话类补充业务

这个补充业务使用户可以与多方同时建立呼叫。

多方通话的前提条件是用户有一个激活呼叫和保持呼叫,而且两个呼叫均已应答。在这种情况下,用户可要求网络开始多方通话业务。一旦多方用户业务被激活,外部呼叫可以加入、终止或分离(即从多方通话中移走但仍保持与受服务用户的连接)。

在一个多方通话中,外部呼叫数不能超过 5 个。

当多方通话业务被调用时,所有外部呼叫方都会收到指示。当一个新的呼叫加入多方通话时,每个外部呼叫方都会收到指示。

该业务只能应用于电话业务。

5.限制类补充业务

呼叫限制类补充业务包括呼出限制和呼入限制两类。

1)呼出限制(BOC)

呼出限制就是用户在呼叫别的用户时的一种限制。

此补充业务对除了紧急呼叫以外的所有电信业务有效,用户可以选择以下限制中的任何一类:

① 所有呼出限制:除了紧急呼叫外,无法呼叫其他用户。

② 国际呼出限制:呼出只能向用户当前所在的 PLMN 内的移动用户(不管其漫游到什么地方)和当前所在的国家的固定电话网用户发起,而无法向其他 PLMN 的用户发起,即使这些用户漫游到当前 PLMN。

③ 除了归属 PLMN 及归属国家的固定电话网之外的国际呼出限制,呼出只能向以下几类电话用户发起:用户当前所在的 PLMN 的移动用户、用户当前所在国家的固定电话网用户、用户归属的 PLMN 的移动用户、用户归属的国家的固定电话网用户。

BOC 提供给签约用户两个选项:呼出限制的类型和呼出限制的控制。

呼出限制类型的选项:用户可以选择上面所述呼出限制类型中的任何一项、两项或三项。

呼出限制控制的选项:用户可以选择用户自己通过使用密码来控制或通过管理者来控制。

在任何时候,只能有一种呼出限制类型有效。一种呼出限制类型被激活时,原有的类型被自动去活。

如果用户选择自己控制类型,那么在激活时,用户需向网络提供以下信息:密码、选择需限制呼出的基本业务以及选择呼出限制的类型。

如果用户选择管理者控制类型,那么用户无法自己激活该补充业务。

对于任何一种基本业务,都可以单独为其选择呼出限制类型及状态(激活、去活)。

用户在发起呼叫时,如果被叫属于呼出限制范围之内,则呼叫被拒绝,用户得到一个呼叫拒绝的通知。

呼出限制不影响呼入及紧急呼叫。

2) 呼入限制(BIC)

呼入限制就是用户在呼入时的一种限制。

此补充业务对所有电信业务有效,用户可以选择以下限制中的任何一类:

① 所有呼入限制,这时候,用户无法接受其他用户的呼叫。

② 漫游呼入限制,当用户漫游到其他国家时,呼入受到限制。

BIC 提供给签约用户两个选项:呼入限制的类型和呼入限制的控制。

呼入限制类型的选项:用户可以选择上面两类呼入限制类型中的任何一项或者两项。

呼入限制控制的选项:用户可以选择用户自己通过使用密码来控制或通过管理者来控制。

在任何时候,只能有一种呼入限制类型有效。一种呼入限制类型被激活时,原有的类型被自动去活。

如果一个呼叫的被叫属于 BIC 内,则该呼叫将被拒绝,而且主叫将得到一个呼叫拒绝的通知。

呼入限制不影响呼出。

6. 计费提示类补充业务

计费提示类补充业务包括计费通知(信息)和计费通知(计费)。

计费通知(信息)是指网络为移动终端计算进行基本业务通信的费用提供信息。

计费通知(计费)是指网络为移动用户计算进行基本业务通信的费用提供信息而使移动终端能够显示业务通信发生的费用。

7. 非结构化补充业务

USSD 业务可以用来将用户输入的手机不能识别的字串直接传送给网络。同样,网络也可以向手机发送 USSD 操作。因为从网络端发送的数据最终可以显示在手机上,从手机发送的内容又可以通过一定的路由发到网络上的相关应用,所以 USSD 可以作为 GSM 网络的传输管道来使用。

USSD 业务能够以交互的方式向用户提供信息,它有两种方式向用户提供服务。

(1) 提供 GSM 网络本身提供的相关信息。例如,MSC、HLR、SCF 提供的与用户相关的信息。

(2) 提供一种承载服务。由"USSD 中心"提供专门的信息服务,例如,银行账务信息、股票交易等。

另外,支持采用"自定义补充业务"的方式实现限制 USSD 业务的功能。

8. 呼叫转移类补充业务

呼叫转移类补充业务主要是 ECT(呼叫显式转接)。此功能必须与呼叫保持结合使用,具体是指当用户保持两个呼叫时,用户可让该两个用户进行通话,而自己可挂机退出通话。

9. 闭合用户群类补充业务

闭合用户群类补充业务简称 CUG。此补充业务使多个用户形成一个闭合用户群,一个用户可以作为一个或多个群的成员。闭合用户群内用户可以只有内部入呼和内部呼出权限,也可以申请开放外部入呼和内部呼出权限。

6.2　3G 移动通信业务

6.2.1　3G 业务的特点及发展趋势

1. 特点

由于 3G 移动通信网络具有传输高速数据的能力,因而相对于 2G 业务来说,3G 业务内容更加丰富,2G 时代语音业务占绝对主导地位的情况逐渐发生变化,数据业务比重逐年增加。一般来说,3G 业务具有如下的特点。

1) 提供高速率的数据承载

3G 业务是建立在 3G 网络高速数据传输的基础之上的,因此其最大的特点就是可以提供更高的速率和带宽,从而可以承载 2G 所不能承载的移动增值业务,比如视频电话、移动多媒体等。

2) 业务提供方式灵活

提供电路域和分组域、话音和数据业务,支持承载类业务,支持可变的比特率,支持不对称业务,并且在一个连接上可同时进行多种业务。

3) 提供业务的 QoS 质量保证

3G 的高速数据传输具有 QoS 保障机制,从而可以为对 QoS 有较高要求的移动业务提供 QoS 保障,在一定程度上保证这些业务的服务质量,3G 划分了四种 QoS 类别:会话类业务、流媒体业务、交互类业务和背景类业务。

4) 业务的智能化

网络业务提供的灵活性、终端的智能化。例如,除输入密码外,还可以通过语音、指纹来识别用户身份。

5) 业务的多媒体化

3G 的信息由语音、图像、数据等多种媒体构成,信息的表达能力和信息传递的深度都比 2G 有很大的提高,基本上可以实现多媒体业务在无线、有线网之间的无缝传输。

6) 业务的个性化

用户可以在终端、网络能力的范围内,设计自己的业务。网络运营商为用户提供虚拟归属环境即 VHE 能力,使用户在拜访网络时可以享受到与归属网络一致的服务,保证个性化业务的全网一致性。

7) 业务的人性化

人在移动中处理信息的能力比较有限,信息的有效传输和表达尤其重要,要用最少的码元传输量使用户获取最多、最有用的信息。

2. 发展趋势

在 3G 业务迅速发展的同时,呈现出以下明显的发展趋势:

1) 具有 3G 特色的新业务大量涌现

为了拓展市场。吸引更多的用户使用 3G 业务,移动运营商不断地开发和推广新的 3G 移动业务,使大量具有 3G 特色的新业务、新应用与用户见面,如手机电视、手机游戏、移动多媒体等。

2) 3G 移动业务的发展与互联网互相融合

越来越多的 3G 业务应用通过与互联网的融合得以实现。可以说,3G 移动业务的最大价值就是能够向用户提供全面的互联网服务。实际上,整个 3G 技术的演进正在不断向互联网应用靠拢。手机已不再是传统意义上的手机,而是一部随时可以连接互联网的"个人移动终端"。

3) 3G 移动业务将会向着更安全、更可靠的方向发展

随着大量 3G 新业务新应用的推出和发展,在深刻改变人们生活的同时,也带来了安全问题,正如互联网带给人们的一样,安全问题正越来越为人们所重视。今后的 3G 业务将会更加重视信息安全措施,并会采取相应的信息安全技术,来满足人们通信信息安全的需求。

6.2.2　3G 业务的分类

3G 的业务呈现更加复杂和丰富多彩的特点,因而其业务分类也有多种不同的划分方法,下面介绍主要的 3G 业务分类方法。

1. 3GPP 的业务分类

3GPP 对 3G 业务的分类仍然与 2G 业务分类相似,分为基本业务和补充业务。基本业务又分为基本电信业务和承载业务。

1) 基本电信业务

3G 网络支持的基本电信业务包括电话、紧急呼叫、点对点的短消息业务和小区广播短消息业务。在接入互联网时,应满足在移动无线环境中网络互联的 QoS 要求,并定义一种最优化的接入互联网的方法。

2) 承载业务

承载业务提供在接入点之间传送信息的能力。通信链路可以跨越不同的网络,如 Internet、Intranet、LAN 和 ATM 传输网等,具有网络规定的承载控制手段。

3) 补充业务

支持所有 GSM phase2＋的补充业务,并且支持在一个呼叫过程中调用多个补充业务,及处理多个补充业务之间的相互关系。

3GPP 对于业务生成的机制也进行了明确的规定。3GPP 建立了一套比较完整的业务生成机制,为实现虚拟归属环境(VHE),有多种创建业务方式,包括 GSM 业务和基于业务能力的业务。

对于基于业务能力的业务,其承载可采用 GSM 和 UMTS,采用的实现机制包括 OSA、CAMEL、SAT 等多种方式。

业务可以直接由业务特征和业务能力特征构建。业务特征给业务设计者提供了一个抽象的层面,业务特征可以用业务能力来构建。

2. OMA 的业务分类

OMA(Open Mobile Alliance)正式成立于 2002 年 6 月初,其前身为 Open Mobile Architecture Initiative supporters 和 WAP Forum。后续有一些组织加入了 OMA,包括 Wireless Village、MGIF(Mobile Gaming Interoperability Forum)、Sync ML Initiative、MWIF(Mobile Wireless Internet Forum)、MMS IOP 和 LIF (Location Interoperability Forum)。OMA 的主要任务是收集市场需求并制定规范,清除互操作性发展的障碍,并加速各种全新的增强型移动信息、通信和娱乐服务及应用的开发和应用。OMA 代表了无线通信业的革新趋势,它鼓励价值链上所有的成员通过更大程度地参与行业标准的制订,建立更为完整的、端到端的解决方案。

目前已经超过 400 多个来自全球的成员单位,构成了完整的移动业务价值链,包括移动运营商、无线设备提供商、信息技术(IT)公司和内容提供商等主要的 4 大类成员单位。

OMA 标准化工作主要是定义业务引擎。该组织对业务引擎的定义为:产生移动业务的基本技术模块;在网络和终端上开发和支持新的业务和特征;可以应用于端到端业务提供的任意环节。

业务引擎可简单地分为两大类:公共业务引擎和专用业务引擎,公共业务引擎主要是完成鉴权、认证、计费和账目、公共数据库、操作维护等功能,专用业务引擎是针对某种业务特征的,如定位、移动商务等,每一个专用业务引擎在业务开展中都需要调用公共业务引擎。

业务可以分为以网络/服务器为中心的业务和以终端为中心的业务。以终端为中心的业务驻留在 MS 中,例如 MExE 和 SAT 的业务。以网络/服务器为中心的业务是在核心网络之外,并通过 OSA 接口利用业务能力特征。

3. 按用户体验的分类

根据用户使用的体验,可以将 3G 业务分为四大类:通信类、娱乐类、资讯类和互联网类。

1) 通信类业务

通信类业务包括基础语音业务、视频业务以及利用手机终端进行即时通信的相关业务。

基础语音业务:3G 虽然可以提供高速数据业务,但传统的语音业务在 3G 时代还是占有很大的比例。无论手机终端如何发展,运营商提供的数据业务有多丰富,通话毕竟是手机的基础功能。

视频业务:视频业务是 3G 时代的最引人关注的业务之一。通过 3G 终端的摄像装置以及 3G 网络高速的数据传输,电话两端的用户可以看见彼此的影像,从而实现对话双方的"面对面"实时交流,真正做到音频、视频的随时随地交互式交流。

2) 娱乐类业务

音乐、影视的点播业务:用户可以通过手机终端欣赏自己喜欢的歌曲、乐曲、音乐电视,也可以观看电影片段、电视短片、动漫等。

体育新闻的点播与体育赛事的精彩预告、回顾:运营商和各大体育赛事的主办单位建立合作,为移动用户提供足球、篮球、高尔夫球、网球、板球、赛车等体育赛事新闻和实况转播、录像等。

图片、铃声下载：在众多的移动数据业务中，图片、铃声下载业务无疑是最受用户欢迎的 3G 增值业务之一。3G 服务商允许用户下载 MP3 铃声、活动墙纸等影像；通过与世界知名杂志、网站的合作，用户可以通过手机翻阅、下载 SP 提供的图片、视频短片、高清晰照片等。

3) 资讯类业务

由于 3G 网络的大容量与高速率，3G 运营商所提供的资讯类业务大多摆脱了 2G 时代的纯文字内容，更多的是通过视频、音频实现资讯内容的实时交互性传达。

新闻类资讯：3G 服务商与新闻资讯供应商合作，提供实时的新闻资讯，用户可以视像的形式接收最新本地及世界新闻，第一时间获知世界大事。

财经类资讯：3G 服务商面向商务人士提供亚洲、美国及欧洲的资本市场动态，全日二十四小时不停放送财经信息。随着传播广度的进一步扩大，运营商提供的财经服务也越来越深入。现在的 3G 服务不再只是单纯地提供财经资讯，更多的是针对财经消息加以分析，提供与消息相关的财经新闻和评论，辅以图表分析和投资组合，让用户在了解信息的同时，还可以得到专业理财专家的建议。

便民类资讯：如"交通实况"类业务，允许 3G 手机终端与政府交通指挥部门进行数据传输，用户可以在手机屏幕上看到所查询的主要交通路口的交通状况，以提高出行效率；除此之外还包括移动银行、电话簿查询、黄页、票务预订、餐馆指南、机票信息、字典服务、城镇信息、FM 收音信息、烹饪查询、赛马信息等业务，充分满足了用户的衣食住行等生活需要。

4) 互联网业务

运营商在开发 3G 业务时，除了延续移动通信的传统业务外，也开发了与互联网有关的业务，以适应时代的要求。

电子邮件业务：利用 3G 手机内置的电邮程序，允许用户在 3G 手机终端撰写、收发、保存、打印电子邮件。

利用互联网监控家居：使用 3G 手机与互联网交换信息，让用户随时随地监视家里状况。其工作原理是通过安置在家中的摄像头，将家居画面转化成视频信号，通过互联网传送到运营商的信息处理中心；用户只要拨打运营商分配的"家居遥视号码"，就可以接收运营商信息处理中心转来的图像，达到"遥视"的效果。

6.2.3 典型的 3G 业务

由于网络承载能力的提高，3G 业务呈现出丰富多彩的特点，新的业务应用层出不穷，本节仅就几个典型的业务进行说明。

1. 流媒体业务

流媒体技术是指支持多媒体数据流通过网络从服务器向客户端传送，客户端边接收边播放的技术。

流媒体技术具有实时性强，有利于版权保护，不大量占用本地存储空间等特点，该技术被广泛应用于多媒体点播、直播等应用。

根据内容的来源，在线播放可分为点播和直播两种方式，其中点播常用于 VoD 业务，直播用于电视直播、远程监控等。

图 6-4 展示了 3G 分组域流媒体业务涉及的基本业务实体。

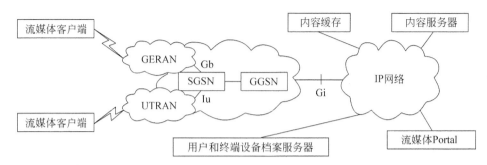

图 6-4　流媒体业务涉及的基本业务实体

流媒体业务至少需要一个内容服务器和一个流媒体客户端。流媒体服务器位于 Gi 接口后。其他位于 Gi 接口后的部件,例如流媒体 portal、档案服务器、缓存服务器和代理,可以提供额外的业务或者提高整体业务质量。客户端发起到选定的内容服务器的业务和连接。内容服务器可以产生直播的内容,例如,来自一个音乐会的视频。用户和设备档案服务器用于存储用户参数和设备功能信息。这些信息可用于控制如何向移动用户提供流媒体内容。流媒体 portal 是为提供更便利的流媒体内容访问能力的服务器。例如,流媒体 portal 可能会提供内容浏览器和搜索工具。最简单的情况下,它只包含一个 Web/WAP 页和一个流媒体内容链接列表,内容本身通常存储在内容服务器里,可以通过网络访问。

流媒体客户端使用的协议栈以及基于分组网络的接口见图 6-5。

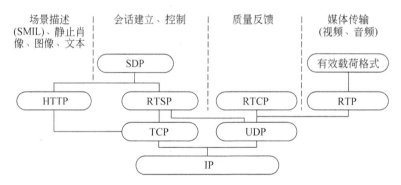

图 6-5　流媒体客户端使用的协议栈以及基于分组网络的接口

其中,功能部件可分为控制、场景描述、媒体编解码和媒体传输及数据控制。根据使用技术的不同,业务可以分为三类,即 IP/UDP/RTP 的音频、视频和话音传输,IP/TCP/HTrP 进行的能力交换、场景描述、演示描述、静态图像、位图、矢量图、文字、同步文字、综合视频传输,IP/UDP/RTSP 或者 IPfCP-TSP 进行的能力交换和演示描述传输,可供不同终端的流媒体选择。

2. LBS

LBS 英文全称为 Location Based Services,即基于位置的服务。它包括两层含义:首先是确定移动设备或用户所在的地理位置;其次是提供与位置相关的各类信息服务。

目前,LBS 业务可按应用特征划分为增值服务类、社会公益类和移动网络运营管理类。

其中,增值服务类又包括定制信息类、游戏类、跟踪导航类以及行业应用类;社会公益类是基于位置的公共安全业务,如 110、120、119 等紧急业务;移动网络运营管理类主要用于网络提供商的网络规划和网络业务质量改进。根据业务请求发起方的不同可分为会话发起方式(MO—LR)、会话终结方式(MT—LR)和网络触发方式(NI—LR);根据业务触发方式的不同又可分为移动用户触发(Pull)和网络触发(Push);根据会话终结的位置请求还可分为 CS 定位方式和 PS 定位方式。

一个完整的 LBS 系统由四部分组成,即定位系统、移动服务中心、通信网络以及移动智能终端。

其中,定位系统包括全球卫星定位系统和基站定位系统两部分。空间定位技术是整个 LBS 系统得以实现的核心技术,这一部分正在不断完善之中,移动运营商可以选用某种定位技术或者组合定位技术,来获得适当的定位精度。

移动服务中心负责与移动智能终端的信息交互和各个分中心(定位服务器、内容提供商等)的网络互联,完成各种信息的分类、记录和转发以及分中心之间业务信息的流动,并对整个网络进行监控。

通信网络是连接用户和服务中心的,要求实时准确地传送用户请求及服务中心的应答。通常可选用 GSM、CDMA、GPRS(General Packet Radio Service)、WCDMA、EVDO 等无线通信手段,在此基础上依托 LBS 体系发展无线增值服务。另外,国内已建成的众多无线通信专用网,甚至有线电话、寻呼网和卫星通信、无线局域网、蓝牙技术等都可以成为 LBS 的通信链路,在条件允许时可接入 Internet 网络,传输更大容量的数据或下载地图数据。

移动智能终端是用户唯一接触的部分,手机、PDA 均有可能成为 LBS 的用户终端。但是在信息化的现代社会,出于更完善的考虑,它要求有完善的图形显示能力,良好的通信端口,友好的用户界面,完善的输入方式(键盘控制输入、手写板输入、语音控制输入等),因此 PDA 以及某些型号的手机成为个人 LBS 终端的首选。

LBS 系统工作的主要流程如下:用户通过移动终端发出位置服务申请,申请经过各种通信网关以后,为移动定位服务中心所接受,经过审核认证后,服务中心调用定位系统获得用户的位置信息(另一种情况是,用户配有 GPS 等主动定位设备,这时可以通过无线网络主动将位置参数发送给服务中心),服务中心根据用户的位置,对服务内容进行响应,如发送路线图等,具体的服务内容由内容提供商提供。

3. IMPS

IMPS 业务由 Instant Message(IM)业务和 Presence 业务组成。

Instant Message(IM)业务:即可在一系列的参与者间实时地交换各种媒体内容信息,并且可以实时知道参与者的出现(Presence)信息,从而选择适当的方式进行交流。它具有便利、快捷、直接的特点,非常适合朋友之间、组织内部以及企业和客户之间的交流。

Presence 业务:就是使参与实体(人或者应用)通过网络实时发布和修改自己的个性化信息,比如,位置、心情、连通性(外出就餐、开会)等,同时参与实体可以通过订阅、授权等方式控制存在信息的发布范围。Presence 业务可以通过 E-mail、SMS、IM 等方式通知用户状态信息。

根据 OMA 的应用框架和规范,IMPS 具有 4 个主要的业务功能。

（1）Presence：指用户动态变化的、能被他人获知的状态，用来表现自我、共享信息和服务控制。用户的状态可以被他人获知，同时能够获知他人的状态。Presence 信息包括：

① 客户端状态　在线状态、客户端信息（类型、厂商、型号、语言等）、时区（客户端上报）、位置信息、移动网络名称、客户端通信能力（支持媒体等）。

② 用户状态　用户的地址、自由的文字位置描述、优选联系方法、优选语言、用户状态文字描述、用户情绪、别名、内容状态。

（2）即时消息（Instant Message，IM）：指在多个用户之间实时的进行信息交互，不但可以是文本消息，也可以是多媒体消息。IM 是 SP 建立稳固移动社区的流行工具。

（3）Groups：由两个或两个以上的用户组成的论坛，用来就一个特定议题进行信息交换、评论和观点描述。通过 Groups 业务，SP 和最终用户能够建立起具有相同兴趣的社区，比如可以在线讨论共同感兴趣的话题。Groups 可以是临时的或永久的，可以是公共的或私有的。

（4）Shared Content：Shared Content 允许用户和运营商建立他们的存储空间，可以存放图片、音乐和其他多媒体内容，与他人分享。

IMPS 系统包括即时消息中心 IMPSC(Instant Message & Presence Service Centre)、用户数据管理系统、外部增值应用系统等，如图 6-6 所示。

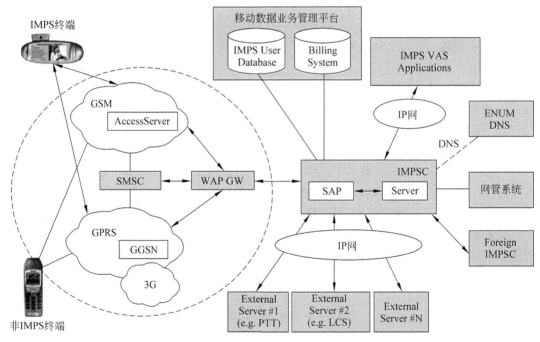

图 6-6　IMPS 系统构成

即时消息中心：由即时消息接入点 IMPS SAP、即时消息调度中心 IMPS Server、话单及报表管理系统、维测系统及网管系统、客户服务系统及用户业务 Web 自助功能等组成。

用户数据管理系统：即 IMPS GW，即时消息网关，通过 IMPS 网关与远端非 Wireless Village 协议（已并入 OMA 的 IMPS 协议）的 IMPSC 的互通，使不同 IMPS 系统的用户之间可以互通即时消息。

6.3 移动智能网业务

6.3.1 智能网基础

智能网的产生基于以下几种因素:

(1) 人们对信息的需求量日益增大,对电信业务的需求越来越复杂,要求电信网能迅速且灵活地向用户提供种种电信业务。

(2) 电信运营商面对市场需求快速变化的压力和挑战,迫切需要新的技术,一方面做最经济有效的投资,一方面能够提供多样化的业务,提高核心竞争力。

(3) 科技的进步为智能网的产生和发展提供了条件,具体表现为以下三个方面。

① 高速度、高可靠性的小型机广泛应用。

② 大容量分布式数据库技术日趋成熟,采用大型数据库,如 Informix、Oracle 等。

③ 采用 sccp、inap、cap 协议的七号信令技术在电信网中广泛应用。

基于上述背景,智能网技术应运而生,智能网的主要目的在于能够快速、方便、灵活、经济、有效地生成和实现各种增值业务。

智能网的核心思想是交换与业务控制相分离。交换层只完成最基本的呼叫连接功能,新增加附加的网络设备负责对增值业务进行控制。

智能网的层次结构如图 6-7 所示。

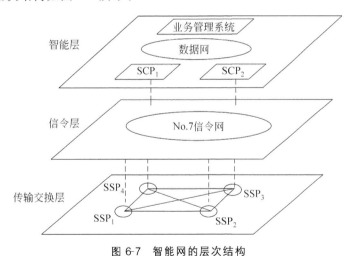

图 6-7　智能网的层次结构

6.3.2 移动智能网

移动智能网(Wireless Mobile Intelligent Network,WIN)是在移动网络中引入智能网功能实体,实现对移动智能呼叫控制的一种网络。它是现有的移动网络与智能网的结合,通过在移动网中引入移动业务交换点,使低层移动网与高层智能网相连,形成移动智能网。

为了在移动通信系统中引入智能网,欧洲电信标准研究所(ETSI)于 1997 年在 GSM Phase

2＋上定义了CAMEL(Customized Applications for Mobile network Enhanced Logic,移动网络增强逻辑的客户化应用)协议。CAP(CAMEL Application Part)是CAMEL的应用部分,它是基于智能网的INAP协议。

智能网的体系结构如图6-8所示。

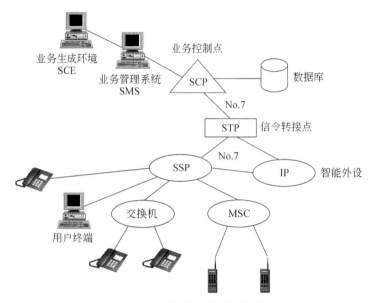

图6-8　移动智能网的体系结构

移动智能网各网元功能如下所示。

(1) 业务交换点(SSP)。

SSP(Service Switching Point)是连接现有PSTN/移动网与智能网的连接点,提供接入智能网功能集的功能。SSP可检出智能业务的请求,并与SCP通信;对SCP的请求做出响应,允许SCP中的业务逻辑影响呼叫处理。

(2) 业务控制点(SCP)。

SCP(Service Control Point)是智能网的核心构件,它存储用户数据和业务逻辑。SCP的主要功能是接收SSP送来的查询信息并查询数据库,进行各种译码;同时,SCP能根据SSP上报来的呼叫事件启动不同的业务逻辑,根据业务逻辑向相应的SSP发出呼叫控制指令,从而实现各种智能呼叫。

(3) 业务数据点(SDP)。

SDP(Service Data Point)提供数据库功能(业务数据功能SDF),接受其他设备的数据操作请求,执行操作并回送结果。

在网上的实际应用中,SCP与SDP往往都提供SCF和SDF,这时SCP和SDP从功能上已经无区别,只不过是存放数据的侧重点不同而已。

(4) 智能外设(IP)。

IP(Intelligent Peripheral)是协助完成智能业务的特殊资源。通常具有各种语音功能,如语音合成、播放录音通知、接收双音多频拨号、进行语音识别等。IP可以是一个独立的物理设备,也可以作为SSP的一部分,它接受SCP的控制,执行SCP业务逻辑所指定的操作。

（5）业务管理系统（SMS）。

SMS（Service Management System）由计算机系统组成。SMS 一般具备 5 种功能，即业务逻辑管理、业务数据管理、网络配置管理等。在业务生成环境中创建的新业务逻辑由业务提供者输入到 SMS 中，SMS 再将其装入 SCP，就可在通信网上提供该项新业务。

（6）业务生成环境（SCE）。

SCE（Service Creation Environment）的功能是根据客户的需求生成新的业务逻辑。SCE 为业务设计者提供友好的图形编辑界面。客户利用各种标准图元设计出新业务的业务逻辑，并为之定义好相应的数据。

6.3.3　移动智能网业务

在移动智能网上可以灵活地开展多种业务，常见的移动智能网业务有：预付费业务（Pre-Paid Service，PPS）、短消息业务（Short Message）、亲密号码业务（Familiarity Number）、移动虚拟专用网（Mobile Virtual Private Network）、无线广告业务（Wireless Advertisement）、分区分时计费（Multiple Discount）、智能语音催缴话费（Press by Voice）、发端呼叫筛选（Originating Call Screening）、终端呼叫筛选（Terminating Call Screening）、发端呼叫搜索（Originating Hunting）、终端呼叫搜索（Terminating Hunting）、个人优惠业务以及按主叫位置选择路由。

以下就普遍使用的预付费业务和移动虚拟专用网业务做一说明。

1. 预付费业务

预付费业务是指移动电话用户在开户时或通过购买有固定面值的充值卡充值等方式预先在自己的账户上注入一定的资金。呼叫建立时，基于用户账户的余额决定接受或拒绝呼叫，在呼叫过程中实时计费和扣减用户账户的金额，资金用尽即终止呼叫，实现用户为其呼叫和使用其他业务预先支付费用。

在 20 世纪 90 年代中期，许多国家的移动运营商开始推行预付费模式。近年来预付费业务一直呈高速增长态势，现在预付费的移动用户已占移动用户总量的 70% 左右。

对于移动运营商来讲，预付费可以控制用户欠费，消除呆坏账，并且可以给用户的使用带来方便，还保证了用户对账户的知情权，提高了用户的满意度。

用于实现预付费业务的技术主要包括以下四种。

（1）用户识别卡方式。

该方法将用户的余额存在用户识别卡（SIM 卡）上；用户每次呼叫时，手机根据预先设定的费率从 SIM 卡中扣除通话费用，屏幕上可显示呼叫费用和账户状态。呼叫可实时处理、实时切断，用户界面友好。但通话的费率单一不能灵活设置，不是所有的手机都支持该功能，用户充值必须使用专用的设备、充值不方便。计费在终端（手机）侧，有较高的话费欺诈风险。

（2）业务节点方式。

采用专门用于处理预付费业务的智能平台来实现业务。不改变现有网络结构，业务节点直接与移动交换中心相连；所有预付费用户的相关业务均送往该平台进行处理。该方式充值灵活、对手机功能没有特殊要求，能在本地网范围内较快地实现预付费业务，但不能很好地解决漫游问题和多个平台间的互联问题,不利于网络未来的发展。一般在网络规模较小、网络结构简单的国家采用此类方式。

（3）基于计费系统方式。

该方法通过计费系统的实时计费功能,实现对用户话费账户的实时扣费。该方式对网络影响较小,可工作在不同 MSC 厂商的网络环境中。但由于不同计费系统间漫游计费的实时性难以保证,对漫游用户的话费控制较难;且该方式不能在通话过程中根据用户账户余额实时切断通话,所以仍存在话费欺诈风险。

（4）移动智能网方式。

该方法通过移动智能网实现预付费业务,有统一标准、可实现多厂商设备互联,有利于网络的发展。对呼叫可进行实时控制,减小了欺诈风险;系统容量可平滑扩展,能在已有平台上通过加载软件的方式快速提供其他新业务、支持用户漫游。但采用这种方式的前期投资较大。

目前的预付费业务基本都是通过第四种方式实现。

预付费业务必须实现呼叫监视的功能。确定最大可通话时长的因素包括话费余额金额、主叫用户号码、被叫用户号码、用户位置区域、费率。

预付费业务必须实现呼叫限制的功能。当账号余额不足或为零时,要限制用户发起呼叫,或同时限制用户接收呼叫。

预付费业务必须具备余额查询的功能。余额查询一般可以通过以下几种方式进行:拨打客服中心电话查询、通过营业厅查询、通过互联网查询。

除上述功能外,预付费业务还具备的功能有充值、用户充值提示、支持漫游、支持集团用户、支持补充业务、热线号码呼叫、免费电话、禁拨号等。

2. 移动虚拟专用网业务

移动虚拟专用网业务(Mobile Virtual Private Network,MVPN)也称为虚拟专用移动网业务(Virtual Private Mobile Network,VPMN)是在公用陆地移动通信网(PLMN)上建立一个逻辑话路专用网,通过专用编号计划、闭合用户群等方式为集团用户提供灵活、方便、优惠的通信服务的一种业务。

VPMN 业务面对的是占用户总数量 20%的商业用户,但其话费占总话费的 80%。

VPMN 业务的业务特征如下所示。

（1）灵活的编号方案:申请了 VPMN 业务的企业可以根据自身的特点编制短号码,方便记忆和管理。短号码的编制方案为:特定前缀(6)＋集团内部编号(2～5 位),其中集团内部编号的第一位不能为 0(特定前缀(6)＋集团内部编号(2～5 位))。短号码只能用于拨打同一 VPMN 集团的网内用户,来电显示短号码或真实号码。当集团内部的短号码编号方案发生变化时(包括 VPMN 号码所对应的真实号码发生改变、需要添加新的用户真实号码或VPMN 号码等情况),VPMN 集团需将具体的变化内容通知运营商,由运营商对业务数据作相应的改变。

（2）灵活的拨号方式:呼叫本集团其他成员时,有两种拨号方式,既可以拨集团定义的短号码,也可以拨被叫用户的真实号码。拨打短号码时,如集团或用户被封锁,系统会播放相应录音通知并切断呼叫。其他情况下,系统按照用户的呼叫权限确定是否接通。拨打真实号码时,系统会自动识别呼叫类型。当集团或用户被封锁、拨打系统禁拨号时,系统会播放相应的录音通知,然后以普通方式接续。

(3) 系统禁拨号:系统可以设置系统禁拨号码,任何申请该项业务的所有集团内的 VPMN 用户都不能拨打被系统禁止拨打的电话号码。

(4) 网外呼叫(VPMN 用户作为主叫):VPMN 用户向本 VPMN 集团以外的固定、移动用户发起的电话呼叫,VPMN 集团可以通过权限设置允许或禁止 VPMN 用户拨打网外呼叫。

(5) 闭合用户群:可以在 VPMN 用户内设置若干组特殊的用户,组成若干个闭合用户群。对在该闭合用户群内的通话给予更大的优惠。各个闭合用户群可以指定不同的优惠费率,当两个用户同时属于多个闭合用户群时,通话的费率按最优惠的费率计算。

(6) 网外号码组:VPMN 集团可以设置若干个网外号码(包括移动电话和固定电话),这组号码称为该集团的网外号码组。

(7) VPMN 号码显示:网内呼叫时显示为用户的短号码,同时被叫用户可以用这个来电显示号码回拨主叫号码,发起另一个 VPMN 呼叫。被叫用户可以选择网内呼叫显示短号码还是长号码。

(8) VPMN 个人用户账号:VPMN 集团用户给每个 VPMN 个人用户都设立一个账户,该账户记录了 VPMN 集团愿意为 VPMN 个人用户支付费用的呼叫所产生的费用(一般为网内呼叫和网外号码组呼叫的费用)以及话费限额。

(9) VPMN 集团用户账号:申请 VPMN 业务的集团都有一个集团账户,记录集团的话费总额,集团账户是该集团内所有 VPMN 个人用户账户的总和。

(10) 灵活计费方式:网内、网外呼叫优惠,主被叫不同资费,按时间和位置设置不同资费,公话私话分开等。

(11) 网内呼叫主、被叫权限:根据集团设定,对于网外号码组、网外呼叫的主叫和被叫可以分别设定允许和禁止的权限。

(12) 集团封锁:可以设置集团为封锁状态,此时集团内用户不能使用 VPMN 业务,但可进行普通(长号)的通话。

(13) 用户封锁:可以设置某集团内用户为封锁状态,此时该用户不能使用 VPMN 业务;但可进行普通的通话。

VPMN 的网络结构如图 6-9 所示。

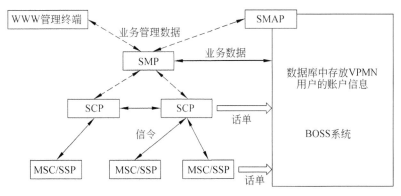

图 6-9　VPMN 的网络结构

VPMN 的业务组网一般遵循如下原则:

（1）一个省内 VPMN 用户的所有用户数据集中放置在该省的一个 SCP 上,不管这个 VPMN 用户的办公区域在省内分布有多么分散。

（2）一个跨省 VPMN 用户的用户数据按照归属 HLR 的关系,放置在用户归属省的一个 SCP 上。每个 SCP 上应保存有这个 VPMN 集团所有 SCP 的地址信息,这些信息应根据 VPMN 用户数据变化的情况及时更新。

（3）VPMN 业务在目标网方式下根据用户的签约信息(O/T-CSI)触发,用户的签约信息放置于用户归属的 HLR 中;用户漫游时,O-CSI 带到 VLR。

（4）SCP 和 WWW 终端连接到本大区所属的 SMP,并提供移动智能网系统与运营系统的接口。集团用户可以通过 WWW 终端对本集团的相关信息进行查询。

习题

1. GSM 的基本业务有哪些?
2. GSM 的补充业务有哪九类?
3. 什么是无条件前转业务?
4. 什么是呼叫等待业务?
5. 3GPP 对 3G 业务是如何分类的?
6. 按用户体验 3G 业务可以分为哪几类?
7. 什么是流媒体业务?
8. LBS 系统工作的主要流程是什么?
9. 什么是移动智能网?
10. 预付费业务必须实现的功能有哪些?
11. VPMN 业务的业务特征有哪些?

第7章 移动互联网——移动通信网与互联网的融合

7.1 互联网简介

计算机网络最早出现于 20 世纪 50 年代。经过半个多世纪的发展,计算机网络已由早期简单的联机系统发展成为以 Internet 为主要代表的高速的资源共享的复杂的互联网络。本节将介绍计算机互联网的产生和发展,以及支撑现代互联网的基本网络体系结构和协议。

7.1.1 互联网的产生和发展

互联网泛指大量计算机网络互联而形成的、具有复杂的功能和逻辑的、以资源共享为典型特征的大型网络。互联网的产生与发展历程即是计算机网络的发展历程。

在 20 世纪 50 年代,在计算机还是以大型机、小型机为主体的时代,计算机主要用于进行科学计算。为了实现不同地理位置的科研人员可以共享计算机的资源,人们将不同地点的本地终端或是远程终端通过公共电话网以及相应的通信设备与计算机相连,这种联机方式构成了最早的具有通信功能的计算机网络。典型代表是 1963 年美国空军建立的半自动化地面防空系统(SAGE)。

真正多台计算机之间实现通信构成网络出现在 20 世纪 60 年代后期,起源于冷战期间美国军方的一项研究计划。1968 年,美国国防部高级研究计划局主持研制了旨在帮助美军研究人员利用计算机进行信息交换的计算机实验网络(ARPANET)。ARPANET 在设计和建立的过程中,提出了一种计算机通信协议,当一台计算机向网络中的另一台计算机发送信息时,只需要在将发送的信息前面附加上一些用于网络传输的控制信息,这个附加控制信息的过程称为"打包",该通信协议称为 IP 协议(Internet Protocol)。根据 IP 协议,数据被分成若干个特定长度的"数据包",数据包含有相应的标记,说明自己来自何处以及发送到何方。IP 协议较好地解决了异种网络实现互联的一系列理论与技术问题,而由此产生的关于网络共享、分散控制、分组交换、使用专用通信控制处理机、网络通信协议分层等思想,则成为现代计算机互联网的理论基础。

在 20 世纪 70 年代和 80 年代,随着个人计算机(Personal Computer,PC)的产生和发展,计算机性能不断提高、价格不断降低,计算机不再局限于科学研究领域,用户也不再只是"专家",越来越多的计算机走进了人们的工作和生活。这时,对计算机网络提供信息交换和资源共享服务的需求越来越迫切。随着大型机、小型机等"主机-终端"系统用户的减少和 PC 机用户的大量增加,计算机网络结构也发生了巨大的变化,一定数量的 PC 机组成了局域网(LAN),大量的局域网则连入广域网(WAN),局域网与广域网、广域网与广域网之间通过路由器实现互联。伴随着大量的局域网和广域网的出现,由于其开发和建立都是由不同的研究院所、大学和企业自主进行的,没有统一的网络体系结构和标准,各种网络之间的通信和融合问题日益突出。国际标准化组织(ISO)于 1984 年公布了"开放系统互连参考模型"标准文件,即 OSI 参考模型(Open System Interconnection reference model)。该模型得到了国际社会的广泛认可,对推动计算机网络的理论与技术的发展,对建立统一的网络体系结构和协议起到了积极的作用。

1986 年,美国国家科学基金会(NSF)提出了发展 NSFNET 的计划,标志着 Internet 的起步。NSF 把美国全国建立的五个超级计算机中心用通信干线连接起来,组成了基于 IP 协议的计算机通信网络 NSFNET,并实现与其他网络的连接,这就是 Internet 的基础。后来,在由 ARPANET 分离出来的 MILNET 与 NSFNET 连接在一起之后,开始采用 Internet 这个名称。随着时间的推移,很多计算机网络并入了 Internet,并将网络向全社会开放,Internet 现已成为全球规模最大、覆盖面积最广、结构最复杂的互联网络。时至今日,NSFNET 依然是 Internet 最重要的主干网之一。

由于 Internet 取得的成功,一些原来不采用 TCP/IP 协议的商用网络也试图为客户提供 Internet 服务,采用异型网络连接技术,将诸如 BITNET、USENET、DECnet 等不执行TCP/IP 协议的网络与 Internet 连接了起来。Internet 自诞生之日起一直在迅猛发展,其网络规模和网络形态已远远超出其创造者的预期。Internet 对社会的发展产生了巨大的影响,改变了人们的生活方式,加速了社会信息化的发展步伐。

7.1.2　互联网在中国的发展

在 20 世纪 80 年代末 90 年代初,我国计算机互联网络快速发展起来,一些科研机构的计算机网络通过 X.25 实现了与 Internet 的电子邮件转发的链接。在 20 世纪 90 年代中后期,我国实现了与 Internet 基于 TCP/IP 的互联,国内多个全国范围的计算机信息网络开始相继建立,Internet 在中国得到了普遍的发展。中国 Internet 网络主要由九大骨干互联网络组成,它们分别是中国公用计算机互联网(CHINANET),中国金桥信息网(CHINAGBN),中国联通计算机互联网(UNINET),中国网通公用互联网(CNCNET),中国移动互联网(CMNET),中国教育和科研计算机网(CERNET),中国科技网(CSTNET),中国长城网(CGWNET)和中国国际经济贸易互联网(CIETNET)。其中 CHINANET、CHINAGBN、CERNET 和 CSTNET 是典型代表。

中国公用计算机互联网(CHINANET):CHINANET 是中国最大的 Internet 服务提供商。它是在 1994 年由原邮电部(即现在的工业和信息化部)投资建设的公用计算机互联网,于 1995 年 5 月正式向社会开放。CHINANET 是中国第一个商业化的计算机互联网,旨在为广大用户提供 Internet 的各类服务,推进信息化的进程。

中国金桥信息网(CHINAGBN):CHINAGBN 是面向企业的网络基础设施,是中国可商业运营的公用互联网。CHINAGBN 实行天地一网,即天上卫星网和地面光纤网互联互通,互为备用,可覆盖全国各省市和自治区。金桥网在北京、上海、广州等 20 多个大城市建立了骨干网节点,并在各城市建设一定规模的区域网,可为用户提供高速、便捷的服务。

中国教育和科研计算机网(CERNET):CERNET 是由国家投资建设,教育部负责管理,全国高校联网的面向教育和科研的全国最大的公益性互联网络。CERNET 全国网络中心设置在清华大学,负责全国主干网的运行管理;CERNET 的省级节点设在 36 个城市的

38 所大学,遍布全国。目前,已有 1000 多所高校、中小学等教学和科研单位连入 CERNET。

中国科技网(CSTNET):CSTNET 是在中国科学院承担的"中关村教育与科研示范网络"(NCFC)的基础上建立和发展起来的非赢利、公益性网络,是国家知识创新工程的基础设施,主要为科研单位、科技主管部门、政府部门和高新技术企业服务。1994 年,NCFC 率先与美国 NSFNET 直接互联,实现了中国与 Internet 全功能网络连接,标志着我国最早的国际互联网络的诞生。目前,CSTNET 由北京、广州、上海、昆明、新疆等十三家地区分中心组成国内骨干网,拥有多条通往美国、俄罗斯、韩国、日本等国的国际出口,中国科技网已成为中国互联网行业快速发展的一支主要力量。

7.1.3 OSI 参考模型

计算机网络是由硬件和软件组成的,硬件包括传输媒介、计算机、网络设备、通信接口等,软件主要是指控制信息传送的网络协议以及其他相应的网络应用软件。网络协议是网络中进行信息交换和资源共享所必须遵循的一些事先约定好的规则和标准,是实现计算机网络通信的基础。迄今,计算机网络协议已由 20 世纪 70 年代以各公司为主的计算机网络体系结构并存的状态发展为遵循国际通用的标准体系结构。目前,受到国际社会广泛认可的典型的网络协议模型主要有 20 世纪 80 年代国际标准化组织制定的开放系统互连参考模型(OSI)和 20 世纪 90 年代 Internet 所采用的 TCP/IP 模型。

OSI 参考模型是由国际标准化组织 ISO 提出来的关于网络体系结构的标准,该标准定义的系统互连参考模型具有开放性的特点,它可以使得不同厂家的网络产品通过遵照该模型实现互连、互操作和可移植性,实现网络通信。

OSI 参考模型具有七层架构,自底而上分别是物理层、数据链路层、网络层、传输层、会话层、表示层和应用层,如图 7-1 所示。

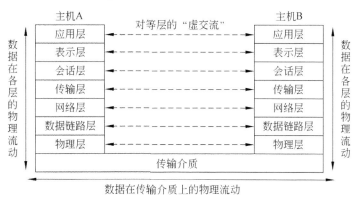

图 7-1 OSI 参考模型

1. 物理层

物理层(physical layer)是 OSI 的最低层,是整个开放系统的基础。物理层保证通信信道上传输 0 和 1 二进制比特流,用以建立、维持和释放数据链路实体间的连接。

物理层并不是指物理传输媒体,它是介于数据链路层和物理传输介质之间的一层,是 OSI 参考模型的最底层,起着数据链路层到物理传输介质之间的逻辑接口的作用。

物理层向数据链路层提供的服务包括"物理连接服务"、"物理服务数据单元服务"和"顺序化服务"等。"物理连接服务"指向数据链路层提供物理连接,数据链路层通过接口将数据传送给物理层,物理层就通过传输介质一位一位地送到对等的数据链路层实体,至于数据是如何传送的,数据链路层并不关心。"物理服务数据单元服务"是在物理介质上传输非结构化的比特流。所谓非结构化的比特流,指顺序地传输 0、1 信号,而不必考虑这些 0、1 信号表示什么意义。"顺序化服务"是指 0、1 信号一定要按照原顺序传送给对方。

物理层协议被设计来控制传输媒介,规定传输媒介本身及与其相连接接口的机械、电气、功能和过程特性,以提供传输媒介对计算机系统的独立性。传输媒介可以是双绞线、同轴电缆、光纤、通信卫星和微波等,它们并不包括在 OSI 的 7 层之内,其位置处在物理层的下面。这些接口和传输媒介必须保证发送和接收信号的一致性,即发送的信号是比特 1 时,接收的信号也必须是 1,反之亦然。

2. 数据链路层

数据链路层(data link layer)的主要功能是在物理层提供的比特服务基础上,在相邻节点之间提供简单的通信链路,传输以帧为单位的数据,同时它还负责数据链路的流量控制、差错控制。

在物理媒体上传输的数据难免受到各种不可靠因素的影响而产生差错,数据链路层的功能是加强物理层原始比特流的传输功能,建立、维持和释放网络实体之间的数据链路连接,使之对网络层呈现为一条无差错通路。数据链路层的基本任务就是数据链路的激活、保持和终止,以及对数据的检错与纠错。

数据链路层中对应的传输单元是帧,将数据封装在不同的帧中发送,并处理接收端送回的确认帧。协议不同,帧的长短和分界也有差别,但无论如何必须对帧进行定界。因此,该层通过在帧的开头和结尾附加上特殊的二进制编码来产生和识别帧界。相邻节点之间的数据交换应保证帧同步和各帧的顺序传送,对损坏、丢失和重复的帧应能进行处理,这种处理过程对网络层是透明的。差错检测可以采用奇偶校验和循环冗余码来检测信道上数据的误码,而帧丢失或重复则用序号检测。发生错误后的修复常靠反馈重发机制来完成。另外,数据链路层必须保证相邻节点之间发送和接收速度的匹配,因此,该层协议还完成流量控制工作。

3. 网络层

网络层(network layer)完成对通信子网的运行控制。它通过网络连接交换传输层实体发出的数据,使得高层的设计考虑不依赖于数据传送技术和中继或路由,同时也使数据传送和高层隔离。网络层提供交换和路由功能,以激活、保持和终止网络层连接。为了在一条数据链路上复用多条网络连接,大多采取异步复用技术,包括逻辑信道和虚电路。

网络层把高层发来的数据组织成分组,在通信子网的节点之间交换传送,交换过程中要解决的关键问题是选择路径。路径既可以是固定不变的(通过静态路由表实现),也可以是根据网络的负载情况动态变化的。在广播式网络中,例如以太网,由于不存在路由选择问题,因此其网络层功能较弱。在选择路由时要考虑解决的问题是流量控制,防止网络中出现局部的拥挤或全面的阻塞。此外,网络层还应有统计功能,以便根据通信过程中交换的分组数(或字符数、比特数等)收费。

4. 传输层

传输层(transport layer)的任务是向用户提供可靠的、透明的端到端的数据传输,以及差错控制和流量控制机制。由于它的存在,网络硬件技术的任何变化对高层都是不可见的,也就是说会话层、表示层、应用层的设计不必考虑底层硬件细节,因此,传输层的作用十分重要。

传输层是 OSI 协议体系结构中关键的一层,也是第一个事实上的端到端层次。因为它是源端到目的端对数据传送进行控制从低到高的最后一层,并把实际使用的通信子网与高层应用分开,提供源端和目的端之间的可靠无误且经济有效的数据传输。传输层提供端到端的控制以及应用程序所要求的服务质量(QoS)的信息互换。当网络层服务质量不能满足要求时,它将服务加以提高,以满足高层的要求;当网络层服务质量较好时,它只承担很少的任务。

有一个既存事实,即世界上各种通信子网在性能上存在着很大差异。例如电话交换网、分组交换网、局域网等通信子网都可互联,但它们提供的吞吐量、传输速率、数据延迟、通信费用等各不相同。对于高层(会话层)来说,却要求有一性能恒定的界面。传输层就承担了这一功能,它在低层服务的基础上提供一种通用的传输服务,会话实体利用这种透明的数据传输服务而不必考虑低层通信网络的工作细节。

5. 会话层

会话层(session layer)提供两个互相通信的应用进程之间的会话机制,即建立、组织和协调双方的交互(interaction),并使会话获得同步。会话层、表示层、应用层构成开放系统的高三层,对应用进程提供分布处理、会话管理、信息表示、修复最后的差错等。会话层担负应用进程的服务要求,弥补传输层不能完成的剩余部分工作。该层的主要功能是对话管理、数据流同步和重新同步。

会话层服务之一是管理对话,除单程(只有一方)对话以外,还可以允许双程同时对话或双程交替对话。若属于后者,会话层将记录此时该轮到哪一方了。另一类会话服务是控制两个表示层实体间的数据交换过程,例如分界、同步等。会话层提供一种同步点(也称作校验点)机制,可使通信会话在通信失效时从同步点继续恢复通信。这种能力对于传送大的文件极为重要。此外,会话层还提供了隔离功能,即会话用户可以要求在数据积累到一定数量之前,不把数据传送到目的地,在某一点以前或一个合法的进程之后所到达的数据都是无意义的。

6. 表示层

表示层(presentation layer)的作用之一是为异种主机通信提供一种公共语言,以便能进行互操作。这种类型的服务之所以需要,是因为不同的计算机系统使用的数据表示法不同。例如,IBM 主机使用 EBCDIC 编码,而大部分 PC 使用的是 ASCII 码。在这种情况下,便需要表示层来完成这种转换。

通过前面的介绍,我们可以看出,包括会话层在内的下面五层完成了端到端的数据传送,并且是可靠无差错的有序传送。但是数据传送只是手段而不是目的,最终是要实现对数据的使用。表示层就是允许用户采用不同数据编码规则,通过语法和转换得到一致的数据

形式,能够互相认识。表示层协议的主要功能有:

- 为用户提供执行会话层服务的手段;
- 提供描述数据结构的方法;
- 管理当前所需的数据结构集;
- 完成数据的内部格式与外部格式间的转换。

另外,提高通信效率(压缩/解压)、增强安全性(加密/解密)等数据语法转换也是表示层的工作。

7. 应用层

应用层(application layer)是开放系统体系结构的最高层,这一层的协议直接为应用进程提供服务。应用层管理开放系统的互连,包括系统的启动、维持和终止,并保持应用进程间建立连接所需的数据记录,其他层都是为支持这一层的功能而存在的。一个应用是由一些合作的应用进程组成的,这些应用进程根据应用层协议相互通信。应用进程是数据交换的最终的源和宿,在 OSI/RM 中不作为应用层的实体。应用层的作用是在实现多个系统应用进程相互通信的同时,完成一系列业务处理所需的服务。这些服务按其向应用程序提供的特性分成组,称为服务元素。有些服务元素可由多种应用程序共同使用,称为公用服务元素(CASE),有些则为特定的一种应用程序使用,称为专用服务元素(SASE)。

CASE 提供最基本的服务,它成为应用层中任何用户和任何服务元素的服务提供者,主要为应用进程通信、分布系统实现提供基本的控制机制。

SASE 则要满足一些特定服务,如文件传送、访问管理、银行事务、订单输入、电子邮件等。这些服务的提供将涉及虚拟终端、文件传送及访问管理、远程数据库访问、图形系统、目录管理等协议。

总而言之,OSI 参考模型的低三层属于通信子网,涉及为用户间提供透明连接,操作主要以每条链路(hop-by-hop)为基础,在节点间的各条数据链路上进行通信。由网络层来控制各条链路上的通信,但要依赖于其他节点的协调操作。高三层属于资源子网,主要涉及保证信息以正确可理解的形式传送。传输层是高三层和低三层之间的接口,它是第一个端到端的层次,保证透明的端到端连接,满足用户的服务质量(QoS)要求,并向高三层提供合适的信息形式。

国际标准化组织除了定义 OSI 参考模型之外,还开发了实现七个功能层次的各种协议和服务标准,这些协议和服务统称为"OSI 协议"。

7.1.4 TCP/IP 协议模型

TCP/IP(Transmission Control Protocol/Internet Protocol,传输控制协议/网际协议)是 Internet 采用的协议标准。Internet 的迅速发展和普及,使 TCP/IP 协议成为全世界计算机网络中使用最广泛、最成熟的网络协议,并成为事实上的工业标准。TCP/IP 是一种异构网络互联的通信协议,它同样也适用于在一个局域网中实现异种机的互连通信。

TCP/IP 最早起源于 1969 年美国国防部(Department of Defense,DoD)赞助研究的网络 ARPANET——世界上第一个采用分组交换技术的计算机通信网。实际上,"计算机通信"一词是在 ARPANET 出现之后才开始使用的。逐渐地,ARPANET 通过租用电话线连接了数百所大学和政府部门,是现今 Internet 的前身。当卫星和无线网络出现以后,已有的协议在与它们融合时出现了问题,所以需要一种新的参考体系结构,能够无缝地连接多个网络就成为主要的设计目标。1982 年开发了一簇新的协议,其中最主要的就是 TCP 和 IP(简称 TCP/IP 协议)。

IP 协议用于给各种不同的通信子网或局域网提供一个统一的互联平台,TCP 协议则用于为应用程序提供端到端的通信和控制功能。该体系结构称为 TCP/IP 协议模型。

由于美国国防部担心一些重要的主机、路由器和互联网关可能会突然崩溃,所以网络必须实现的另一个主要目标是网络不受子网硬件损坏的影响,已经建立的会话不会被取消。换句话说,美国国防部希望只要源端和目标端机器都在正常工作,连接就能够保持,即使某些中间机器或传输线路突然失去控制。而且,整个体系结构必须相当灵活,因为人们已经看到了各种各样从文件传输到实时声音、图像传输的要求。

ARPANET 发展成为 Internet 之后,不断完善 TCP/IP 协议模型,使 TCP/IP 成为 Internet 网络体系结构的核心。迄今为止,几乎所有工作站和运行 UNIX 的计算机都采用 TCP/IP,并将 TCP/IP 融于 UNIX 操作系统结构之中,成为其一部分。在微型机及大型机上也支持相应的 TCP/IP 协议及网关软件,从而使众多异种主机互连成为可能。TCP/IP 也就成为最成功的网络体系结构和协议规程。

从字面上看,TCP/IP 包括两个协议:传输控制协议和网际协议,两者都不是基于任何特定硬件平台的网络协议,既可用于局域网,又可用于广域网。但 TCP/IP 实际上是一组协议,它包括上百个具有不同功能且互为关联的协议,而 TCP 和 IP 是保证数据完整传输的两个基本的重要协议,所以也可称之为 TCP/IP 协议族,而不单单是 TCP/IP。

TCP/IP 协议模型从更实用的角度出发,形成了具有高效率的四层体系结构,即主机-网络层(也称网络接口层)、网络互联层(IP 层)、传输层(TCP 层)和应用层。

1. 主机-网络层

主机-网络层也称网络接口层,是模型中的最低层,负责将数据包送到电缆上,是实际的网络硬件接口。TCP/IP 参考模型的网络接口层对应于 OSI 参考模型的物理和数据链路层。网络接口层协议定义了主机如何连接到网络,管理着特定的物理介质。在 TCP/IP 模型中可以使用任何网络接口,如以太网、令牌环网、FDDI、X. 25、ATM、帧中继和其他接口等。

2. 网络互联层

网络互联层(IP 层)是 TCP/IP 模型的关键部分。它的功能是使主机把分组发往任何网络,并使各分组独立地传向目的地(中途可能经由不同的网络),即所谓数据报(datagram)方式的信息传送。这些分组到达的顺序和发送的顺序可能不同,因此当需要按顺序发送和接收时,高层必须对分组排序。分组路由和拥塞控制是 IP 层的主要设计问题,所以其功能与 OSI 网络层功能非常近似。

网络互联层所使用的协议是 IP 协议。它把传输层送来的消息组装成 IP 数据报文,并把 IP 数据报文传递给主机-网络层。IP 协议提供统一的 IP 数据报格式,以消除各通信子网的差异,从而为信息发送方和接收方提供透明的传输通道。IP 协议可以使用广域网或局域网技术,以及高速网和低速网、无线网和有线网、光纤网等几乎所有类型的计算机通信技术。

网络互联层的主要任务是：为 IP 数据报分配一个全网唯一的传送地址(称为 IP 地址)，实现 IP 地址的识别与管理；建立 IP 数据报的路由机制；发送或接收时使 IP 数据报的长度与通信子网所允许的数据报长度相匹配。例如，以太网所传输的帧长为 1500B，而 ARPANET 所传输的数据包长度为 1008B，当以太网上的数据帧通过网络互联层 IP 协议转发给 ARPANET 时，就要进行数据帧的分解处理。

3．传输层

传输层为应用程序提供端到端通信功能，和 OSI/RM 中的传输层相似。该层协议处理网络互联层没有处理的通信问题，保证通信连接的可靠性，能够自动适应网络的各种变化。传输层主要有两个协议，即传输控制协议(TCP)和用户数据报协议(UDP)。

TCP 协议是面向连接的，以建立高可靠性的消息传输连接为目的。它负责把输入的用户数据(字节流)按一定的格式和长度组成多个数据报进行发送，并在接收到数据报之后按分解顺序重新组装和恢复用户数据。TCP 协议与任何特定网络的特征相独立，对分组没有太多的限制，但一般 TCP 的实现均以网络中可承载的适当容量作为数据单元(称为 TCP 段)的长度，最大长度为 65KB，很大的分组将在 IP 层进行分割后传送。为了完成可靠的数据传输任务，TCP 协议具有数据报的顺序控制、差错检测、校验以及重发控制等功能。TCP 还要处理流量控制，以避免快速的发送方"淹没"低速的接收方而使接收方无法处理。

UDP 是一个不可靠的、无连接的协议，主要用于那些不需要 TCP 的排序和流量控制能力、而是自己完成这些功能的应用程序。它被广泛地应用于端主机和网关以及 Internet 网络管理中心等的消息通信，以达到控制管理网络运行的目的，或者应用于快速递送比准确递送更重要的应用程序，例如传输语音或视频图像。

4．应用层

位于传输层之上的应用层包含所有的高层协议，为用户提供所需要的各种服务。值得指出的是，TCP/IP 模型中的应用层与 OSI/RM 中的应用层有较大的差别，它不仅包括了会话层及上面三层的所有功能，而且还包括了应用进程本身。因此，TCP/IP 模型的简洁性和实用性就体现在它不仅把网络层以下的部分留给了实际网络，而且将高层部分和应用进程结合在一起，形成了统一的应用层。到目前为止，互联网络上的应用层协议有下面几种：

- 简单邮件传送协议(Simple Mail Transfer Protocol，SMTP)，负责互联网中电子邮件的传递；
- 超文本传送协议(Hyper Text Transfer Protocol，HTTP)，提供 WWW 服务；
- 远程登录协议(TELNET Protocol)，实现远程登录功能。我们常用的电子公告牌系统(BBS)使用的就是这个协议；
- 文件传送协议(File Transfer Protocol，FTP)，用于交互式文件传输。下载软件使用的就是这个协议；
- 网络新闻传送协议(Network News Transfer Protocol，NNTP)，为用户提供新闻订阅功能。它是网上特殊的、功能强大的新闻工具，每个用户既是读者又是作者；
- 域名系统(Domain Naming System，DNS)，负责机器名字向 IP 地址的转换；
- 简单网络管理协议(Simple Network Management Protocol，SNMP)，负责网络管理；
- 路由选择信息/开放最短路径优先协议（Routing Information Protocol/Open

Shortest Path First，RIP/OSPF)，负责路由信息交换。

其中，网络用户经常直接接触的协议是 SMTP、HTTP、Telnet、FTP 和 NNTP；另外，还有许多协议是最终用户不需要直接了解但又必不可少的，如 DNS、SNMP、RIP/OSPF 等。随着计算机网络技术的发展，还会有新的协议不断地加入。

7.2　移动互联网的产生及发展

以互联网为代表的信息技术产业已经全面渗透到社会生活的各个方面，显示出巨大的影响，并在与社会的互动和融合中不断创新，向融合程度更深、交互范围更广和智能水平更高的方向发展。

随着移动通信和互联网技术的相互融合，移动互联网已成为互联网业务创新和发展的重要亮点。目前全球移动互联网用户规模已达到 11.9 亿，增长率达到 18.7%，超过 25.9% 的移动用户在使用移动互联网业务，并且这一比例还在不断增加。传统互联网应用大量向移动互联网迁移，几乎所有的常见互联网应用都能在移动互联网中找到自己的位置。而且移动互联网还适应于移动化和移动终端的特点，开发出极具特色的软件应用商店和位置服务等新型服务，开创了互联网发展的新天地。

7.2.1　移动互联网简介

移动互联网是通信网和互联网的融合，是指用户使用无线终端（如手机、PDA 等）通过无线通信网络（如 WLAN、BWLL、GSM、CDMA 等）接入互联网，实现任何时间和任何地点的互联网连接，使得用户可以使用 E-mail、移动银行、即时通信、天气、旅游信息及其他网络和信息服务。

由以上定义可以看出，移动互联网包含两个层次。首先是一种接入方式或通道，运营商通过这个通道为用户提供数据接入，从而使传统互联网移动化；其次在这个通道之上，运营商可以提供定制类内容应用，从而使移动化的互联网逐渐普及。

本质上，移动互联网是以移动通信网作为接入网络的互联网及服务，其关键要素为：移动通信网络接入，包括 2G、3G 和 E3G 等（不含通过没有移动功能的 WiFi 和固定无线宽带接入提供的互联服务）；面向公众的互联网服务，包括 WAP 和 Web 两种方式，具有移动性和移动终端的适配性特点；移动互联网终端，包括手机、专用移动互联网终端和数据卡方式的便携式电脑。

移动互联网的立足点是互联网，显而易见，没有互联网就不可能有移动互联网。从本质和内涵来看，移动互联网继承了互联网的核心理念和价值，如体验经济、草根文化和长尾理论等。移动互联网的现状具有 3 个特征。一是移动互联应用和计算机互联网应用高度重合，主流应用当前仍是计算机互联网的内容平移。数据表明目前在世界范围内浏览新闻、在线聊天、阅读、视频和搜索等是排名靠前的移动互联网应用，同样这也是互联网上的主流应用。二是移动互联网继承了互联网上的商业模式，后向收费是主体，运营商代收费生存模式加快萎缩。例如，Google 2010 年第三季度移动广告收入达 10 亿美元，这一部分收入主要通过谷歌 Android 手机操作系统及其他平台渠道获得。三是 Google、Facebook、Youtube、腾讯和百度等互联网巨头快速布局移动互联网,如腾讯公司的手机 QQ 用户从 4 年前占其 QQ 用户的 0.5% 上升到今天的 20%。百度的移动搜索网页流量增长迅速,2010 年同比增长超过 100%。大众点评网的手机客户端流量占据整站的 20%,最高峰在节假日时达到整站流量的 30%。这 3 个特征也表明移动互联网首先是互联网的移动。

移动互联网的创新点是移动性,移动性的内涵特征是实时性、隐私性、便携性、准确性和可定位等,这些都是有别于互联网的创新点,主要体现在移动场景、移动终端和移动网络 3 个方面。在移动场景方面,表现为随时随地地信息访问,如手机上网浏览;随时随地地沟通交流。如手机 QQ 聊天;随时随地采集各类信息,如手机 RFID 应用等。在移动终端方面,表现为随身携带、更个性化、更为灵活的操控性、越来越智能化,以及应用和内容可以不断更新等。在移动网络方面,表现为可以提供定位和位置服务,并且具有支持用户身份认证、支付、计费结算、用户分析和信息推送的能力等。

移动互联网的价值点是社会信息化,互联网和移动性是社会信息化发展的双重驱动力。首先,移动互联网以全新的信息技术、手段和模式改变并丰富人们沟通交流等生活方式。例如,Facebook 将用户状态、视频、音乐、照片和游戏等融入人际沟通,改变和丰富了人际沟通的方式和内容。手机微博更是提供了一种全新便捷的沟通交流方式,新浪微博在短短 2 个月里用户数就突破了 100 万,8 个月后突破了 1000 万,1 年后突破了 3000 万,2010 年底用户数达到 5000 万。新浪微博注册用户中,手机用户占比为 46% 左右。其次,移动互联网带来社会信息采集、加工和分发模式的转变,将带来新的广阔的行业发展机会,基于移动互联网的移动信息化将催生大量的新的行业信息化应用。例如,IBM 推进的"智慧地球"计划很大程度上就是将物联网与移动互联网应用相结合,而将移动互联网和电子商务有效结合起来就拓展出移动商务这一新型的应用领域。

日前,移动互联网上网方式主要有 WAP 和 WWW 两种,其中 WAP 是主流。WAP 站点主要包括两类网站,一类是由运营商建立的官方网站,如中国移动建立的移动梦网,这也是目前国内最大的 WAP 门户网站;另一类是非官方的独立 WAP 网站,建立在移动运营商的无线网络之上,但独立于移动运营商。

移动互联网诞生近十年的时间里,由最初的基于 WAP 的、封闭的、只能提供文本类简单业务的、由运营商主导的初级移动互联网逐步发展成为用户属性多元化、运营商和终端厂商以及互联网服务商争夺产业主导权、各类互动应用层出不穷的成熟的移动互联网,并向着提供无处不在的信息服务目标稳步前进。不久的将来,基于用户统一的身份认证,为客户提供多层面和深入日常生活的各类信息服务的移动互联网将形成新的产业核心力量。移动互联网将成为继第一代主机计算、微型计算、个人计算、桌面网络计算之后的第 5 个新技术周期。

在移动互联网时代,典型企业将创造比之前大得多的市值,如苹果公司已经超越微软和 Google 成为全球市值最大的企业。3G 技术、社交网络、视频、IP 电话及移动设备等基于 IP 的产品和服务正在增长和融合,将支撑移动互联网迅猛增长。

7.2.2　移动互联网的特点

区别于传统的电信和互联网网络,移动互联网是一种基于用户身份认证、环境感知、终端智能和无线泛在的互联网应用业务集成。最终目标是以用户需求为中心,将互联网的各种应用业务通过一定的变换在各种用户终端上进行定制化和个性化的展现,它具有典型的技术特征。

(1) 技术开放性:开放是移动互联网的本质特征,移动互联网是基于信息技术和计算机技术之上的应用网络。其业务开发模式借鉴 SOA 和 Web 2.0 模式将原有封闭的电信业务能力开放出来,并结合 Web 方式的应用业务层面,通过简单的 API 或数据库访问等方式提供集成的开发工具给兼具内容提供者和业务开发者的企业和个人用户使用。

(2) 业务融合化:业务融合在移动互联网时代下催生,用户的需求更加多样化和个性化,而单一的网络无法满足用户的需求,技术的开放已经为业务的融合提供了可能性及更多的渠道。融合的技术正在将多个原本分离的业务能力整合起来,使业务由以前的垂直结构向水平结构方向发展,创造出更多的新生事物。种类繁多的数据、视频和流媒体业务可以变换出万花筒般的多彩应用,如富媒体服务、移动社区和家庭信息化等。

(3) 终端的集成性、融合性和智能化:由于通信技术与计算机技术和消费电子技术的融合,移动终端既是一个通信终端,也成为一个功能越来越强的计算平台、媒体摄录和播放平台,甚至是便携式金融终端。随着集成电路和软件技术的进一步发展,移动终端还将集成越来越多的功能。终端智能化由芯片技术的发展和制造工艺的改进驱动,二者的发展使得个人终端具备了强大的业务处理和智能外设功能。Windows CE、Symbian 和 Android 等终端智能操作系统使得移动终端除了具备基本的通话功能外,还具备了互联网的接入功能,为软件运行和内容服务提供了广阔的舞台。很多增值业务可以方便运行,如股票、新闻、天气、交通监控和音乐图片下载等,实现"随时随地为每个人提供信息"的理想目标。

(4) 网络异构化:移动互联网的网络支撑基础包括各种宽带互联网络和电信网络,不同网络的组织架构和管理方式千差万别,但都有一个共同的基础,即 IP 传输。通过聚合的业务能力提取,可以屏蔽这些承载网络的不同特性,实现网络异构化上层业务的接入无关性。

(5) 个性化:由于移动终端的个性化特点,加之移动通信网络和互联网所具备的一系列个性化能力,如定位、个性化门户、业务个性化定制、个性化内容和 Web 2.0 技术等,所以移动互联网成为个性化越来越强的个人互联网。

从用户层面来看,移动互联网的客户群主要以个人客户为主。由于移动互联网是以 3G 网络为主要接入网络,其主要用户和移动通信用户一样以个人客户为主,所以这一特点决定了移动互联网应用将以个人业务为主体。

(6) 终端移动性:移动互联网业务使得用户可以在移动状态下接入和使用互联网服务,移动的终端便于用户随身携带和随时使用。

(7) 终端和网络的局限性:移动互联网业务在便携的同时也受到了来自网络能力和终端能力的限制。在网络能力方面,受到无线网络传输环境和技术能力等因素限制;在终端能力方面,受到终端大小、处理能力和电池容量等的限制。

(8) 业务与终端、网络的强关联性:由于移动互联网业务受到了网络及终端能力的限制,因此其业务内容和形式也需要适合特定的网络技术规格和终端类型。

(9) 业务使用的私密性:在使用移动互联网业务时,所使用的内容和服务更私密,如手机支付业务等。

7.2.3　移动互联网的发展现状

1. 国外移动互联网的现状

美国移动互联网发展已进入高速成长期,在 2007 年 11 月至 2008 年 11 月的一年间,使用移动终端浏览新闻、获取信息及娱乐的人数上升了 52%。

从美国移动互联网市场前景来看,据美国市场研究公司 Tellabs 市场调查数据,约有 71% 的美国手机用户有意于今后两年内在日常生活工作中使用移动互联网及其他移动数据服务。因此可预期在网站平台设计的开放战略影响下,随着终端设备的持续创新、数据计划的不断推广以及网络基础服务的更好提供,美国移动互联网市场将获得进一步迅速发展。今后 12 个月内,美国市场移动互联网用户数量将可能大幅增长。

日本移动互联网市场启动时间较早,自 1999 年 2 月 NTT DoCoMo 推出 i-mode 服务以来移动互联网业务种类不断推陈出新,Wireless Watch Japan 发布的数据显示近年来日本移动互联网用户规模稳步扩大。

日本移动运营商不断推动移动互联网和固定互联网的互通与融合,业务种类日益丰富,形成了以搜索、电子商务和社交网站为主的成熟的商业模式。根据 VRI 调查公司的调查结果,日本移动互联网的搜索、电子商务和 SNS 已经成为主流媒体平台和盈利模式。DoCoMo 公司采用 i-mode 模式及通用 HTML 格式对手机终端实行免费,并且可由运营商进行控制,与内容提供商建立合作开发内容服务。针对不同业务制定合理资费并创新营销理念等,为日本乃至全球移动互联网的成功运营提供了很好的借鉴。日本本土 15~35 岁的主流用户群成长也正在不断推动日本移动互联网产业的繁荣。

韩国移动互联网的发展始于 2002 年韩国移动运营商把 CDMA 网络全面升级到 CDMA 2000 1x EV-DO,此后 SKT 和 KTF 分别推出了包括一系列高端移动多媒体应用和下载服务在内的移动互联网业务。在 KTF 的市场调查结果中,2008 年数据显示韩国平均 2.75 个手机用户中就有一个用户使用高速互联网。目前韩国年轻人群中有 80% 以上使用过移动互联网的服务,平均每人每天的访问次数在 2.5 次左右,每次访问的时间为 7.7 分钟左右。

日益丰富的多媒体内容也是韩国移动互联网发展的动力之一。KRNIC 的一项调查显示目前有超过 30.7% 的韩国移动互联网使用者表示,个性化图片、音乐和动画是他们最喜欢的应用;第二大流行的应用是移动游戏,占被调查者总数的 20.5%;发送电子邮件位列第三,占 14.6%;其余业务如视频点播、移动音乐、手机装饰、多媒体短信服务和彩铃等,也都极具发展潜力。

2. 国内移动互联网发展现状

就国内而言,CNNIC 数据显示,截至 2009 年年底,我国移动互联网用户规模达到 2.33 亿,同比增长 99%,远高于桌面互联网 29% 的同比增长率。截至 2010 年上半年,我国手机网民规模达 2.77 亿,半年新增 4334 万,增幅为 18.6%。其中只使用手机上网的网民占整体网民比例提升至 11.7%。2009 年中国移动互联网收入规模近 390 亿元,年增长率达 90%。

在移动互联网收入中,流量费、产品及服务收入的贡献最大,广告及电子商务盈利模式尚需深入挖掘。移动互联网的快速发展,流量费最先为运营商带来收益。2009 年移动互联网流量费用约 230 亿元,占比接近 60%;其次为产品及服务支付,2009 年费用近 155 亿元,其中音乐和游戏贡献最大。2009 年广告及电子商务收入分别近 5 亿和 1.3 亿,移动互联网营销价值及销售渠道价值仍需继续挖掘。

移动互联网业务正朝着信息化、娱乐化、商务化和行业化等 7 个方向发展。

(1) 信息化:随着通信技术的发展,信息类业务也逐渐从通过传统的文字表达的阶段向通过图片、视频和音乐等多种方式表达的阶段过渡。在各种信息类业务中,除了传统的网页浏览之外,以 Push 形式来传送的移动广告和新闻等业务的发展非常迅速。移动广告通过移动网络传播商业信息,旨在通过这些商业信息影响广告受众的态度、意图和行为。近年来移动广告在日本、韩国及欧洲等发达国家和地区快速增长,可以预见,人们对手机终端传递信息方式的依赖将越来越严重。

典型的信息类业务有 4 种,一是手机报,即根据综合、体育和音乐等内容形成系列早晚报,推出各类品牌专刊,形成彩信报刊体系;二是手机杂志,即通过手机下发彩信的方式,将杂志的内容下发到手机;三是手机电视,即通过手机播放视频流的方式播放电视节目;四是手机广告,即通过手机下发彩信和播放视频流等方式向用户推送广告。

(2) 娱乐化:当前,从日韩等国的移动互联网业务的发展情况来看,包括无线音乐、手机游戏、手机动漫和手机电视等在内的无线娱乐业务增势强劲,成为移动运营商最重要的业务增长点。在我国,近几年来随着彩铃、炫铃和 IVR 语音增值业务的相继推出,迅速掀起了一股无线音乐流行风。为了进一步推动无线音乐业务发展,中国移动加快构建 12530 中国移动音乐门户,还成立了 M. Music "无线音乐俱乐部",为手机用户提供一个全新的音乐体验区。截至 2009 年 2 月,12530 门户网站日均独立 IP 访问量已达到 130 万人次,WAP 门户日均独立访问量达到 22 万人次。中国联通也积极建立全国统一的在线音乐下载平台 "10155 音乐门户",为用户提供包括音乐下载和点歌送歌等服务。

典型的娱乐类业务有 4 种,一是无线音乐排行榜,由用户下载数量决定的榜单,是最具有说服力的音乐榜;二是手机音乐,提供不受时间和地点限制的音视频娱乐服务;三是手机游戏,提供统一的用户游戏门户和社区;四是 IM 社区,建立移动虚拟社区,使用户成为信息创造者和传播者。

(3) 商务化:近几年,为了满足广大用户移动炒股、移动支付和收发邮件等需求,中国移动和中国联通全面加快了移动商务应用的开发和市场推广步伐。与传统的股票交易方式相比,以手机为载体的 "掌上股市" 业务比现场交易、网上交易和电话委托更方便更快捷。"掌上股市" 业务一经推出,便受到了社会各界的广泛关注。

为了推动移动支付业务的发展,近两年来,移动运营商全面加大了与金融部门的合作力度,手机银行、手机钱包和手机彩票等移动支付业务的应用步伐逐步提速。2006 年 8 月中国移动推出手机二维码业务,基于手机二维码的手机购票等业务开始全面起步,为用户带来了崭新的移动商务体验。如今,越来越多的手机用户开始用手机缴纳各种公共事业费用、投注彩票、缴税,甚至购买电影票和机票,各种移动支付业务正在日益走向普及。

此外,为了满足广大商务用户随时随地收发邮件的业务需求,2006 年,中国联通在我国率先推出了具有邮件推送功能的 "红草莓" 手机邮箱业务。用户使用该业务,无须登录互联网即可随时随地用手机直接接收电子邮件。同时,中国移动推出了 BlackBerry 手机邮箱业务。在移动运营商的积极推动下,手机邮箱业务正日趋升温。

典型的商务类业务有4种,一是手机钱包,可以购买彩票和股票,还可以进行小额支付;二是 RFID,可以作为门禁卡、会员卡和信用卡,拓展手机的功能;三是二维条形码,可以作各类电子票和门票使用;四是手机邮件,使用手机收发处理邮件。

(4) 行业化:近几年,在全面服务大众用户的同时,中国联通和中国移动全面加快了服务行业信息化的步伐。在全面了解不同行业信息化需求的基础上,中国移动积极联手产业各方开发出了集团短信、集团 E 网、无线 DDN、移动定位和移动虚拟总机等行业应用解决方案,并在交通、税务、公安、金融、海关、电力和油田等领域得到了日益广泛的应用,有效提高了这些行业的信息化水平。从 2008 年起,在全面了解企业集团客户差异化需求的基础上,中国移动推出了 MAS(移动代理服务器)和 ADC(应用托管中心)两种移动信息化应用模式,加快了行业应用向中小企业的渗透步伐。

在服务行业信息化的进程中,中国移动和中国联通都采取了"以点带面"的方式,选择信息化需求较高、信息化环境比较成熟的行业予以重点突破,取得了显著成效。

典型的行业类业务有两种,一是移动定位,用于车辆调度、车辆导航等;二是移动办公,可以让员工不在办公室时仍能轻松处理工作事宜。

移动互联网是电信、互联网、媒体和娱乐等产业融合的汇聚点,各种宽带无线通信、移动通信和互联网技术都在移动互联网业务中得到了很好的应用。从长远来看,移动互联网的实现技术多样化是一个重要趋势。

(5) 网络接入技术多元化:目前能够支撑移动互联网的无线接入技术大致分成 3 类,即无线局域网接入技术 WiFi、无线城域网接入技术 WiMAX 以及传统 3G 加强版的技术,如 HSDPA 等。不同的接入技术适用于不同的场所,使用户在不同的场合和环境下接入相应的网络。这势必要求终端具有多种接入能力,也就是多模终端。

(6) 移动终端解决方案多样化:终端的支持是业务推广的生命线。随着移动互联网业务逐渐升温,移动终端解决方案也在不断增多。移动互联网设备中人们最为熟悉的就是手机,也是目前使用移动互联网最常用的设备。Intel 推出的 MID 则利用蜂窝网络、WiMAX 和 Wi-Fi 等接入技术,并充分发挥 Intel 在多媒体计算方面的能力,支撑移动互联网的服务。2007 年 11 月初美国亚马逊公司发布了电子书阅读终端 Kindle,使得用户可以通过无线网络从亚马逊网站下载电子书,并订阅报纸及博客。

与此同时,手机操作系统也呈现多样性的特点,如 Windows 系统、Linux 操作系统和 Google 的 Android 操作系统等都在努力占据该领域魁首的位置。

(7) 网关技术推动内容制作的多元化:移动和固定互联网的互通应用的发展使得有效连接互联网和移动网的移动互联网网关技术受到业界的广泛关注。采用这一技术,移动运营商可以提高用户的体验并更有效地管理网络。移动互联网网关实现的功能主要是通过网络侧的内容转换等技术适配 Web 网页视频内容到移动终端上,使得移动运营商的网络从"比特管道"转变成"智能管道"。由于大量新型移动互联网业务的发展,所以移动网络上的流量越来越大。

在移动互联网网关中使用深度包检测技术,可以根据运营商的资费计划和业务分层策略有效地进行流量管理,网关技术的发展极大丰富了移动互联网内容来源和制作渠道。

7.3　移动互联网的体系结构及关键技术

移动互联网作为新型融合发展领域,与很多技术和产业相关联。Apple 等终端厂商以及 Google 等互联网巨头通过控制高层软件和移动互联网入口,利用电信运营商网络资源,不断向服务和内容领域渗透。从当前移动互联网业务和技术的发展方向来看,国内外主导运营商以及移动互联网相关产业企业,都希望构建一个开放、融合、协作、易扩展的云、管、端体系架构。云主要指移动互联网关键应用服务平台技术领域;管指移动互联网的网络技术领域;端指移动终端技术,包括智能终端软件平台技术、硬件平台技术领域。

7.3.1　终端技术

终端技术包括智能终端软件平台技术、智能终端硬件平台技术。移动终端将集互联网、电信业务能力等多种功能于一身,为了满足移动互联网时代各种互联网业务对终端的需求,多功能终端设备和应用导向型设备发展迅速。

硬件层面,移动终端需要着重发展以下关键技术:省电技术、多模多待技术、多种无线接入技术、多种输入技术(例如触摸滑屏输入、语音输入技术等)、环境传感技术等。

软件层面,移动终端需要着重发展以下关键技术:手机操作系统、手机浏览器、手机客户端、跨终端的业务中间件、终端多媒体支持、终端 UI、终端应用安全。要想最大限度地实现移动互联网的业务,手机操作系统是关键。目前,智能手机所采用的主要操作系统有微软的 Windows Mobile、Nokia 的 Symbian、Google 的 Android、苹果的 iPhone OS、Palm、Linux,中国移动也开发了开放式手机操作系统(OMS)。

手机可以通过两种方式浏览互联网。一种是使用 WAP 浏览器,访问的是一些专门的 WAP 网站;另一种是使用手机 Web 浏览器,可以访问互联网上的 Web 网站。目前,成为业界研究与发展热点的是手机 Web 浏览器。Opera、Microsoft、UCWEB(优视科技)、Mozilla、ACCESS、Google 等都推出了手机 Web 浏览器。越来越多的用户使用手机 Web 浏览器进行业务访问,但现有的手机 Web 浏览器在终端支持、网络适配技术等方面尚未统一规范。

移动终端一方面要向智能化发展,目前终端的硬件配置已得到迅速提高,市场已出现很多智能化终端;一方面要求终端运行环境具备开放性,但由于移动终端无论在硬件平台还是操作系统上,都存在着多样性,为了解决移动终端上应用软件的开发、移植和运行,出现了移动中间件,如 Java ME、Widget、flash Lite、BREW 等。通过终端的中间件技术,可以屏蔽操作系统存在的差异,提高业务的互操作性,构建统一的终端运行环境,抽象出操作系统之上的 API,这是现阶段移动互联网时代的一种解决终端适配问题的技术方法。

7.3.2　网络平台技术

移动互联网的网络平台技术主要包括无线接入网、移动核心网、互联网的骨干网以及整个网络演进、分析、优化管理等方面的技术。

移动互联网支持的无线接入方式,根据覆盖范围的不同,可分为无线个域网(WPAN)接入、无线局域网(WLAN)接入、无线城域网(WMAN)接入和无线广域网(WWAN)接入。

WPAN 主要用于家庭网络等个人区域网场合,以 IEEE 802.15 为基础。其中,蓝牙是目前最流行的 WPAN 技术,其典型通信距离为 10m,带宽为 3Mb/s;超宽带(UWB)技术侧重于近距离高速传输;而 Zigbee 技术则专门用于短距离的低速数据传输。

WLAN 主要用于商务休闲和企业校园等网络环境,以 IEEE 802.11 标准为基础,也就是众所周知的 Wi-Fi 网络,支持静止和低速的移动。其中 802.11g 的覆盖范围约 100m,带宽为 54Mb/s。Wi-Fi 技术成熟,目前处于快速发展中,已在机场、酒店、校园等公共场所得到了广泛的应用。

WMAN 是一种新兴的适合于城域接入的技术,以 IEEE 802.16 标准为基础,被称为 WiMAX 网络,支持中速移动,视距传输可达到 50km,带宽可至 70Mb/s。WiMAX 可以为高速数据应用提供更出色的移动性。

WWAN 是指利用现有的移动通信网络(如 3G)实现互联网接入,具有网络覆盖范围广、支持高速移动性、用户接入方便等优点。基站覆盖范围可达到 7km,室内应用带宽可达 2Mb/s。目前三种主流 3G 制式分别是 WCDMA、CDMA 2000 和 TD-SCDMA,已在世界范围内展开应用。此外,现在以 GPRS、EDGE、CDMA 2000 1X 等数据通信技术为代表的 2.5G 移动通信还没有退出历史舞台,WWAN 是目前使用最广泛的移动互联网接入方式。

在网络层,目前迫切需要解决的是 IP 地址空间的扩展和 IP 地址的移动性问题。与 IPv4 相比,IPv6 具有地址空间更大、网络整体吞吐量更高,安全性、网络管理、移动性以及服务质量等方面功能更好的优势。IPv6 正处在不断发展和完善的过程中,可以很好地满足移动通信网络的需求。移动互联网的发展正在推动核心网向 IP 化方向加速演进。

7.3.3　应用平台技术

在移动互联网应用与服务提供平台的构建中,云计算能通过 IaaS、PaaS 及 SaaS 三种模式提供支撑,联合电信运营商、应用开发商及内容提供商,为最终用户提供优质的服务体验。

云计算(cloud computing)是基于互联网的超级计算模式,是一种利用大规模低成本运算单元通过 IP 网络连接,以提供各种计算和存储服务的 IT 技术,是包含互联网上的应用服务以及数据中心提供服务的软件和硬件设施在内的总称。其优势在于:

(1) 可以不依赖某特定的终端就可以到云端访问和处理数据。无论何时何地,只要连入互联网,就能同步和共享所有数据资源。

(2) 用户的所有数据存储和程序运行都在云端进行,因而用户自己并不需要面对软件维护等问题,用户只进行使用即可。

(3) 用户不需要购买大量的硬件资源以满足海量存储。云端将提供无限的存储服务,其他繁重的工作也由网络来处理,从而降低了大量的成本。

按服务层次和服务类型,云计算可分为 IaaS、PaaS 及 SaaS 三种模式。

(1) IaaS。电信运营商对 IT 资源进行虚拟化,给用户提供的是出租处理能力、网络、存储及其他基本计算资源。用户可任意部署和运行软件,而不需管理或控制底层的云计算基础设施。IaaS 实现了 IT 基础设施由出售变为出租,并能灵活定制、计量收费。

(2) PaaS。应用开发商开放应用服务引擎(如互联网应用编程接口及运行平台等),用户使用供应商提供的开发语言和工具,基于应用服务引擎构建丰富的应用类型,并部署到云计算基础设施上去。用户不需管理或控制底层的云基础设施，但能控制部署应用程序。基于 PaaS 平台，客户可高效完成业务开发、业务部署和运营。

（3）SaaS。内容提供商将运行在云计算基础设施上的应用程序以服务方式提供给用户，用户通过 Web 浏览器等客户端界面访问。用户不需要管理或控制底层的云计算基础设施，只需按需租用软件即可，从而省去了在服务器和软件授权上的开支。

在云计算模式下，用户的计算机将会变得十分简单，内存不需很大、不需要硬盘和各种应用软件，只要通过浏览器给"云"发送指令和接收数据，便可以使用云服务提供商的计算资源、存储空间和各种应用软件。此外，云计算能够轻松实现不同设备间的数据和应用共享。在云计算的网络应用模式中，数据只有一份，保存在"云"的另一端，所有的电子设备只需要连接互联网，就可以同时访问和使用同一份数据。

目前各大 IT 厂商（IBM、微软、Google、Amazon 等）都已推出自己的云计算产品，但是各产品的功能和涵盖的领域有很大不同，没有统一的标准。随着各产品的逐渐成熟，一定会出现更加完善的标准从而使得每个厂商的"云"能互联、互通。在国内，IBM 已先后在无锡、北京、大连建立了云计算中心。在 2009 年，阿里巴巴在南京建立了中国第一个"电子商务云计算中心"。

7.4　典型的移动互联网业务应用

7.4.1　移动电子商务

1. 移动电子商务简介

移动电子商务是在无线平台上实现的电子商务，是利用手机、PDA 及掌上电脑等无线终端进行的 B2B、B2C 或 C2C 的电子商务。移动电子商务是电子商务的一个新的分支，它将互联网、移动通信技术、短距离通信技术及其他技术完美结合，使人们可以在任何时间和任何地点进行各种商贸活动，实现随时随地地线上线下购物与交易、在线电子支付，以及各种交易活动、商务活动、金融活动和相关的综合服务活动等。从应用角度来看，移动电子商务的发展是对有线电子商务的整合与扩展，是电子商务发展的新形态。

移动电子商务与实体经济结合更加紧密，所以它已经成为移动信息化应用的主体，是当前信息化应用中最活跃、最有效益且发展最快的一个领域。移动电子商务将用户和商家紧密联系起来，而且这种联系将不受计算机或连接线的限制，使电子商务走向了个人。

随着移动通信技术和计算机的发展，移动电子商务发展经历了以短信为基础访问技术的初级阶段和以 WAP 作为访问技术的发展阶段，目前正在采用基于 SOA 架构的 Web Service、智能移动终端和移动 VPN 技术相结合的移动访问和处理技术，使得系统的安全性和交互能力有了极大的提高。当前移动电子商务系统同时融合了 3G 移动技术、智能移动终端、VPN、数据库同步、身份认证及 Web Service 等多种移动通信、信息处理和计算机网络的最新的前沿技术，以专网和无线通信技术为依托，为电子商务人员提供了一种安全和快速的现代化移动商务办公机制。

2007 年，发改委与原国务院信息办联合发布《电子商务发展"十一五"规划》，其中移动电子商务试点工程作为 6 大重点引导工程之一。规划中明确指出"鼓励基础电信运营商、电信增值业务服务商、内容服务提供商和金融服务机构相互协作,建设移动电子商务服务平台"和"发展小额支付服务、便民服务和商务信息服务,探索面向不同层次消费者的新型服务模式"。

2007 年 6 月开始,原国务院信息办开始组织实施该项工程,率先与中国移动通信集团公司组成了联合工作组,编制了《国家移动电子商务试点示范工程总体规划》,确定了转变经济发展方式、方便百姓生活和带动战略产业发展 3 大目标,依托中国移动通信研究院建立了国家移动电子商务研发中心,并批准在湖南省、重庆市和广州市开展移动电子商务的试点工作。工业和信息化部组建后,信息化推进司继续负责组织和推动该项工程。目前试点示范工程已经取得了重要突破性进展,3 大目标正在逐步实现,初步显现了移动电子商务巨大的效益和潜力。

2009 年 3 月,全国唯一的全网手机支付平台在湖南建成上线,承担面向全国 31 个省 6 亿中国移动用户的手机支付业务运营支撑工作。当年 9 月,实现了湖南、上海、湖北、福建、内蒙古、广东、吉林和山东 8 省手机支付业务平台接入。目前,已完成全国 20 省平台上线。截至 2010 年 2 月,面向全国已发展中国移动手机钱包用户 420 万个,包括新浪、搜狐等互联网企业及省内快乐购等全网优质远程商户 300 家,现场商户 8000 家,布放 POS 终端达 1.2 万台。

2009 年底,电子客车票业务在长沙市完成了试点工作。目前电子客车票售票量已经超过 1 万张,超过 10 万人通过网站或手机短信免费查询长途汽车班次信息,其中长沙市本地有 5 万多乘客受益于电子客车票。自 2009 年 10 月以来,移动一卡通业务由最初主要定位湖南市场,逐渐向全国范围推广,现业务已广泛渗透至内蒙、江苏、甘肃、山东和云南等数个省份。截止 2010 年 3 月,已完成或在建的企业及校园移动一卡通项目数量超过 10 个,合同额超过千万,直接用户数超过 10 万人。

重庆移动建成了"中国移动手机支付全国密钥管理中心"、"中国移动 SIM 卡多应用服务中心"和"中国移动一卡通业务平台",面向全国提供运营支撑服务。截止 2010 年 2 月,手机支付用户数达到 350 万个,当周消费额超过 4000 万元,当月用户再充值金额超过 5000 万元。在交通领域,手机支付应用获得长足进步。截至 2010 年 2 月底,轻轨用户数突破 10 万,当月轻轨刷卡次数超过 100 万次,月刷卡净额超过 200 万元,当月活跃用户超过 7 万人,使用手机支付的轻轨乘客目前已占到轻轨总乘客量的 35%。在行业拓展方面,重庆移动不断吸引本地优质商户加盟手机支付特约商户联盟,超市、百货、餐饮和娱乐等领域 90% 的优质商户均已加盟,铺设 POS 机 9000 余台,商户数达到 800 家。

2. 移动电子商务的商业模式

移动电子商务根据发生对象主要分为 M2M 类、B2B 类、B2C 类和 C2C 类,最主要的实现方式是短信、手机上网和无线射频技术。研究移动电子商务的发展,首先要明确其内生特性,尤其要关注该特性对用户诉求的响应,主要包括即时性,移动电子商务尤其适用于瞬息万变的商务活动与商业交易;移动性,商务活动不受空间限制;便利性,可简化商业交易过程,如在超市、加油站和公交系统的手机支付;私人性,可承担更多的私人身份类业务,如手机银行和手机登机牌等。

移动电子商务与传统电子商务的价值链不同,移动运营商可扮演多重角色,从而具有不同的商业模式。在某些商业模式中,移动运营商可能并且大有希望主导价值链。可能主导而非自然主导,是因为如同固网运营商拥有不小的客户资源及用户连接权,但仍不具备电子商务的主导地位一样,庞大的客户资源及与用户连接也不能决定移动运营商具有价值链主导地位。主导价值链需要具备的前提条件是能很好地掌握并维护客户个人信息,并能整合电子商务中的众多商业服务提供商。

目前,移动电子商务的商业模式按产业链主导方主要分为如下 5 类。

(1) 互联网企业核心模式:这种模式是传统电子商务的接入移动化,如用户使用手机上网方式登录淘宝和阿里巴巴等网站并进行订单处理等,移动运营商收取无线接入费用。

(2) 移动运营商核心模式:移动运营商同众多商业服务商发生联系,并通过平台集成商的系统开发,一方面使用户的终端内置特制卡,一方面搭建移动支付运营平台。在此模式下,移动运营商直接与用户联系,不需要银行参与,如 NTTdocomo 的 imodeFelica 手机电子钱包服务。

(3) 平台集成商核心模式:由平台集成商自主发展商业服务商,建设与维护业务平台,同时为多个运营商提供业务接入服务,如美国高通公司推出的 BREW 业务平台。

(4) 运营商银行联盟核心模式:这是相对普遍的模式,银行和移动运营商发挥各自的优势。移动运营商发展商业服务商并通过平台集成商进行系统开发,银行提供移动支付安全和信用管理服务,二者形成战略联盟。

(5) 银行核心模式:银行开发业务平台,用户通过短信等模式与银行直接发生联系。该模式主要适用于手机银行业务,如中国工商银行的手机银行业务。

3. 移动电子商务的应用

移动电子商务的分类方法有多种,最常用的方法是按内容分类,包括移动增值服务(彩信手机报和手机上网订购彩铃等)、数字商品(网上购票、交费订单支付、数字点卡、公交票务和电子凭证等)、实物商品(网上购买书籍、超币/便利店手机购物和条码识别等);按地点分类,包括远程交易(彩信手机报、手机上网订购彩铃、网上购票、交费订单支付、数字点卡和网上购买书籍等)和现场交易(公交票务、电子凭证、超市/便利店手机购物和条码识别等)。

目前,移动电子商务主要涉及以下几个方面。

(1) 银行业务:移动电子商务使用户能随时随地在网上安全地进行个人财务管理,进一步完善互联网银行体系,用户可以使用其移动终端核查其账户、支付账单、银行转账及接收付款通知等。

(2) 金融交易:移动电子商务具有即时性,因此非常适用于股票等金融交易应用。移动设备可用于接收实时财务新闻和信息,也可确认订单并安全地在线管理股票交易。

(3) 订票:通过互联网预订机票、车票或入场券已经发展成为一项主要业务,其规模还在继续扩大。互联网有助于方便核查票证的有无,并进行购票和确认。移动电子商务使用户能在票价优惠或航班取消时立即得到通知,也可支付票费或在旅行途中临时更改航班或车次。借助移动设备,用户可以浏览电影剪辑和阅读评论,然后订购邻近电影院的电影票。

(4) 购物:借助移动电子商务,用户能够通过其移动通信设备网上购物。即兴购物会是一大增长点,如订购鲜花、礼物、食品或快餐等。传统购物也可通过移动电子商务得到改进,如用户可以使用"无线电子钱包"等具有安全支付功能的移动设备在商店里或自动售货机上购物。

(5) 娱乐:移动电子商务带来一系列娱乐服务,用户不仅可以从其移动设备上收听音乐,还可以订购、下载或支付特定的曲目。可以在网上与朋友们玩交互式游戏,还可以游戏付费,并进行快速和安全的博彩和游戏。

（6）无线医疗（Wireless Medical）：医疗产业的显著特点是每一秒钟对病人都非常关键,在这一行业十分适合于开展移动电子商务。在紧急情况下,救护车可以作为治疗的场所。而借助无线技术,救护车可以在移动的情况下同医疗中心和病人家属建立快速、动态和实时的数据交换,这对每一秒钟都很宝贵的紧急情况来说至关重要。在无线医疗的商业模式下,病人、医生和保险公司都可以获益,也会愿意为这项服务付费。这种服务是在时间紧迫的情形下,为专业医疗人员提供关键的医疗信息。由于医疗市场的空间非常巨大,并且提供这种服务的公司为社会创造了价值,并且这项服务非常容易扩展到全国乃至世界,所以在这整个流程中存在巨大的商机。

（7）移动应用服务提供商（MASP）：一些行业需要经常派遣工程师或工人到现场作业,在这些行业中,移动 MASP 将会有巨大的应用空间。MASP 结合定位服务技术、短信息服务、WAP 技术以及 Call Center 技术为用户提供及时的服务,提高工作效率。

7.4.2　移动定位业务

1. 移动定位简介

移动定位是帮助个人和集团客户随时随地获得基于位置查询等各种服务与信息的移动互联网业务。运营商可以利用自己的移动网络资源,结合短信息服务系统、GPS 和地理信息服务系统（电子地图）,与内容和业务提供商合作,为个人和集团客户提供丰富多彩的移动定位应用服务。随着 3G 进入快速发展期,位置服务的用户数和收入规模也进入了快速增长阶段。据赛迪预计,2012 年中国位置服务市场规模将接近 40 亿元。随着智能手机的大面积普及及用户对移动互联网使用习惯的形成,移动定位服务很有希望成为运营商增值业务的新增长点。

目前移动定位业务的具体应用可大致分为公共安全业务、跟踪业务、基于位置的个性化信息服务、导航服务,以及基于位置的计费业务等。

公共安全业务是指出于公共安全考虑,国家或地区安全机构可以定位紧急呼叫的用户并实施援助。目前,我国人身安全和紧急救助报警只能依靠拨打 110 或者 120,这使得用户在紧急情况下的报警十分困难。利用移动定位业务,手机的持有者只要按几个按钮,警务中心和急救中心在几秒钟内便可知道报警人的位置并可以提供及时的救助。

位置跟踪业务是指根据移动设备查询车辆和设备携带者所处的位置,如车辆查询服务可以为企业、公安、邮政速递车、银行运钞车和出租车等提供及时跟踪服务,以实时掌握车辆行进中的位置信息,加强车辆的防盗功能。

基于位置的个性化信息服务包括周边信息的查询、城市观光、根据位置的内容广播、移动黄页和娱乐游戏等。移动运营商可与互联网提供商合作,为用户提供丰富的信息服务。当用户随时随地想购买自己喜欢的商品时,定位系统与信息数据库结合可引导用户购买,用户还可利用定位系统随时获知朋友的位置并发出问候等信息。

导航服务是指引用户找到所需的目标,当用户输入目的地后,系统会返回信息和图形方式的线路图。当用户驾车外出时,车上的 GPS 导航终端会提供适时的导航服务,甚至拥有一款导航手机也可自由驰骋或行走。

基于位置的计费业务是在不同位置使用移动电话时按不同的标准收费,移动运营商把在一些特殊地点提供可以和固定电话相竞争的收费标准告知消费者,运营商可以根据用户的不同位置指定灵活的费率。这种资费政策可以针对单个用户,也可以针对用户组。

基于位置服务是无线定位技术、互联网技术、地理信息系统和数据库技术等相关领域交叉融合的结果,是未来最具发展潜力的移动增值业务之一。在日本、韩国和美国等国家,主流运营商从 2001 年开始就纷纷推出了移动定位服务。各国政府也非常重视,在资金和政策等方面给予支持。经过多年的发展,这些国家的移动定位业务已经开发出了种类繁多的应用。在我国,移动定位业务也正在迎来快速发展阶段。

2. 移动定位的技术实现

从技术实现上来看,提供移动定位业务有多种方式,包括通过移动终端、网络及两种方式的混合使用。

通过移动终端提供定位服务的解决方案主要是把 GPS 组合到移动终端内来提供定位服务,但由于跟踪装置的天线和发送设备价格昂贵、耗电量大和移动终端的体积、重量增加,同时移动终端与 GPS 的无线连接会受到地理位置、周边环境乃至天气的影响,使得通过移动终端与 GPS 连接方式的应用具有一定的局限,因此业界又提出了通过网络来实现定位的方式。

通过网络收集必要信息(无线基站的扇区信息、移动终端与基站间信息轻度时延信息或GPS 卫星的基本信息等)运算得出移动终端的位置,网络解决方案通常有到达角度、到达时间、到达时间差、GPSONE、STK、PN4747 和多路径鉴别标志等几种方式。

由移动通信网络辅助移动通信终端完成定位的定位技术,包括 AFLT、AGPS、E-OTD和 OTDOA-IPDL(空闲期间下行链路-观测到达时间差)4 种技术。

(1) 基于网络的解决方案:AOA 方式利用多个基站来测定与用户终端位置距离的角度,由 3 个不同的角度找出用户位置;TOA 是基于信源技术的系统,其精度高,但由于移动终端及基站均需扩充软件并集成,因而成本较高;TDOA 采用信源定位技术,在城市的栅格地图上设立一系列等距离的测量点,这些监测点检测和接受无线移动终端发出的信号并送往该城市相应的网络进行处理和服务。通常将检测及记录到的每个基站与移动终端发出的信号的来回时间附上精确的时间标志送到网络中的服务器,该服务器将时间印记互相比较确定用户移动终端所在位置。该方案需要至少 3 条记录,当然记录越多越精确。多路径鉴别标志须在城市街道地图上制成鉴别标志分布图,当信号到达时,该信号与鉴别标志最吻合的点就是最接近用户的位置点。

基于移动小区识别码的定位技术是一种最基本的定位方法,适用于所有的蜂窝网络。它不需要移动终端提供任何定位测量信息,也无须改动现网,只需要在网络侧增加简单的定位流程处理即可,因而最容易实现。目前这种定位技术已经在各移动网络中广泛使用。它的定位原理很简单,即网络根据移动终端当前的服务基站的位置和小区覆盖半径来定位;若小区分扇区,则可以进一步确定移动终端处于某扇区覆盖的范围内。

(2) 网络辅助的定位技术:OTDOA 是一种应用于 3G 网络下的定位方式,在 GSM 网络中也有类似的定位方式,称为 E-OTD。这种定位技术的基本原理是移动终端测量不同基站的下行导频信号,得到不同基站下行导频的 TOA,即所谓的导频相位测量。根据该测量结果并结合基站的坐标,采用合适的位置估计算法即可以计算出移动终端的位置。一般而言,移动终端测量的基站数目越多,测量精度越高,定位性能改善越明显。

使用这种技术需要移动终端所测量的基站同时发出下行导频信号,因此网络中的所有基站必须实现时间同步,一般可通过在基站安装 GPS 接收机或链接到时间同步网来实现。

(3)网络辅助的 GPS 定位:A-GPS 定位技术是目前应用最广的移动终端定位技术。这种技术通过网络存储 GPS 信息,包括时间、GPS 接收机位置及 GPS 数据。当移动通信终端尝试做 GPS 测量时,网络将这些数据提供给移动通信终端,使其可以更快并更准确地获得 GPS 数据,这些数据被称为辅助数据。

A-GPS 的基本思想是建立一个 GPS 参考网络,该网络通过服务器与无线网络相连,根据移动平台定位请求确定所在小区上空的 GPS 卫星,无线网络将来自 GPS 参考网络的辅助数据发送给移动台,包括 GPS 伪距测量的辅助信息和移动通信终端位置计算的辅助信息。利用这些信息,移动通信终端缩小了搜索窗口,可以很快捕获卫星并接收到测量信息,使得定位时间降至几秒钟。另外,采用 A-GPS 技术的移动通信终端 GPS 接收实现复杂度大大降低,功耗也随之降低。

(4)基于 PN4747 定位的技术:PN4747 是 CDMA IS-41 协议系列的一部分,与基于高通技术的 GPSONE 定位同属 CDMA 移动网两大主流定位技术。与 GPSONE 定位方式相比,PN4747 定位有其独特优势。

从对终端要求看,普通移动终端即可定位,有利于迅速扩大用户群。从定位时间看,正常定位速度为 5s,明显高于 GPSONE 的定位速度。而且在通话时可以定位,弥补目前 GPSONE 定位时不能同时通话的缺陷,有利于开展对话语音服务类定位业务。

这些优势与其定位实现方式有关,PN4747 定位也称"网络侧定位",定位的发起方是网络。由 MSC 向无线侧发送特殊信息来触发无线侧获得最新移动小区识别码信息或三角定位的基本数据,反馈到交换侧后送至定位实体计算后发送给服务提供商的应用。

(5)混合定位技术:GPSONE 是 SnapTrack/Qualcomm 公司为基于位置业务开发的定位技术,采用 Client/Server 方式。它将两种定位技术有机地结合以实现高精度和高可用性以及较高速度定位。

定位业务在技术实现上有基于控制平面和基于用户平面两种方式,每一种定位技术均可通过这两个层面实现。

基于控制平面的方式就是利用无线网络的功能及信号发送层从网络获取位置信息,所有网络结构均必须支持 LBS-specific 信令。这样就需花费昂贵价钱升级现有的 SS7 信令网络,而且此结构极有可能对今后新技术的发展产生制约。此外,这种方式由于网络特定的要求,所以漫游困难,主要用于紧急业务。

基于用户平面方式的定位就是通过数据承载实现用户终端和定位系统的交互以获取用户的无线位置信息参数,与无线信令层无关。这种方式的优点在于无需运营商对核心网络进行改造,但需要改进移动终端以支持相应的标准。此外,这种方式由于数据连接使用 LBS 服务,所以可以漫游,一般用于商业服务。

3. 移动定位业务的商业模式

移动定位业务的价值链由终端用户和基于位置信息服务的服务提供方组成。

终端用户主要分为两类,一类是被定位的移动用户;另一类是发起位置请求的用户。显然,终端用户通常同时扮演两个角色。

基于位置信息服务的服务提供方有以下几个。

(1) 无线网络运营商:铺设无线网络,将用户请求传送到服务器并将服务器分析结果回复给用户。

(2) 定位设备提供商:生产用于定位的硬件设备,可以使用无线通信网络或者使用 GPS 定位等。

(3) 位置数据提供商:管理无线网络所产生的定位信息。

(4) 应用开发商:提供将定位信息与内容相连或把定位信息映射到相关服务的应用与服务。

(5) 内容提供商:提供与位置相关的内容,包括纯地理信息(如地图)和与位置相关的内容两部分,地理信息和服务内容的公开程度直接影响内容提供商的服务质量。

(6) 行业标准制定方:提供定位服务的各种技术标准,保证定位技术在法律上的合法应用。

目前移动定位业务的商业模式下,内容和服务提供商作为价值链上游为移动运营商提供基础信息服务;定位平台提供商和终端制造商作为价值链的下游,为移动运营商提供定位基础设施服务;移动运营商把移动位置服务作为产品提供给用户。在用户使用移动位置服务时,移动运营商向用户收取一定的业务使用费和流量费,然后按照一定比例与其他环节的厂商分成。用户所支付的服务费用是整个产业链主要的资金来源,能不能发展大量用户成为移动位置服务能否成功的关键。移动运营商在此种商业模式中占据了产业链整合的核心位置,由于产业链环节众多,对移动运营商的行业整合能力提出了很大挑战。

在目前这种商业模式下,各个环节所充当的角色可按如下理解。

(1) 移动运营商在该产业链中占据着主导者的位置,通过自己的网络和用户终端的交互可以计算出用户的位置信息。可以与内容和服务提供商合作运营移动位置服务,也可以独立运营移动位置服务。这种模式对移动运营商的行业整合能力和网络性能要求比较高。

(2) 服务提供商直接面向用户提供各种移动位置服务,可根据用户的位置信息为用户提供推送式的贴身服务。

(3) 内容提供商和地理信息系统提供商(指电子地图数据、路径搜索、目录查询、兴趣点等信息的提供商),其职责是地理勘察以及时更新地图数据及其他数据信息,地图数据等信息是否丰富是移动位置服务能否得到广泛应用的关键问题之一。

(4) 终端制造商生产和销售各类导航终端、手机终端和专用手机等,终端需要具备支持移动位置服务的能力并且在用户能接受的价格范围内。

(5) 终端用户通过各类移动终端与网络交互完成定位操作并获取终端经纬度等位置信息,通过 WAP/Java/BREW/SMS 等方式与服务提供商交互得到最终服务。

随着移动互联网技术和业务的发展,移动定位业务将打破现有的商业模式,其业务发展的趋势主要体现在以下几个方面。

(1) 充分发挥移动定位服务具备实时交互性的特点,发展特色业务。据调查,导航功能是最受欢迎的位置信息应用。使用过 GPS 导航应用的用户都有类似的体会,即最近的道路未必是最省时的道路,因为堵车无处不在。如果能与交通指挥中心联动,移动运营商的位置服务就可以根据用户所在的位置和目的地及时将路况信息传递给用户,用户的终端设备根据路况信息进行导航的重新规划导航,这样才会真正受用户欢迎。

（2）与运营商的其他业务整合，发挥综合服务提供优势。虽然移动定位服务具有极大的发展空间，但发展位置服务不能仅仅依靠单一的定位业务，而是全范围的数据业务整合和打包。可以与其他基础移动业务进行关联，如 SMS、MMS、WAP 等；还可以嵌入移动搜索、12580、商旅、游戏、聊天、交友、聚会、社区、博客服务等更高层级的应用，形成新的组合产品。

（3）转变运营模式，前向收费变后向收费。在现有的位置类应用中都是采取向最终使用客户收费的方式实现盈利。而实际上，习惯了享用免费大餐的用户，愿意付费购买的只有导航等少数应用。而 Google、百度在互联网搜索引擎广告方面的成功对我们有借鉴意义，我们完全可以根据客户的日常行动信息分析潜在的客户需求，并形成完整的客户信息数据库，从而实现对用户免费，对商户收费的运营模式转变。

（4）加强互动性应用，鼓励用户积极参与。海量兴趣点信息采集与维护成本高昂，向来是位置服务提供商的重点与难点。可鼓励用户通过位置信息客户端提供的标注功能，对兴趣点信息进行提供、纠错、评注，提升兴趣点服务的信息量。

4. 定位业务的应用

目前移动定位主要的应用包括以下几个方面。

（1）信息服务：用于消费市场，包括新闻、天气、导航、旅游信息、定位广告、黄页、交通信息、路面导航、出租车预约和社区服务。

（2）人身安全和紧急救助：目前，我国人身安全和紧急救助报警只能依靠拨打 110 或 120，这使得用户在紧急情况下（如正受到人身攻击或急病突发）的报警变得十分困难。利用移动定位业务，手机的持有者只要按几个按钮，警务中心和急救中心在几秒钟内便可知报警人的位置而可以提供及时的救助。美国已规定 2001 年 10 月之后所有手机必须具有定位报警功能，欧洲一些国家也开始了这方面的应用。在我国可应用在人身受到攻击危险时的报警、特殊病人的监护与救助、独生子女位置的监护与救助、生活中遇到各种困难时的求助需求等。

（3）机动车反劫防盗：与目前其他几种防盗系统相比，移动定位业务所采用的系统具有突出的优点，包括系统体积小，重量轻并可放置机动车任意位置而不易被窃车者发现，不受遮挡的影响，室内室外均可实现定位，与 GPS 定位相比成本低。若使用手机作为定位终端，价格可在千元以下，定位系统的安全运行可完全由有关部门自主监控。

（4）集团车队、人员和租赁设备的调度管理：在许多情况下，集团车队和人员的管理者需要及时调度所属的车辆和人员，以提高工作效率并提升服务质量。如邮政快递和应急维护服务等，管理者希望距离客户最近的车辆和人员在最短的时间内到达用户所在的位置。借助于移动定位业务，管理者可随时了解车辆和人员的位置，因而可根据客户随时的要求迅速调度车辆和人员。与 GPS 相比，移动定位业务所采用的定位技术的特点是当车辆和人员进入遮挡物下或建筑物内时管理者仍可方便地确定其位置并进行调度管理。

（5）与位置相关的信息服务：移动定位业务可提供与位置相关的各种信息服务。当用户在陌生地区想知道距离最近的商店、银行、书店、医院时，只需数秒手机显示屏上便可出现所需的位置信息。当用户随时随地想购买自己喜欢的商品时，定位系统与信息数据库结合可引导用户购买。还可和互联网站商合作，为用户提供丰富的信息服务。

（6）位置跟踪服务器：与安全救援服务有所不同的是，位置跟踪服务往往是为了给移动用户确定另外一方位置所提供的跟踪业务，因此经常出现一些在特殊的用户之间。例如，父母为了跟踪子女的位置、公司希望确定员工的位置来进行服务的调配,以及用户想确定自己的汽车或其他资产的位置等。韩国 SK 电讯和英国都推出了此项业务。

(7) 交通和导航服务:交通和导航服务是根据用户所在地,为用户提供周边位置或者到达目的地的有关信息,所提供的信息包括交通流量状况和路线选择信息等。交通和导航服务作为卫星 GPS 的主要业务,已经有多家公司可以提供,在移动通信网络上提供这类业务将会极大地促进整个业务市场的发展。

(8) 物流管理:如监控管理全国流动的货运车辆、火车车厢、专业车队,如运钞机和邮政速递车等的位置,合理调度车辆,减少空载。

(9) 移动广告业务:基于位置提供的移动广告服务(WAD)是移动运营商提供广告服务时非常注重的问题。目前移动运营商已经开始为用户提供比较简单的移动广告业务,如用户可以事前定制到一些商场打折、特色餐馆广告信息服务等。

(10) 友情和娱乐性服务:用户可利用定位系统随时获知朋友的位置并发出问候的信息,可和朋友玩基于位置的游戏。

(11) 基于网络的服务:根据用户的位置区别费率,移动运营商可提供比本地固定运营商更吸引人的价格,并且优化网络资源分配、网络负载管理和无线资源管理等。

目前,我国各大运营商都推出了位置服务的业务,从宏观看,我国移动定位服务市场的发展环境良好。中国整体经济实力的平稳增长为加大电信基础设施投资力度创造了条件。3G 网络的建设和移动定位技术日臻完善,为移动定位业务打造了一个良好的消费环境,并最终促使移动定位业务质量得到不断攀升。而社会发展所引发的广大需求,也将有利于用户消费观念的培养,并最终促使整个市场的繁荣。

7.4.3　移动搜索业务

1. 移动搜索业务简介

移动搜索是指用户以移动通信终端(如手机和 PDA 等)为终端,通过 SMS、WAP 和 IVR 等多种接入方式进行搜索,从而高效且准确地获取 Web 和 WAP 站点等信息资源。移动搜索是搜索技术基于移动通信网络在移动平台上的延伸,移动搜索引擎不仅要完成信息的获取,还要对获取的信息进行相关处理,把不同内容提供者和不同类别的信息进行整合,并建立相关性,再将所有信息进行相关处理后转换成适合终端使用的信息。移动搜索引擎能以一定的策略收集和发现信息,对信息进行理解、提取、组织和处理,为用户提供检索服务,从而起到搜索信息的目的。

移动搜索按照搜索内容可以分为综合搜索和垂直搜索两类。综合搜索主要搜索 WAP 及 Web 站点内容,用户通过输入关键词进入 WAP 或接入 Web 网络,搜索站点内容。搜索引擎根据一定规则将链接结果和内容返回给用户终端。由于移动的信息资源多以 WAP 页面形式呈现,因此综合搜索是用户最基本的需求。垂直搜索按类型搜索内容,如按媒体类型搜索,包括音频、视频和图片等;按领域内容搜索,包括科技、体育和娱乐等。用户通过多种接入方式(短信和 WAP 等)提出搜索请求,搜索特定类型的内容或服务。这类搜索方式简便且目标性强,适宜移动技术特点,所以在移动搜索中使用垂直搜索方式更多。

移动搜索按照应用内容可以分为公众信息搜索和行业应用搜索两类。公众信息搜索包括新闻、音乐、游戏、图片、天气、地图、彩铃/炫铃、黄页、购物、网站和招聘就业等搜索业务。行业应用搜索包括证券、交通、农业、教育信息等搜索业务。

移动搜索按照接入方式可以分为 WAP 方式、短信方式、IVA 方式、Java 方式等类型。WAP 方式搜索通过 WAP 浏览器将查询请求发送到搜索引擎平台,在 WAP 站点及互联网上获取用户所需要的搜索信息。短信方式搜索是在短消息中输入关键字或自然语句,发送到移动搜索引擎特服号码获得所需的信息或答案。IVR 方式搜索用户通过语音输入关键字或自然语句,接入到 IVR 系统。搜索引擎通过智能语音识别系统识别和解析用户的输入,并根据一定的规则搜索用户需要的信息,再以自动应答或其他方式反馈。Java/BREW方式搜索通过 Java/BREW 移动终端提供 Java/BREW 平台上各种信息的搜索服务。

移动搜索按照搜索范围可以分成站内搜索、站外搜索、本地搜索等几类。站内搜索的范围仅限于移动运营商业务平台内的内容。站外搜索的范围扩展到移动运营商业务平台外的内容,包括独立的 WAP 网站和互联网内容。本地搜索则结合用户所处位置进行搜索,搜索内容主要是实用化的本地信息,如区域黄页、地图和比价等搜索服务。

当前移动搜索的应用服务所提供的主要类型有音乐、网页、游戏和生活搜索等,也是用户使用度最高的移动搜索服务类型。随着移动互联网的快速发展,其他类型的搜索服务也会受到用户越来越多的关注。

(1) 网页搜索:如传统互联网搜索引擎一样,手机用户可以通过 WAP 界面输入关键词搜索。用户可以用逻辑组合方式输入关键词,搜索引擎根据关键词寻找用户所需资源的站点。然后根据一定的规则反馈给用户包含关键词信息的所有站点和指向这些站点的链接,可以是 Web 或 WAP 形式,以 Google 和 Baidu 为主要代表的搜索引擎公司均以这样的服务为主。通过 WAP 平台搜索网页,这种站点搜索在行业内被认为是一种由互联网搜索引擎直接延伸到手机平台的移动搜索模式,技术上比较成熟。但是与此同时,由于和传统互联网搜索没有本质区别,所以手机用户的内在需求被忽视。

(2) 音乐搜索:手机铃声一直是 WAP 服务中最受欢迎的一类业务,用户的需求量非常大,许多用户最初是因为希望寻找到喜爱的手机铃声才开始使用 WAP 服务的。独立 WAP的兴起使铃声资源的规模不断扩大,用户手机铃声的更换频率也逐步升高。由于铃声和MP3 整曲等手机音乐下载量非常大,加上寻找铃音等音乐资源的烦琐,因此音乐搜索目前成为移动搜索中最主要的应用。手机用户可以通过输入歌曲名称在庞大音乐资源中搜索铃声、MP3 整曲或歌词,音乐搜索业务在 3G 应用时代的作用将更加突出。

(3) 图片搜索:手机图片和动画也一直是深受手机用户喜欢的服务内容,用户下载图片或动画可以用来做待机彩图,也可以在闲暇的时候欣赏或者自制彩信发送给亲朋好友。据研究数据显示,卡通动漫、风景图片和美女写真是 WAP 用户最常下载的 3 类图片,拍照手机的普及和微博的兴起使得移动互联网的图片内容大量增加。随着网络的改善,移动相册的服务肯定会更加丰富。用户可以通过搜索引擎寻找自己喜爱的图片,进一步改善用户体验。

(4) 游戏搜索:"百宝箱"的推出促进了整个中国手机游戏产业的快速发展,此后各类手机的 Java 游戏不断推陈出新。但随着手机游戏用户数量的迅速增长,"百宝箱"已不能充分满足用户的需求。用户转而通过免费 WAP 门户寻找数量更庞大的手机游戏,特别是手机网络游戏的发展催生了更广泛的手机游戏传播渠道。

(5) 生活搜索:生活搜索包括餐饮、娱乐、购物、订房和订票等生活信息的检索,这些信息与手机用户的日常生活息息相关,也属于搜索需求量比较大的内容。人们对生活信息的需求往往是随时随地的,这也要求生活信息搜索可以做到随时随地。如当一辆汽车在公路上出现故障后,车主肯定希望能就近找到一家汽车修理厂维修。但由于条件所限,车主通过互联网搜索很不现实,所以基于手机的无线网络搜索可以派上用场。与其他内容的搜索不同,生活搜索需要运营商有比较强的信息采集能力,而且要保持对信息的持续更新,因此要求有相应的人力资源和信息渠道作为保证。

2. 移动搜索的关键技术

移动搜索的关键技术包括抽取网页结构化信息、信息过滤技术和搜索引擎技术等。

(1) 抽取网页结构化信息是指将网页的非结构化数据抽取成特定的结构化信息数据,如比价购物搜索需要在抓取网页后,抽取出商品名称、价格和简介等;房产信息搜索就应该抽取出类型、地域、地址、房型、面积、装修、租金、联系人和联系电话等;公司企业信息搜索应该抽取出公司名称、地址、电话和联系人等。

结构化信息抽取有两种方式可以实现,比较简单的是模板方式,还有一种是不依赖网页的网页库级结构化信息抽取方式。

模板方式是事先为特定的网页配置模板,抽取模板中设置的所需信息,可以针对有限个网站的信息进行精确的采集。其特点是简单、精确、技术难度低和方便快速部署;缺点是需要针对每一个信息源的网站模板进行单独设定,在信息源多样性的情况下维护量巨大。

网页库级结构化信息抽取是采用页面结构分析与智能节点分析转换的方法,自动抽取结构化的数据。其优点是可抽取任意的正常网页,完全自动化,不用为具体网站事先生成模板。智能抽取准确率高,能保证较快处理速度。由于采用页面的智能分析技术,去除了垃圾块而降低分析的压力,所以使处理速度大大提高,并且通用性较好,一般的非专业人员经过简单培训就能维护。其缺点是技术难度和前期研发成本高且周期长,适合网页库级别结构化数据采集和搜索的高端应用。

(2) 信息过滤是根据用户的兴趣或偏好自动收集和用户兴趣相关的信息推荐给用户的过程。用户的兴趣是相对稳定的,所以用户的信息需要也是相对稳定的(指用户感兴趣的信息类型是相对稳定的),当然用户的兴趣也会转移,这个时候信息需求也会变。当有新的信息到达的时候,信息过滤系统需要判断是否推荐给用户。

信息过滤系统的基本构成为信息分析器、用户模板、过滤过程和学习过程部分。

信息分析器负责从信息源获得信息,对信息进行分析并用适当的格式描述,然后作为输入信息传递给过滤处理模块过滤该信息,只将相关信息传递给用户。

用户模板负责从用户收集有关兴趣信息需求的显性和隐性信息,负责构建一个用户模板,并作为过滤处理模块的输入信息。

过滤处理部分利用描述信息与用户模板匹配,决定将要传送给用户的相关信息项;而用户评价又被传到学习过程部分,这个过程据此更新用户模板。

由于建模的困难性及用户信息需求的改变,用户模板并不太精确,所以每一个过滤必须包括一个学习过程,信息过滤系统在系统已知的用户模板的基础上消除不相关的信息。

(3) 搜索引擎技术是移动搜索业务实现的关键,需要完成网页收集、预处理和查询服务三个过程。由于移动搜索业务涉及多种接入方式,搜索范围为 WAP 站点及互联网信息、移动增值服务及本地信息等内容,因此与互联网搜索引擎相比还有一些不同的地方。

WAP 和 Java/BREW 方式的搜索引擎实现技术和互联网搜索引擎技术类似,搜索引擎系统由搜索器、过滤器、索引器、检索器和用户接口构成。与互联网搜索引擎技术的区别在于当搜索引擎执行到用户接口时,用户接口面对的不是为计算机而制作的网页,而是适合移动终端的显示画面。因此需要在输出用户结果之前,把网页转换成适合移动终端的页面。

一般短信息和 IVR 方式的搜索范围是本地信息内容,搜索引擎系统连接的是固定数据库,例如黄页、天气资讯、列车和航空时刻表等,因此搜索引擎实现不需要网页搜集这一个过程。另外短信息和 IVR 方式搜索对搜索的精确性要求很高,经常输入的是自然语句,要求返回问题的精确答案和结果,所以需要自然语言分析器对自然语句进行分析和匹配。此时搜索引擎系统由索引器、检索器、自然语言分析器和用户接口构成。如果只执行关键字搜索,则不需要自然语言分析器。

搜索器也称为"爬行器"、"搜索机器人"、"蜘蛛"或"网络爬虫"等,它预先在 WAP 和 Web 站点中收集用不同标记语言编写的网页存放在系统网页数据库中。系统网页数据库需要进行一定的维护,并不断地收集新信息和定期更新旧信息,以保证信息的及时性和有效性。

过滤器分析处理网页的内容、精简网页内容、清理无关信息并提取有效的正文和关键词。

索引器分析过滤后的网页信息切分网页,并将每一个网页转化为一组词的集合。然后将网页到索引词的映射转化为索引到网页的映射,抽取出索引项并形成表示文档及生成文档库的索引表,建立索引数据库。索引器应定期更新索引数据库。

检索器也称"查询引擎",主要用来接收用户输入的查询语句,进行分词处理。从索引数据库中检索与查询短语相关内容后排序,按照一定的格式输出结果并收集用户对搜索结果的评价和反馈。

用户接口的作用是接收用户查询请求,输出查询结果给用户。在输出查询结果时需要将所有信息进行处理并转换相关格式,即转换成适合手机显示的信息。

3. 移动搜索的商业模式

移动搜索的产业链主要包括移动运营商、技术提供商、服务提供商和内容提供商等,移动搜索服务对象包括广告主(企业用户)和移动用户。收费模式主要有企业端收费和客户端收费两种方式。

企业端收费方式:移动搜索的盈利模式和互联网搜索的盈利模式类似,用户访问的WAP 网站大多是免费的,移动搜索服务一般也是免费的,主要通过竞价排名和商业广告等方式盈利。

竞价排名就是由广告主(通常为企业)为自己的网页出资购买关键字排名,并按点击量计费的一种服务。搜索结果排序根据竞价的多少由高到低排列,并且根据点击次数收费,不点击不收费。移动搜索中的竞价排名是互联网竞价排名模式在移动网络上的延伸,但由于移动终端本身的特性,与互联网中的竞价排名相比有如下特点。

竞价排名价值更高:移动终端的高度普及性决定了移动搜索竞价排名的受众更广,价值也就更高。

用户搜索目的性更强:由于移动通信的流量费相对较高,移动搜索用户搜索的目的性远强于互联网搜索,因此更容易成为真正的消费者。

企业竞价的位次更重要：由于移动终端屏幕小，一页显示的内容有限，所以企业对于位次的竞价会更激烈。

竞价排名在移动搜索中发挥着巨大的作用，从企业端收费是移动搜索服务提供商的主要收入来源。

商业广告主要是指关键词广告，是在搜索结果页面上展示与关键词相关的广告。由于移动终端一般都是特定用户使用，所以可分析用户的行为。在用户提出搜索请求后，有针对性地在其搜索结果中展现相关赞助商广告，使广告投放更有针对性并更有效率。

客户端收费方式：移动搜索服务商通过自己的搜索平台提供移动搜索服务，用户在搜索到需要的信息后，浏览或者下载无线资源产生的信息费和通信费，由搜索服务商、搜索技术商、移动运营商和内容提供商按一定的比例分成。

移动运营商提供移动搜索业务主要有如下 3 种商业模式。

（1）由运营商自己建立和维护移动搜索引擎系统，各内容提供商为移动搜索引擎系统提供内容源，终端使用运营商的无线网络通道及移动搜索引擎系统获得移动搜索的服务。由运营商进行业务推广和宣传，打造自己的移动搜索品牌。运营商通过关键字、内容和广告竞价排名等方式盈利，并根据用户使用情况和各内容提供商分成。整个业务开展以运营商为主体，运营商能掌控全部业务和收益。这种模式能够突出运营商的业务品牌，但需要投入大量人力和物力建设和运维系统，并且推广渠道简单，在初期盈利比较困难。

（2）专业的技术服务提供商建立和维护移动搜索引擎系统，各内容提供商为移动搜索引擎系统提供内容源，终端使用运营商的无线网络通道获得移动搜索服务。业务推广和宣传仍然由运营商进行，移动搜索品牌属于运营商。运营商通过关键字、内容和广告竞价排名等方式盈利，并根据用户使用情况与技术服务提供商和各内容提供商进行分成，运营商能够掌控业务的收益。这种模式也能够突出运营商的业务品牌，但不需要投入大量人力和物力建设和运维系统。推广渠道也比较简单，在初期盈利比较困难。

（3）传统的搜索引擎公司建立和维护移动搜索引擎系统，内容源可以由各内容提供商和搜索引擎公司提供，终端使用运营商的无线网络通道获得移动搜索服务。由运营商和搜索引擎公司共同推广和宣传业务，移动搜索品牌属于搜索引擎公司。运营商通过收取无线网络通道租用费盈利，搜索引擎公司通过关键字、内容和广告竞价排名的方式盈利。这种模式运营商不需投入人力和物力建设和运维系统以及内容整合，可以借助传统互联网搜索引擎公司的强大的品牌效应和推广渠道。由于传统的搜索引擎公司已经积累了稳固的用户群，可以迅速推广移动搜索业务达到盈利的目的。

4. 移动搜索的应用

现在，手机用户对移动搜索服务的需求越来越旺盛。通过移动搜索用户可以随时随地进行搜索，满足其对各类紧急和特殊查询的需求。而传统互联网中搜索引擎的巨大成功和手机移动搜索市场的巨大潜力，共同形成了互联网企业和移动运营商之间合作的原动力。

纵观全球，日韩欧美等国是移动搜索市场发展较好的国家，同时手机搜索服务竞争非常激烈。

在日本，手机搜索、电子商务和 SNS（社区）是其移动互联网的 3 大成熟商业模式和主流媒体平台。手机搜索中，雅虎、Google 和易查 3 家搜索引擎或门户搜索网站排名前 3 位。NTT docomo 在 2006 年 7 月推出了基于移动网络的关键词搜索服务，2007 年与日本国内

9 家搜索引擎链接。I-mode 用户只要在 I-mode 手机的主页上运行关键词搜索服务一项,就可以使用 NTT docomo 的搜索服务。该搜索服务所提供的搜索结果不仅来自 I-mode 的正式站点,而且还与其他 9 家搜索服务提供商的非正式站点链接。KDDI 于 2006 年 7 月推出了内容范围包括移动站点及互联网站点的移动搜索服务。目前,NTT docomo 与 KDDI 加起来拥有日本移动市场 80% 以上的移动搜索份额。

在韩国,SK 电讯、KTF 和 LGT 这三大运营商都纷纷针对不同的目标市场细分客户,推出系列的增值服务,在内容和形式上形成丰富的移动搜索组合。SK 电信从 2000 年开始提供 CDMA 2000 1X 服务,并不断提高网络质量和拓展新的增值业务,其中大部分数据业务服务都是通过移动搜索技术完成的,如 NATE 业务打破了原有线下服务、有线互联网服务及无线互联网服务的界限,提供无论何时何地都能搜索的互联网环境。KFT 建立数据与增值业务门户品牌 Magic@,手机用户可以通过短信和 WAP 等方式实现个性化、消息类、娱乐类、位置消息、游戏,以及体育/新闻/生活频道的移动搜索。LGT 推出的 ez-l 及 Musicon 两项业务则是完全意义上的移动搜索,内容主要是娱乐和地理位置搜索等。

在美国,市场调研公司 comScore 发布的调查数据显示,美国手机搜索用户数量正在持续上升。2008 年 6 月,美国移动搜索用户接近 21 万人,同比增长 68%。手机用户使用搜索功能的比例达到 9.2%,仅次于英国的 9.5%。2008 年 1 月 AT&T 与雅虎达成协议,AT&T 通过移动互联网入口提供一整套雅虎的 oneSearch 移动上网服务,其中包括新闻链接、财经资讯、天气、网上相册服务 Flicker,以及手机网络搜索。2008 年 12 月,AT&T 又与移动搜索服务供应商 ChaCha 建立了战略合作伙伴关系,共同致力于为用户提供文字及语音广告服务。2008 年 8 月,Verizon 与 Google 达成移动搜索合作协议,Google 成为 Verizon 手机中的默认搜索引擎,双方将共享广告收入分成。

在英国,英国移动通信公司于 2007 年和 Google 签署合作协议,Google 公司成为其 X 系列服务的合作伙伴,在英国移动通信公司的手机门户网站上提供 Google 搜索和 Google 地图服务。此后,又与雅虎签署协议,将雅虎搜索也集成到了其手机网站中。由于 Google 和雅虎搜索同时出现在"3"的手机门户网站中,所以用户可以自行选择,系统将会保存用户的设置。下一次搜索时,系统将会采用用户选定的搜索引擎。2008 年 12 月,维京移动与雅虎达成移动搜索合作协议,雅虎成为维京在英国的 400 万移动用户的独家预装搜索服务商。

在我国,各大运营商和几乎所有的网络搜索公司也都意识到移动搜索领域巨大的市场价值,纷纷推出自己的移动搜索产品。中国主流的移动搜索市场开局者包括中国移动等运营商,百度、Google 等互联网搜索服务商,以及易查、YY、宜搜、儒豹、悟空和 K 搜移动搜索等独立移动搜索服务运营商。

中国移动、中国联通、中国电信纷纷和国内知名无线搜索引擎合作,为各自的移动用户推出本地化搜索服务。早在 2007 年 1 月 5 日,中国移动与 Google 就联合宣布在中国提供基于移动和互联网的搜索服务。2008 年 3 月初,两家续签了合作协议,Google 还将无线搜索列为其 3 大核心战略之一。中国移动在手机上提供 Google 搜索服务,旨在促进对移动梦网 WAP 网站上内容的访问,更重要的是对无线搜索技术展开更深入的研究。

在移动和 Google 宣布合作后不久,中国联通也开始与中国最大的搜索引擎百度商讨类似的合作。2009 年 4 月,联通选定百度为无线搜索合作伙伴。

2007 年 3 月,中国电信黄页与无线搜索引擎悠悠村(UUCUN)达成战略性合作伙伴,联合推出 114 无线搜索,共同切入本地化无线搜索。同年 8 月底,中国电信与易查手机搜索

(Yicha.cn)合作,约定由易查手机搜索在此后 3 年中为中国电信的移动终端设备用户提供独家手机搜索服务。2009 年 7 月,在开通手机业务并获得 3G 牌照后的短短数月,中国电信与明复信息技术有限公司合作,针对全国的手机和小灵通用户推出了新一代无线搜索服务——号百“全能搜”。

7.4.4　移动浏览业务

移动浏览类业务是为移动用户提供的类似计算机用户浏览互联网的业务,该业务满足了人们手机上网的需求,成为移动增值业务中最为常用的业务之一。移动用户可以通过移动终端上的浏览器访问 WAP 网站和互联网网站,根据移动浏览技术的不同,可将目前的移动浏览类业务划分为 WAP 浏览和 Web 浏览。

1. 移动 WAP 业务

1) WAP 协议简介

WAP(Wireless Application Protocol)为无线应用协议,是一项全球性的网络通信协议。WAP 使移动互联网有了一个通行的标准,其目标是将 Internet 的丰富信息及先进的业务引入到移动电话等无线终端之中。WAP 定义可通用的平台,把目前 Internet 网上 HTML 语言的信息转换成用 WML(Wireless Markup Language)描述的信息,显示在移动电话的显示屏上。WAP 只要求移动电话和 WAP 代理服务器的支持,而不要求现有的移动通信网络协议做任何的改动,因而可以广泛地应用于 GSM、CDMA、TDMA、3G 等多种网络。

2) WAP 应用结构

一个典型的 WAP 应用结构中包括 WAP 设备、WAP 代理网关和 WAP 应用服务器 3 类网络实体。

WAP 设备主要指 WAP 客户端,它是支持 WAP 协议及浏览功能的应用软件,即目前手机上的 WAP 浏览器。WAP 1.x 浏览器支持无线标记语言(WML)和无线脚本语言(WML Script),能够访问支持 WML 的 WAP 网站,显示文字与简单图像。WAP 2.0 浏览器在 WAP 1.x 协议栈的基础上增加了对互联网协议栈的支持,并支持 XHTML 语言,能够访问内容更为丰富的网站。

WAP 代理网关是 WAP 客户端实现与 WAP 应用服务器之间通信的中间媒介,WAP 代理网关主要实现协议适配与信息编解码的功能。协议适配功能指 WAP 代理网关连接移动运营商的 WAP 网络和外部互联网实现 WAP 协议与 WWW 协议栈间的转换,如将外部 HTML 网站的内容转换为 WAP 客户端所能理解的 WML 内容,并将客户端发出的 WAP 请求转换为 WWW 请求提交给应用服务器。信息内容编解码功能指将 WML 内容转换为适合在无线环境中传输的压缩二进制码,以便尽量减少无线带宽。此外,WAP 还采用误码校正技术来确保无线信道质量变差时的通信质量。

WAP 应用服务器指支持 WAP 编码和协议的 Web 网站,在支持 WAP 的 Web 网站服务器中存在有用 WML 语言编写的 WAP 应用,这些应用可根据 WAP 移动终端的申请下载。应用服务器还包括仅支持 HTML 的网站,对于不支持 WML,而仅支持 HTML 的网站,WAP 网关将终端发出的 WAP 请求转换为 WWW 请求提交给应用服务器,然后 WAP 网关再将应用服务器返回的响应通过 HTML 过滤器进行 HTML 与 WML 之间的转换。

WAP 客户端和应用服务器通过大量不同的代理通信,或者直接通信。WAP 客户端支持代理选择机制,这可以使用户方便的选择最合适的代理来获得服务,或直接和服务相连接。WAP 代理网关用来转换 WAP 和 WWW 之间的协议(如 HTTP),从而使得 WAP 客户端可以向起源服务器提交请求。

3)WAP 业务概述

WAP 可应用于大部分通信网络,如 GSM 900\1800\1900、CDMA 及 3G,并且能够透明地通过移动网络传输,硬件上需要 WAP 代理服务器的支持。WAP 独立于承载网络,不论用户在使用何种网络都有可能获得相同的信息。短信息、电路交换性数据和分组数据都可以作为 WAP 的载体。WAP 提供以下业务。

信息类:包括 Web 页浏览,新闻,体育赛事,远程订票,商贸信息,公众信息,媒体预告,各地天气的情况,网上购物及酒店预订等。与使用计算机在互联网上查询相比,WAP 具有快速和可随时随地查询的优点。利用无线网络的优势,WAP 业务考虑了用户当前所处位置这一因素,WAP 系统智能地把离用户最近场所的信息显示在屏幕上。WAP 交通导航业务甚至可以把用户正驾驶的汽车周围的交通信息在 WAP 手机屏幕上动态显示出来。

事务类:包括公司内部局域网新闻,虚拟工作群,工作组件,同步时间安排表和移动办公室等。

通信类:包括 E-mail,消息,个人组织者相互联系和远程监控等。用户可以在移动中快捷的发送和接收 E-mail,甚至可以把邮件文本打印到附近的传真机上。并且可以随时调阅日历,地址本和任务列表等,为用户提供了极大的灵活性,使 WAP 用户无论身在何处都能获取与工作有关的信息。

金融类:买卖交易等,包括移动银行,网上购物,订票(航空,火车和电影等)和电子银行等。由于传统移动设备属于个人通信设备,移动用户和无线网络运营商有法律意义上的签约关系,所以可以用户通过移动设备进行的移动电子商务可以避免互联网上 B_C(Business-customer)电子交易带来的信誉问题。

交通类:包括交通、航行电子助理和交通工具跟踪。

安全监控类:包括家庭电器远程控制等,与蓝牙技术结合,WAP 用户可以在移动中查询并启动家中设备的运行情况等。

遥感勘测类:包括交通监视和远程传感等应用。

娱乐休闲类:虚拟社区,音乐欣赏,网上游戏,网上博彩和电子明信片。

2. 移动 Web 业务

Web 网站就是我们通常说的互联网网站,它使用 HTML 和 JavaScript 等语言开发。近年来,CSS 和 AJAX 等技术的发展使得 Web 站点的发展能力和业务处理能力得到了极大的提升。

一方面,随着移动终端及芯片技术的发展,移动终端的处理速度越来越高,终端的智能化与工业性能指标的提高使得移动终端能够展现更为丰富的内容;另一方面,3G 技术可以使移动网络的数据传输速度大大提高,几乎可以与固定互联网的速度相媲美。在这种情况下,完全满足 WWW 标准的移动 Web 浏览器应运而生,它与计算机用于浏览互联网的浏览功能几乎相同。并且支持所有 WWW 协议与标准,如 HTML 语言和 CSS 等,包括各种图像、动画甚至视频内容,因此用户可以通过制定终端中的 Web 浏览器访问互联网的所有内容。

由于 Web 浏览器支持 WWW 标准,所以用户通过 Web 浏览器可以直接访问互联网内容,无须再经过 WAP 网关的协议转换及内容压缩等工作。

在原来的 WAP 浏览业务中,WAP 网关位于运营商网络中起到为用户接入 WAP 服务器及协议转换的作用;在移动 Web 浏览业务中,运营商也部署了类似 WAP 网关的设备,叫做"Web 网关"。

Web 网关实现移动终端的互联网浏览、接入功能,并能提供内容适配、内容增强和内容过滤等功能,以更好地满足用户的互联网浏览体验。

协议适配:Web 网关兼容原 WAP 网关的协议功能,并能支持互联网 HTTP 协议,同时满足用户访问 WAP 网站和 Web 网站的需求。

内容适配:通过对 Web 页面进行内容重构和优化,实现移动用户在手机终端上访问互联网内容。内容适配功能页面按照终端所能支持的程度重构为单一纵列,并保留原页面中主要对象。对于无法在单页显示的终端,适配后将分为多个子页面展示并提供导航功能便于用户使用。

内容增强:指 Web 网关增强互联网内容,以满足运营商的增值业务运营需求,如插入广告,指定定制信息,插入工具栏页面、内容重定向和内容重构等。

内容加速:指 Web 网关通过 HTML 内容、WAP 2.0 内容、FTP 以及邮件传输的 TCP/IP 数据传递效率等来提高用户浏览页面和数据下载的速度,以增强用户体验。加速优化功能适用于笔记本和手机等不同终端的使用需求。

内容过滤:根据国家和运营商的需求,内容过滤功能可以根据给定的关键字和 URL 等过滤特定内容,将过滤后的内容展现给用户。

管理控制:实现 Web 网关的信息管理和配置等功能,如访问控制、日志管理和用户信息管理等功能。

可以看出,Web 网关能为运营商提供高速可供且安全的 Web 浏览业务,为用户提供可靠且安全的 Web 服务环境和良好互联网访问体验。

通常,运营商的 Web 网关部署按照分省部署,一套 Web 网关可以满足一个省用户的互联网访问需求。目前,中国移动、中国联通和中国电信已相继在全国部署 Web 网关并已开展商用。

浏览器是用户访问互联网的用户界面,其功能与性能直接影响用户对互联网的体验。在 WAP 浏览器时代,手机使用的是 WAP 浏览器。由于受到宽度和终端能力的限制,WAP 浏览器只能支持简单的 WAP 协议,现实简单的文字和少量的图片,用户能看到的 WAP 网页内容简单且色调单调。到了移动 Web 的时代,Web 浏览器代替原来的 WAP 浏览器,能够显示丰富多彩的互联网内容,极大地提高用户浏览体验。

目前,主流的用于手机终端的 Web 浏览器大致可以分为两类:一类是手机终端厂商基于手机平台开放的各自浏览器,如 Symbian60 浏览器、iPhone 的 safari、基于 Windows Mobile 的 IE Mobile、Palm Blazer 浏览器、BlackBerry 互联网浏览器等;另一类是由浏览器厂商开发的第三方 Web 浏览器,如 UCWEB、Opera 和 Mozilla 等,这些浏览器可以预装或通过用户下载安装到手机上。

7.4.5　移动支付业务

1.　移动支付业务简介

移动支付是指交易双方为了某种货物或者业务通过移动设备进行商业交易,移动支付所使用的移动终端可以是手机、PDA 和便携式计算机等。

移动支付具有方便、快捷、安全和低廉等优点,具有与信用卡同样的方便性;同时又避免了在交易过程中使用多种信用卡及商家是否支持这些信用卡结算的麻烦,消费者只需一部手机就可以完成整个交易。作为新兴的费用结算方式,它日益受到移动运营商、网上商家和消费者的青睐。

移动支付存在多种形式,不同形式的技术实现方式也不相同,并且对安全性、可操作性和实现技术等各方面都有不同的要求,适用于不同的场合和业务。

就我国的移动支付发展情况来看,移动支付技术经过两次升级后,目前正在走向第3代。

第 1 代是短信或语音交互绑定后台账户模式的移动支付,通过将手机号和后台系统中的支付账号信息进行一一对应来实现支付。虽然这种支付方式使用门槛很低,但是存在安全性欠缺、操作烦琐复杂和无法即时支付等问题。

第 2 代移动支付基于 WAP 和 Java 方式,即利用移动终端的客户端或 WAP 浏览器通过 GPRS 或 CDMA 2000 1X 网络支付。这种方案既可采用后台账户绑定模式,也可以采用在支付过程中记录账户信息的模式,如让用户输入银行卡号和密码。这种移动支付模式与第 1 代移动支付有同样的缺点,还受到网络速度的制约。

第 3 代是一种非接触式移动支付方案,目前已经有 NFC、SIMpass 及 RFSIM 等 3 种比较成熟的技术。NFC 和 SIMpass 使用 13.56MHz 频率,该频率和协议已经广泛地在交通和金融等多个行业应用,是世界公认的标准;RFSIM 技术是将包括天线在内的 RFID 射频模块与传统 SIM 卡功能集成在一张 SIM 卡上,在实现普通 SIM 卡功能的同时也能通过射频模块完成各种移动支付。

从技术和应用上来讲,这 3 种支付方式仍然有优缺点。如使用 SIMpass 不用更换手机,运营商项目启动的成本小。但是占用了用于 OTA 业务 C4/C8 接口,只具备被动通信模式,不具点对点通信功能且产业链单薄;NFC 具有工作稳定、支持主/被动通信模式、支持点对点通信,以及支持高加密、高安全性和产业链完整等特点,但是用户需更换手机,推广成本高;RFSIM 更容易让运营商控制产业链且用户使用门槛低,但是采用 2.4GHz 通信频率,推广的难度会较大。

2.　移动支付的关键技术

1) 在线移动支付

在线移动支付存在多种形式,不同形式的实现方式也不相同。

银行卡账户支付业务只通过移动通信运营商提供的通道处理用户的银行卡账户,用户通过手机捆绑的银行卡交易。银行为用户提供交易平台和付款途径,通过可靠的银行金融机构或第三方支付平台进行交易鉴权。移动运营商只为银行和用户提供信息通道,并不参与支付过程。这类支付的应用包括：支付各种商品费用，以及由银行代收的电话费和水电费等，并可查询用户余额和股票、外汇信息，完成转账、股票交易、外汇交易和其他银行业务。

话费账户小额支付业务是运营商代收费业务，是指用户通过短信和 WAP 等方式购买商品，缴纳的费用在运营商提供的移动通信费用的账单中统一结算。采用这种方式的支付数额较小，并且支付时间和数额固定，一般采用包月或按次收费方式对用户进行计费。例如，用户只要通过拨打售货机和售票机上的特定号码，根据提示信息选择商品就能完成自助购买，随后用户还能收到一条购买成功的确认信息，购买费用会自动计入用户话费账户中。

中间账户支付业务指用户利用自己手机号码绑定的自有账户充值后消费，用户操作绑定账户支付。用户首先在运营商（或第三方专业支付服务商）的支付平台上建立一个专门的支付账户，用支付平台实现中间账户的账户管理、处理支付请求和交易查询等功能。

2）离线移动支付

离线移动支付可以通过 NFC（近场通信）技术完成。NFC 是基于 RFID 技术发展起来的一种近距离无线通信技术，由 NOKIA、Philips 和 Sony 合作制定的标准。它是基于频率为 13.6MHz 的射频技术，典型的操作距离只有几厘米。NFC 和现有的 RFID 基础设施兼容，符合 ISO/IEC18092 和 ECMA340 标准，同时兼容广泛建设的基于 ISO/IEC14443A 的非接触式智能卡基础设施。

基于 NFC 技术的移动支付以移动终端为载体，把非接触式 IC 卡应用结合于 SIM/UIM 卡中，可以采用卡模拟方式实现手机支付应用。

离线移动支付还可以采用 RFID（射频识别）技术实现。RFID 是一种非接触式自动识别技术，通过特定频率的射频信号自动识别目标对象并获取相关数据，识别过程无须人工干预。还可以同时识别多个高速运动的物体，操作方便、快捷。

根据使用频率差异，RFID 可以分为低频（LF，135kHz 以下）、高频（HF，13.56MHz）、超高频（UHF，860～960MHz）和微波（MW，2.4GHz 和 5.8GHz）；根据能源的供给方式不同，RFID 又可以分为无源、有源和半有源。

RFID 的工作原理：标签进入磁场范围后，接收并解读阅读器发出的射频信号，凭借感应电流所获取的能量发送存储在芯片中的产品信息（passive tag，无源标签或被动标签）或者主动发送某一频率的信号（active tag，有源标签或主动标签），阅读器读取信息并解码后送至中央信息系统处理有关数据。

RFID 因其方便快捷和操作简单的特性发展迅猛，从最基础的身份识别功能发展出多种扩展应用，如商品标签、门禁考勤、移动支付和跟踪定位等。

3）离线移动支付的解决方案

目前，非接触刷卡方式手机移动支付实现方案主要有 3 种，即 SIMpass、eNFC 和 RF-SIM。

SIMpass 是一种基于双界面技术的解决方案，将传统的接触式 SIM 卡和支持非接触式支付的射频卡封装在一个标准形状的卡片中。其中 SIMpass 的接触接口符合 ISO7816 标准，非接触接口符合 ISO 14443 标准。SIMpass 的非接触式采用 13.56MHz 频率，由于频率较低，不利于天线的小型化设计，因此射频天线必须使用外置，一种是采用外置线圈（天线）方式，由平面天线线圈、延长柄和触点组成。该方案成本较低，但不能采用与后盖与电池一体的手机终端。这种天线连接方案成本低、线圈易损坏，硬件连接部稳定且可靠性较差；另一种是采用修改手机终端硬件方式,在手机上增加射频天线,实现天线与手机的一体化。这种天线连接方案成本大,硬件稳定性和可靠性相对第 1 种方案有所改善。

NFC 主要由 3 个部分组成,即 NFC 控制器、天线和安全单元。根据应用要求的不同,安全单元可以通过 SIM 卡、SD 卡或其他卡片来实现。

安全单元采用 SD 智能卡的解决方案:SD 卡本身属于存储卡范围,该方案需要在 SD 卡中内嵌安全模块(类似智能卡的安全芯片等),实现对 SD 卡上的应用的管理。传统 SD 存储卡中的 SD 控制芯片只连接闪存,无法连接一个安全模块,实现同步的读写访问。

安全单元采用 SIM 卡的解决方案:基于 SIM 卡的 NFC 实现方案迎合了电信运营商的需求,但是当通过 SIM 卡的 C4 和 C8 两个引脚实现 SIM 卡与 NFC 控制器的连接时会出现与 SIMpass 技术相同的问题,不利于长远发展。

安全单元采用增强型 NFC(eNFC)的解决方案:由 Gemalto 公司提出基于 C6 引脚的单线连接方案(SWP)解决了 SIM 卡与 NFC 控制器连接的 C4 和 C8 引脚占用的问题。SIM 卡最先使用的非挥发存储器 EEPROM 擦除和写入都需要较高的编程电压(通常为 12～20V),通过 C6 引脚引入该编程电压。

RF-SIM 卡是双界面智能卡(RFID 卡和 SIM 卡)技术向手机领域渗透的产品,是一种新的手机 SIM 卡。该卡将普通 SIM 卡的移动通信功能模块和微型射频模块集成在一起,工作频率是 2.4GHz。高频段波长短,利于小型化。可通过内置天线与外部设备通信,通信距离可在 10～500cm 之间自由调整。RF-SIM 卡是一种有源标签,工作时需要由电池提供能量,并定时地以一定的频率主动向外发送信息,当电池没电时不能正常工作。

3. 移动支付的商业模式

移动支付产业链主要包括移动运营商、金融机构、第三方业务提供商、终端和设备提供商、商家和用户等。

(1) 移动运营商:负责搭建移动支付平台,为移动支付提供安全的通信渠道。

(2) 金融机构:作为与用户手机号码关联的银行账户的管理者,银行需要为移动支付平台建立一套完整且灵活的安全体系,从而保证用户支付过程的安全通畅。

(3) 第三方业务提供商:第三方业务提供商是银行和运营商之间沟通的桥梁,独立的第三方称移动支付厂商具有整合和协调各方面资源的能力,其存在的价值是为消费者提供适合且市场反映良好的移动支付服务。第三方支付厂商的利润来源主要是通过向银行、商户和运营商收取技术使用费,以及为运营商招揽移动支付用户,提取佣金。

(4) 终端和设备提供商:为移动支付业务提供商(包括移动运营商、金融机构和第三方业务服务商)提供终端和移动支付设备。

(5) 商家:商家在移动支付的产业链中基本属于从属地位,它提供与传统支付相同的产品和服务。主要作用在于通过部署便捷的移动支付终端,减少支付的中间环节提高用户满意度,并扩大移动支付的使用范围。商家的利润主要来自自身的商品和服务,同时通过与运营商签约对某类商品的特许经营等与运营商分成。

(6) 用户:用户作为移动支付服务的最终使用者,其使用习惯和接受程度是决定移动支付产业发展的重要因素。现有的固话用户资源对移动支付业务也有一定的帮助,从日常生活中的用户需求入手培养用户的移动支付习惯。

4. 移动支付业务的应用

从电信运营商提供的移动支付业务来看,目前移动支付主要应用于以下几个方面。

（1）移动缴费：通过手机短信或 GPRS 等业务缴纳通信费和公共事业费用等。

（2）移动交易：主要应用于移动 POS 机,提供远程的移动性刷卡交易服务。

（3）电子订票：通过手机短信或 GPRS 等完成远程订票和电子挂号等服务。

（4）近距支付：手机中内置模块,在超市购物或乘坐公交车辆时通过近距离无线通信模块完成交易。

（5）理财支付：通过 GPRS 等传输通道,在手机上完成资金转账和股票交易等理财服务。

7.4.6 移动广告业务

1. 移动广告业务简介

移动广告是通过移动媒体传播的付费信息,旨在通过这些商业信息影响受传者的态度、意图和行为。这种广告由移动通信网承载,具有网络媒体的一切特征;同时由于移动性使得用户能够随时随地接受信息,因此比互联网广告更具优势。

1）优势

（1）彰显个性化：手机用户可自主选择听取感兴趣的广告信息或进行广告信息的点播和定制;运营商可以根据移动网网管的统计数据获得听取广告信息的用户数及信息抵达率,快速了解广告效果并及时调整业务策略和投资成本。

（2）广告双方互动性强：通过移动媒介,广告收发双方可以相互实施影响。对于一则广告,消费者可以使用移动电话、短信、邮件和登录网站等形式回应广告商,甚至还会将广告转发给自己的朋友形成所谓的"病毒式"营销。基于安全考虑,首先需要发送请求信息给接收端,在收到接收端反馈的标识信息后,如果标识信息表明同意接收,则发送广告内容;否则不发送。这种方式对广告商极为有利,在转发信息的过程中用户自身成为发送者,增加信息的可信度。

互动的另一种形式可以是用户主动订阅广告内容,即用户根据收到的订阅信息中的内容或频道的标识等信息订阅所需广告,然后通知保存广告的实体。

（3）特殊移动性：用户在需要的时候可以随时随地获取信息,获取信息的方式包括收听广告电话、信息点播和小区广播等方式。移动广告发送与位置相关,为用户即时消费提供了可能。当移动用户来到某个小区需要就餐或购物或参与某种娱乐活动时,即可随时利用手机查询信息;同时手机还具有广告信息存储功能。

（4）结合情境性：传统广告是在几乎不考虑情景的情况下将相同的信息发送给众多的接收者,移动广告利用手机用户特征能在正确的地点和时间锁定目标用户。例如,当一位顾客从麦当劳餐厅旁边经过时,麦当劳可以用短信形式向其发出一张汉堡或炸薯条的免费券。

（5）显示高效性：尽管移动广告的接收者数量可能比传统信件广告或电视广告要少,但实施效果却比传统广告要好。在预先定位的基础上,广告主可以选择用户感兴趣或者能够满足用户当前需要的信息,确保消费者接受想要的信息。通过对广告的成功定位,广告主可以获得较高的广告阅读率。以手机短信广告为例,81％的用户是在阅读短信之后才将其删除,其中又有77％的用户是在收到短信当时阅读的。对用户的订阅行为也可以通过广告频道适配来提升精准度,用户可以根据终端接收显示的广告频道指南信息订阅移动广告内容,并在频道信息发生变化后要求更新频道信息。

(6) 成本低廉性:移动广告业务的广告制作比较简单,构思和语音录制成本非常低。与电视和大型广告牌相比,电话广告方式把更多的资金投入到广告内容传递方面。随着手机多媒体广告的发展,内容将更加丰富,但移动广告业务的成本还是具有较大优势。

2) 缺点

(1) 用户敏感度高:用户对接收移动广告的敏感度非常高,移动广告的发送对象选择和发送时机不当或者同一广告发送次数过多,都会引起广告受众的反感。

(2) 受限于终端屏幕,难以全面展现广告目的:终端屏幕小,只能展示一小段文字、一张图片或一小段声音等,广告冲击力较弱。并不是所有行业的广告都适合投放移动广告,最适合接收实时更新或与位置相关的广告信息如餐饮服务、促销信息和娱乐活动等。

(3) 行业监管难度加大:移动广告接收终端的私有性,使得行业监管者对移动广告内容的监控难度大于传统广告。仅靠传统的监管手段很难达到监管移动广告的目的,需要行业监管者针对移动广告的特性制定相应的监管措施。

移动广告按实现方式可分为 IVR、短信、彩信、彩铃、WAP、流媒体和游戏广告等,其中短信广告以其操作简单、价格低廉和受众阅读概率高等优点一直是最主要的移动广告技术手段。

按照内容形式移动广告可分为文本、图片、视频、音频及混合形式广告等。

按照推送方式移动广告可分为推(Push)广告和拉(Pull)广告,推广告具有很高的覆盖率,但容易形成垃圾信息;拉广告是基于用户定制发送的广告信息。

2. 移动广告的商业模式

在移动广告产业链中,直接获益方是广告设计商、广告代理商和拥有广告发布平台的运营商。因为无论产品销量是否增加,只要有广告主投放广告,广告设计商就会获得设计制作费用,广告代理商就会获得佣金,运营商就会获得流量。如果手机用户受无线广告影响而购买产品或服务,则广告主及其渠道商就会获得销售收入和渠道分成,而手机用户也有可能通过接收无线广告享受到某些免费或打折的产品或服务。

1) 价值链

移动广告的价值链通常包括 8 个环节。

(1) 广告主:指通过支付广告位或时间向公众发布公告或宣传信息的企业、组织、团体或个人。而移动广告可以结合用户的位置和背景资料,被视为更具针对性和有效性的方式。广告主以各种方式与市场代理商合作,在移动市场中,在恰当的时机发送合适的信息给合适的用户来实现价值最大化。信息传递到无线终端,捕获用户的注意并建立品牌知名度。

(2) 广告代理商:在产品和市场中起中间连接作用。广告代理商要很好地理解广告商的要求和移动业务的特点,首先要知道广告商需要传递给目标;其次要与广告商确认针对目标客户广告的运行和策略。广告代理商要负责移动广告活动的创作设计以吸引大众。

(3) 内容提供商:在这个链中也是一个很重要的角色。广告往往将包含实际内容传递给客户,内容缺乏将不能吸引人们的关注。这样的广告无法给人深刻的印象,内容丰富和新颖的广告将有助于激发提升价值链的发展。内容提供商可以通过出售自己的内容或在内容中投放广告获得收益。

（4）服务提供商：指提供业务的实体，如流媒体服务、彩信服务和广告内容都是以这些业务为基础的。业务的部署、发布和商业运行在技术上依赖于业务平台，如广告、彩信和BCAST 平台等。业务提供商通过自己的平台投入到商业运行中，并从客户那里收取服务费来获得收益。关键问题是如何避免客户体验兴趣降低，并将广告内容传递到用户。

（5）技术提供商：在广告链中是一个关键角色，主要是通信设备供应商和应用集成处理供应商。这些角色中的一个或多个来提供整个技术解决方案，以支持这个价值链的运行。例如，提供一个广告功能平台，其中包括广告商管理、市场代理商管理、内容及内容提供商管理、广告任务和广告资源管理，以及广告标准或用户分析管理等功能。

（6）设备制造商：一般是技术提供商的一部分或合作伙伴。用户从设备制造商或运营商那里购买手机并享用这些优质服务，丰富的内容带其加入到价值链中，设备制造商通过销售这些设备获得收益。

（7）运营商：控制移动服务的分配并拥有大量的用户资料，关键问题之一是运营商如何利用这些资源。为此，运营商要与价值链中的角色建立合作关系。这样才能确保移动广告启用和使用其用户数据，让广告更有效和更有针对性。

（8）用户/客户：移动用户是接受移动服务方，而客户与服务提供商有订购关系。用户经历的移动广告来自不同的商业广告服务，如电视和户外广告。例如，移动用户可以接受个性化的广告并通过移动重点选择一些产品。

2）模式

典型的移动广告商业模式有如下几种。

（1）独立的 WAP 页面下的广告：空中网、3G 门户和捉鱼网（wap.joyes.com）。

以空中网的广告为例，用户通过手机上空中网（kong.net）可以看到 NBA 的最新赛况和精彩片断，也可以了解欧洲杯的赛况，有了这些强有力的内容作支撑，移动广告自然就大有作为了。早在 2004 年，空中网就发布了国内第 1 个无线互联网商业广告-MOTOROLA V3。目前，已经有手机、汽车、电子、消费品、IT 和银行等数十个行业的广告主在空中网无线互联网门户网站 Kong.net 上投放广告。

在这种模式下，主要的参与者是广告主、广告代理商、移动运营商和手机用户，手机广告的直接获益方是广告代理商和运营商。无论产品销量是否增加，只要投放手机广告，广告代理商就会获得佣金，运营商就会获得流量。如果手机用户受手机广告影响而购买产品，则广告主及其渠道商就会获得销售收入和渠道分成；如果用户有兴趣参与网络内容下载，直接获益者是运营商。因此手机广告商和运营商在手机广告中是绝对获益者，其他环节要视手机用户的消费行为确定是否能够获益。

（2）基于 WAP 网站的广告联盟：分众传媒和 WAP 天下。

分众传媒已经和二十余家 WAP 网站合作，包括空中网、乐讯和 3G 门户等，把广告以文字链接和图片的形式发布在合作的 WAP 网站上。根据广告受众属性不同，做到精准匹配地投放广告。

这种手机广告联盟的形式与独立的 WAP 网站的形式并没有本质的区别，直接获益的仍然是广告代理商和移动运营商。二者的区别在于广告联盟能汇集各中小独立 WAP 流量并打包来吸引广告主依据流量投放广告并产生定购关系，获得的广告收入在联盟成员中分配。

（3）以短信、彩信或 WAP Push 的形式直达用户手机终端：中小服务提供商和分众传媒。

手机广告最初的形式大都是以上说的短信、彩信和 WAP Push 形式，属于一定的强制性 Push 广告，用户接收到之后不得不查看。这种广告在具有完美到达率的同时，也不可避免地让用户容易产生反感和抵触情绪。

随着手机广告市场的日益规范化，手机广告已经由最初的短信群发发展到了在用户许可的情况下，将用户感兴趣的商业信息及时以短信形式发送到其手机上的"手机准告"。这种广告形式不是记录某个人，而是记录手机号码为号码编个号，更能保护用户隐私。这是经过对手机广告市场的细分，采取用户定制的形式精确地传达用户需要的信息。分众传媒的部分手机广告采用了这种方式，以短信、彩信和 WAP Push 的形式直达定制用户的手机终端。

这种模式下的直接受益者无疑是广告代理商和移动运营商，广告代理商获得广告主的佣金，佣金数量大小视被 Push 的手机用户的反馈量而定；移动运营商获得的是广告代理商 Push 信息的流量费和手机用户反馈的流量费或信息费。如果用户受手机广告影响而发生购买行为，那么广告主也是受益者，获得产品销售收入。

（4）手机广告内置于终端设备中：手机终端制造商、手机内置软件提供商。

在手机广告发展的初期，广告代理商根据广告主和终端厂商的产品品牌需求选择手机或广告产品品牌，将广告以图片、屏保、铃声和游戏等形式植入新出产的彩屏手机中。如诺基亚为自身手机营销设计了两项手机广告服务，并内置在手机 WAP 浏览器中；谷歌也在全球 13 个国家正式推出名为"Ad Sense for Mobile"的手机广告服务，开始涉足手机软件设计领域，正在研发适合手机广告的新的操作系统。

随着这种内置模式的发展，目前一些手机游戏、多媒体播放器和浏览器的软件开发商也开始考虑通过在手机游戏和书籍浏览中设置广告来获得广告分成，而不是之前的向手机厂商授权收费。

在这种模式中，受益者是广告主、手机广告代理商、移动运营商和手机用户。而且手机广告代理商的身份也不再局限在 WAP 网站和传媒公司上，更多的软件提供商和终端制造商加入了手机广告的市场中。手机用户在玩游戏、浏览书籍或者欣赏手机视频时点击内置的手机广告将有机会获得奖励，这种模式的直接受益面扩大到手机用户，使参与者都获益，对手机广告的发展非常有利，是一种较有发展前途的模式。

（5）电信运营商从渠道提供商向广告代理商转变：中国移动、联通和沃达丰等。

中国移动在互联网领域的一系列发展战略，包括网络、终端和应用 3 个层面。基于现有研究成果，其手机广告业务采用了新的发展模式，中国移动将其概括为"手机互联网家园"。目前，中国移动将其提供给用户的手机互联网家园命名为 mSpaces。用户首先需要从 mSpacesT 下载个性化的手机应用，然后上传用户自身的相关个人信息。一旦移动通信网络具有空闲资源，就可以向进行个性化定制后的用户提供所需要的互联网信息。这种方式不仅有效利用了移动网络在闲时的带宽，更可以精准细分用户从而提供更有价值的信息。

在由运营商以手机广告代理商的身份直接参与的模式中，获利最大的即为运营商，手机用户在定制了运营商推出的广告方案后也可以获得自己需要的信息或者奖励。如果手机用户购买了该项产品，广告主也能获得利润。

3. 移动广告的应用

由于移动广告有多种业务承载方式,而且内容非常丰富,能与手机游戏和视频彩信等相结合,并具有图文并茂及音乐等多种混合形式,加上手机独特的优势,因而受到全球许多移动运营商和服务提供商的重视,传统的互联网内容提供商、媒体公司和搜索引擎巨头也纷纷加入移动广告行列。

根据 Informa Telecoms & Media 公司预测,2006 年全球移动广告收入 8.71 亿美元,其中 72%来自短信广告。2011 年,全球移动广告收入将增至 113.5 亿美元,其中 WAP 广告收入将达到 31.3 亿美元,占总体移动广告收入的 27.58%;流媒体广告收入 43.7 亿美元,占总体移动广告收入的 38.5%;而短信广告收入在移动广告收入中的比例将下降到 24%。

IBM 研究报告显示,2010 年,来自游戏、手机、在线及交互式电视促销的收入预计将达到 600 亿美元,或者说占据整个数字内容市场的 45%。

我国的移动广告市场 2006 年正式启动。来自普华永道的数据显示,2008 年中国的移动广告收入总计达到 3800 万美元。宽带用户的增长推动在线网络广告的发展,移动接入的增长也将推动移动广告的发展。

7.4.7　移动音乐业务

1. 移动音乐业务简介

移动音乐业务是电信产业和文化产业融合的结果,也称为"手机音乐业务",它指通过移动终端和移动通信网络提供的数字音乐服务,包括炫铃(彩铃)、振铃音下载和整曲音乐等业务。数字音乐是指在音乐的制作与传播及存储过程中使用数字化技术的音乐,经常表现的形式为 MP3 或 WMA。

(1) 炫铃(Color Ring Back Tone,CRBT)业务:指根据用户的喜好定制的手机个性化回铃音,如音乐、问候语和广告信息等。中国联通将此业务称为"炫铃",中国移动则称为"彩铃"。目前,炫铃包括音频和视频炫铃等类型。

(2) 振铃音下载业务:指用户通过短信和 WAP 等方式下载特殊音效(音乐、歌曲、故事情节和人物对话)等作为手机振铃的业务。目前,振铃业务包括单音、和炫和原生振铃音等类型。

(3) 整曲音乐业务:指用户通过移动通信网络下载整曲音乐,通过终端播放器播放整曲音乐文件的业务。它是对现有铃声、炫铃和 IVR 等无线音乐业务形式的扩展和补充,具备良好的与其他音乐类业务(炫铃、铃声和 IVR 等)交互操作的功能,能形成完整的音乐业务用户体验。目前,整曲音乐包括音频整曲和视频整曲 MV 等类型。

移动音乐可以让用户能够随时随地欣赏到最新和最喜爱的原创音乐,只需小额支付。作为一项时尚、新潮并迎合消费者炫酷心理的业务,将成为无线增值业务的新亮点。

目前,移动音乐终端的是实现方式主要有如下两种。

(1) 客户端方式:音乐播放器和音乐订购和下载等功能一体化形成客户端软件,安装在移动终端中。启动客户端后,用户能通过客户端界面方便且灵活地使用移动音乐业务。

(2) 无客户端方式:音乐播放器和音乐订购及下载等管理功能分离,用户使用移动终端自带的音乐播放器播放音乐,通过 WAP 和 HTTP 等方式登录移动音乐门户网站完成音乐订购及下载等功能。

移动音乐业务管理平台负责为用户提供音乐源和音乐交互等功能,主要包括音乐门户、音乐数据库、音乐文件管理及音乐交互等模块。无论是移动音乐终端还是移动音乐平台,移动音乐业务所要解决的主要技术问题包括音乐浏览和订购、音乐下载、音乐播放、音乐文件管理、音乐交互和媒体编码格式 6 个方面。

(1) 音乐浏览和订购:用户可以快捷地浏览音乐信息,包括演唱者或所有者、时间长度及唱片名称等属性信息,并且可以按照音乐属性、专辑名称、歌手名称、类型和流派等属性信息订购音乐。用户可以在线试听并收看移动音乐门户提供的音乐内容,也可以直接购买音乐。

(2) 音乐下载:用户通过在线音乐目录或存储在本地的播放列表/音乐文件目录选择下载整曲音乐文件,可以选择闲时/定时下载,以提高网络利用效率和满足个性化需求。音乐内容下载支持断点续传功能,以支持下载过程中出现的异常情况(电池断电、无网络和接听电话等)时,移动终端仍可在事后从上次中断点继续下载,而无须重新下载整个文件。

(3) 音乐交互:指用户能够和音乐平台、音乐门户、音乐终端或者其他用户交互音乐业务的功能,包括音乐推介、音乐赠送、铃音设置、音乐搜索和音乐点评等功能。

(4) 音乐播放:包括本地和在线音乐播放,用户能够控制音乐播放,如播放方式、音量、均衡器、启动和退出方式等。用户在播放音乐时,界面应能显示当前播放音乐文件的信息,如演唱者、词曲作者、专辑、标题和播放时间并能同步显示歌曲的歌词信息。

(5) 音乐文件管理:移动音乐业务管理平台主要是管理音乐文件的上传、分发、回收和信息展现等方面。对于移动音乐终端,主要管理存储的音乐文件和播放列表,包括音乐文件结构音乐标签修改、曲目重命名和管理播放列表等操作。

(6) 媒体格式:移动音乐音频编码的格式有很多,比较流行的格式包括 AAC、AAC Plus 和 AAC Plus+格式、MP3 格式,有些还支持 AAC-LC、HE-AAC、WMA 和 EAAC+等。移动音乐视频编码的流行格式包括 H.263 和 Mpeg4 等。移动音乐业务的音乐文件格式一般为 MP3、MP4 和 3GP,铃音文件格式一般为 MP3 和 AAC+。

2. 移动音乐业务的应用

从全球来看,移动音乐已成为移动运营商、终端厂商和手机音乐软件开发商共同看好的业务新亮点,为产业各方带来了新的市场机遇。

日本运营商 KDDI 于 2004 年 10 月推出 Chakuutafull 整曲音乐业务,可以让用户在 6 个网站的 1 万首歌曲中选择,然后以每首歌几百日元的价格下载到用户的 3G 手机中。为此,KDDI 与 20 家唱片公司签约,并为所有感兴趣的内容供应商开放服务。在这项服务推出之后的短短 3 个月内,KDDI 的音乐下载量突破 300 万次,成为 KDDI 增长最快的移动增值业务。

韩国的 SK 电讯也在 2004 年 11 月推出 3G 音乐门户 MelOn 服务,通过月租 5 美元的方式开通音乐下载业务。用户可以无限制地从 70 万首歌曲库中将任何一首歌曲下载到自己的手机、计算机和音乐播放器中。截止到 2005 年 12 月初,用户累计数已突破 400 万,每月付费的包月用户数突破 60 万。2005 年,SK 电讯收购了演艺经纪及影像制品制作企业 IHQ,推出有线和无线交互 3D 游戏门户 GXG,并购买了韩国最大的唱片公司 YBMSeoul 的经营权,这一系列措施使得 SK 电讯在移动音乐市场上获得了巨大成功。

美国在移动音乐方面发展较晚,2006 年 Sprint、Verizon 和 Cingular 等大型运营商开始推出移动音乐业务。其中,Verizon Wireless 公司于 2006 年 1 月推出了移动音乐业务,音乐库有 150 万首歌曲,其移动用户可通过手机或者电脑下载整曲及音乐回铃音等;苹果公司推出的 iTunes 网络音乐商店,在用户中受到欢迎。

中国移动自 2003 年 5 月推出彩铃业务以来,移动音乐服务已经成为其移动数据业务的重要组成部分。中国联通超级炫铃业务自 2007 年 3 月推出后,也受到了用户的热捧。

目前,中国移动和中国联通都推出了整曲下载服务,中国移动的数字音乐业务被称为"无线音乐俱乐部";中国电信也在 2009 年推出了"爱音乐"移动音乐服务平台,并已经与国内外数十家唱片公司和版权公司建立了良好的合作关系。

随着手机终端能力的不断提升和移动网络速率的提高,移动音乐下载业务的市场潜力巨大,该业务的未来发展趋势之一是与在线音乐下载业务融合。移动运营商通过把移动音乐和在线音乐相结合来巩固自己的竞争力与传统在线业务展开竞争,而且融合的音乐下载业务也可以为移动运营商带来新的商业模式和营销理念。

移动音乐下载业务的另一个发展趋势是与音乐产业充分结合在一起形成联动营销的商业模式,如欧洲移动运营商正尝试将移动音乐下载业务转变为音乐销售的另一个渠道。

移动音乐的巨大市场潜力正在推动唱片公司、互联网企业、电信运营商和手机制造商加入其中,以多样化的商业模式拓展产业链。传统音乐依靠唱片发行的商业模式已经被彻底颠覆,移动音乐下载正在成为新的音乐销售和唱片发行的商业模式之一,同时成为移动增值业务中势头最为迅猛的业务之一。

习题

1. OSI 参考模型具有几层架构? 各层的作用分别是什么?
2. TCP/IP 协议模型具有几层架构? 各层的作用分别是什么?
3. 什么是移动互联网?
4. 移动互联网有哪些特点?
5. 移动互联网业务的发展方向是什么?
6. 移动互联网的接入方式有哪些?
7. 什么是云计算? 云计算有哪些优势?
8. 移动电子商务可以提供哪些服务?
9. 移动定位业务有哪些技术实现方案?
10. 移动搜索的关键技术有哪些?
11. 移动支付目前主要应用在哪些领域?
12. 移动广告业务有哪些优势?

参 考 文 献

[1] 平本祥.WCDMA网络扰码规划的研究.现代电信科技,2012年第6期.

[2] 梁晓洪.TD-LTE核心技术分析.移动通信,2012年增刊.

[3] 董秀青,胡磊国.移动互联网业务的发展因素和趋势分析.移动通信,2012年第17期.

[4] 赵霞.4G系统中波束赋形技术的研究.移动通信,2011年第24期.

[5] 陈云海.移动互联网SoLoMo模式应用分析.电信科学,2012年第3期.

[6] 黄景廉,张椿玲,张亮.CDMA系统中移动台呼叫过程的信令研究.通信技术,2011年第4期.

[7] 万祖雷.探讨CDMA网络规划和网络优化.通信技术,2012年第8期.

[8] 于洪林,郭爱煌,肖法等.LTE-A中自适应多流波束赋形算法研究.通信技术,2011年第11期.

[9] 张孝林,张翰博.LTE技术与物联网技术融合分析.移动通信,2012年第7期.

[10] 王琼,陆绍干.TD-LTE/TD-SCDMA系统间小区重选的研究与实现.电信科学,2012年第7期.

[11] 高智敏,柴晋颖,张玉莹.移动互联网时代的沟通革命:融合通信.移动通信,2012年第3期.

[12] 张治元,蒋清泉,宋燕辉.TD-SCDMA系统扰码规划算法及仿真.通信技术,2010年第6期.

[13] 王俊.3G移动通信系统网关技术应用研究.通信技术,2011年第3期.

[14] 中国电信EVDO网络优化技术白皮书,中国电信公司技术文稿,2009.

[15] EVDO_RevA空口信令流程分析指导书,中兴通信技术有限公司技术文稿,2010.

[16] 冯建和,王卫东,房杰,陈剑波.CDMA 2000网络技术与应用.北京:人民邮电出版社,2010.

[17] 3GPP2 C.S0024-A. CDMA 2000 High Rate Packet Data Air Interface Specification, March 2004.

[18] 张传福,彭灿,胡敏等.移动通信网络规划设计与优化.北京:人民邮电出版社,2006.

[19] CDMA 2000 1X无线网络规划与优化,华为技术有限公司技术文稿,2010.

[20] 曹丽娜.通信概论.北京:机械工业出版社,2008.

[21] 綦朝辉,刘肖强,邓宪法.现代移动通信技术.北京:国防工业出版社,2006.

[22] 周祖荣,姚美菱.CDMA移动通信技术简明教程.天津:天津大学出版社,2010.

[23] 蔡康,李洪,朱英军等.3G网络建设与运营.北京:人民邮电出版社,2007.

[24] 苏华鸿,孙孺石,杨孜勤等.蜂窝移动通信射频工程.北京:人民邮电出版社,2005.

[25] 窦中兆,雷湘.WCDMA系统原理与无线网络优化.北京:清华大学出版社,2009.

[26] 谢益溪.移动通信无线网络设计.北京:人民邮电出版社,2011.

[27] 韩斌杰,杜新颜,张建斌.GSM原理及其网络优化.北京:机械工业出版社,2009.

[28] 肖建华,梁立涛,王航.TD-SCDMA无线网络优化指南.北京:人民邮电出版社,2010.

[29] 中兴通讯股份有限公司.TD-SCDMA无线系统原理与实现.北京:人民邮电出版社,2007.

[30] 中国联通移动通信网络优化论文选编.中国联通移动通信业务部技术文稿,2005.

[31] 廖晓滨,赵熙.第三代移动通信网络系统技术、应用及演进.北京:人民邮电出版社,2008.

[32] 刘建成,黄巧洁,徐献灵.移动通信技术与网络优化.北京:人民邮电出版社,2009.